세상을 연결한 여성들

Broad Band
by Claire L. Evans

This edition published by arrangement with Portfolio, an imprint of Penguin Publishing Group, a division of Penguin Random House LLC.
This Korean translation published by arrangement with Claire L. Evans in care of Portfolio through Milkwood Agency.

과학자, 프로그래머에서 사업가까지,
여성이 이끈 인터넷의 역사

세상을 연결한 여성들

클레어 L. 에반스 지음 | 조은영 옮김 | 한국여성과총 기획

해나무

일러두기

* 본문에 나오는 단위는 이해를 돕기 위해 가급적 익숙한 단위로 바꿔 옮겼다.
* 저자의 주는 미주로, 옮긴이의 주는 각주로 달아놓았다.
* 고유명사나 전문용어의 원어는 찾아보기에 병기해놓았고, 필요한 경우 본문에도 밝혀두었다.

유저들에게 바칩니다.

한국의 독자들에게

이 책이 미국에서 처음 출간되고 얼마 지나지 않아 나는 한 대형 기술 기업의 연례 회의에 참석해 초청 강연을 했다. 호텔 방에서 보는 라스베이거스의 전망이 옆 호텔 건물에서 거울처럼 비치는 대형 통유리창에 절반이나 가려졌다. 마주 보는 면이 어찌나 가깝던지 사막의 타오르는 태양이 반사되지 않았다면 창으로 객실 안을 훤히 들여다볼 수 있을 정도였다. 나는 기술 분야의 저명한 최고경영자와 최고기술책임자 수백 명이 참석한 오찬 행사에서, 오래전부터 기술의 역사 속에 존재해온 여성들의 이야기를 할 참이었다. 독자의 예상대로 청중은 대부분 남성이었다.

나는 주어진 강연 시간 동안 최대한 많은 것을 설명했다. 당연히 에이다 러브레이스의 뛰어난 수학적 발명을 이야기했다. 제

2차 세계대전 당시 세계 최초의 전기기계식 컴퓨터와 전자 컴퓨터를 도맡아 조작한 여성들을 소개했고, 그들이 어떻게 이 신식 기계에 미적분 방정식을 탑재하면서 스스로 공학을 익혀 프로그래밍을 발명했는지 설명했다. 또한 현대 인터넷의 전신인 아파넷, 그리고 여성 정보 과학자들이 고안한 아파넷 초기 프로토콜에 관해 말했다. 더불어 웹의 수많은 기술·문화적 관습은 여성 하이퍼텍스트 연구자들이 기획한 것임을 일러주었다. 그렇게 나는 이 책에 적힌 여성의 역사를 안타까울 정도로 간략히 요약해서 들려주었다.

강연이 끝나고 사람들은 마치 유리창에 반사된 라스베이거스의 모습에 넋을 잃은 듯 크게 감동한 것 같았다. 그때 내가 그들에게 뭘 기대했었는지 잘 모르겠다. 강연 중에 언급한 이름 가운데 몇몇을 기억해주길? 이 분야에서 여성의 노동력과 독창성 사이의 역사적 관계를 깨달아주길? 사람들은 줄을 서서 나와 이야기했다. 그리고 내가 전달한 역사를 듣고 놀라움을 금치 못했다고 말했다. 이들은 내 책을 나에게 내밀면서 사인을 해달라고 부탁했다. 자신의 딸이나 남매, 여성 동료나 아내에게 바친다고 써줄 수 있는지 물었다. 나는 그렇게 하면서도 웃을 수밖에 없었다. 여기 있는 이들은 자신이 차지한 자리의 힘으로 변화를 일으킬 수 있는 *가장* 큰 기회를 지닌 사람들이었다. 또한 새로 알게 된 역사 지식으로 그들의 산업 분야에서 여성을 위한 밝은 미래를 꾀할 수 있는 여건을 충분히 갖춘 사람들이기도 했다. 하지만 이들은 이번에도 그 일을 자신의 삶 속에 있는 여성에게 떠넘기고 있었다. "기꺼이 따님에게 드리는 헌사를 써드리죠." 내가 한 남성에게 말했다. "당신이 먼저 이 책을 읽는다면요."

이 책은, 여성이 기여한 것들에 대한 깊은 사랑과 존경을 담아 썼지만 여성만을 위한 책은 아니다. 이 책은 모두를 위한 책이다. 기술 분야에서 여성의 역사는 틈새시장이 아니다. 이 역사는 우리 모두의 것이고, 배우고자 하는 모든 사람들에게 도움이 된다. 딸과 아들, 예술가와 기술자, 기술에 반대하는 사람과 얼리 어답터에게 모두 똑같이 말이다. 역사는 승자에 의해 기록된다. 하지만 이번만은 승자들에게 그들이 누구의 희생을 딛고 서서 지금의 결과물을 얻게 되었는지 알게 해주자. 이번만큼은 우리가 함께 이겨보자.

로스앤젤레스에서

클레어 L. 에반스

들어가는 말 ——— 델

어려서 나에게는 델 컴퓨터가 있었다.

인터넷에 접속할 때마다 날카로운 연결음이 귀에 거슬리는 28.8K 모뎀이 달린 베이지색 네모 상자였다. 키보드 자판은 각설탕만큼 높았고 살짝 오목했다. 이 장치는 내 방 구석진 안식처에 놓인 L자 모양 책상의 꺾어진 부분을 차지했다. 책상의 하얀 래미네이트 상판에는 오랜 세월 겹겹이 붙인 스티커들이 지층처럼 쌓여갔다. 그 스티커들을 한 장씩 차례대로 떼어내면 마치 입속에서 녹으며 여러 가지 맛이 나는 사탕처럼 소녀의 과거로 돌아가 그녀의 어린 시절을 드러낼 것이다. 사춘기 소녀의 방은 항공기 조종실이자 제단이고 자궁이다. 그 안에 소녀가 가장 신성시하는 것들이 들어 있다. 소녀는 방의 품속에서 성장하여 마침내 세상 밖으로 나갈 것이다.

내 델도 나름의 변화를 겪었다. MS 도스에서 윈도우 95까지 모든 마이크로소프트 운영체제를 빼놓지 않고 실행했다. 도스 시대는 멋졌다. 플로피디스크에 저장된 게임들, 터미널 명령어들*. 시간이 지나면서 모니터의 넓은 플라스틱 테두리가 반짝이는 매니큐어와 덕지덕지 붙은 포스트잇으로 두껍게 껍질을 입었다. *정신 차리자.* 이건 화가 많이 났던 어느 날, 델의 프레임에 샤피 유성펜으로 써놓은 말이다.

인터넷이 처음 내 삶에 들어왔을 때 내 눈에는 모니터가 유리로 된 탑승 게이트처럼 보였다. 이 탑승구는 무궁무진한 채널을 열어주었다. 모뎀이 버벅거릴 때면 칭찬을 쏟아부었다. *넌 진짜 착한 모뎀이야. 널 믿는다. 넌 할 수 있어.* 그건 강박과도 같은 나만의 예식이었다. 당시 나는 정보도 세계를 누비려면 사람처럼 응원이 필요하다고 믿었다. 온라인 초창기에 나는 HTML 쓰는 법을 배웠고, 어설픈 웹사이트를 만들어 좋아하는 밴드를 숭배했다. 여름 캠프에서 만난 친구들에게 열정적인 이메일을 보냈고, 부끄러워 차마 아무에게도 묻지 못한 질문의 답을 찾았다. 만날 용기가 나지 않는 펜팔 친구들과 사귀었고, 이젠 구식이 된 포켓 커뮤니티에 일기를 썼다. 그렇게 난 컴퓨터가 준 자유를 누리며 나 자신

* 터미널은 텍스트를 통해 사용자와 컴퓨터가 상호작용하는 방식을 뜻함.

으로 성장했다. 그것은 고립, 수줍음, 무지로부터의 자유이자, 배우고 경험하고 발견하고 즐기는 자유였다.

나는 소니 바이오를 들고 대학에 가면서 델과 결별했다. 미래에 기술 박물관을 채우게 될 바이오는 중간에 낀 비극적인 노트북 모델로, 내 허벅지를 데우는 데 주로 쓰인 분리형 밑판이 장착되어 있었다. 미국에서 버려진 거의 모든 가전제품의 운명처럼 내 델은 땅속에 매립되었거나, 컨테이너선에 실려 중국, 말레이시아, 인도, 케냐로 보내졌을 것이다. 그리고 그곳에서 생닭 손질하듯 전선을 잘라내고 쓸모 있는 금속이나 광물을 발라내 해체했을 것이다. 오늘에서야 나는, 가공되지 않은 유독한 전자폐기물 더미 속에서 내 델을 플라스틱 가루로 갈아버렸을 저임금 노동자의 눈에, 반짝이 껍질을 입은 내 모니터가 어떻게 보였을지 떠올려본다. 컴퓨터는 완벽하게 구식이 된 다음에도 완전히 사라지지 않은 채 다른 누군가의 짐이 된다. 대량 생산된 이 컴퓨터들은, 내 델처럼 누군가의 어린 시절을 떠올리게 하기도 하고, 내가 한 번도 가져본 적 없는 매킨토시처럼 전반적인 개인용 컴퓨터 역사에 관한 문화 기억의 일부이자 아바타를 형성한다. 이것이야말로 중국의 주판부터 성실한 노동자들이 돌보는 방 하나 크기의 캐비닛+까지, 브라운관 모니터가 달린 냉장고 크기의 컴퓨터부터 마침내 한 손에 잡히

+ 초기의 컴퓨터를 뜻함.

는 크기로 줄어든 실리콘과 플라스틱의 초소형 장치까지, 우리가 기술의 역사를 매번 더 똑똑해진 기계가 등장하는 과정으로 생각하는 이유다. 그렇다면 이 과정을 좇아가며 네모 상자를 찬양하게 되는 것도 당연하다. 우리는 상자를 가리키며 이렇게 말한다. "이것을 만든 사람들이 세상을 바꿨다"라고. 하지만 이 책은 그 사람들에 대한 책이 아니다.

이 책은 여성들에 대한 책이다.

그리고 컴퓨터의 활용에 관한 책이다. 실용적인 측면에서든, 그 잠재력에 관해서든 말이다. 그렇다고 남자가 만들고 여자가 사용했다는 말은 아니다. 우리가 지금껏 배워온 기술의 역사는 여성과 여성이 작성한 신호를 무시한, 남성과 기계에 관한 것이 대부분이다. 여성의 정신노동은 최초의 정보 기술이었고, 여성이야말로 계산 기계의 기초적인 연산 작업을 프로그래밍이라는 예술의 경지로 끌어올린 주인공이었다. 여성은 네모 상자에 언어를 주었다. 여성은 야수 같은 메인프레임(대형 컴퓨터)을 길들여 공공 서비스를 위해 일하게 했고, 의지만 있다면 산업의 산물이 어떻게 인간을 위해 봉사할 수 있는지 보여주었다. 인터넷이 아직 다루기 힘든 호스트+들의 네트워크였을 때, 여성은 트래픽(데이터 전송량)의 흐름을 지휘하고 그 발전을 돕기 위해 프로토콜을 만들었

+ 인터넷을 통해 다른 컴퓨터와 쌍방향 통신이 가능한 컴퓨터.

다. 월드 와이드 웹이 우리 삶에 들어오기 전에 여성 학자와 여성 컴퓨터 과학자는 방대한 디지털 정보의 저장고를 지식으로 전환하는 시스템들을 창조했지만, 우리는 야만적인 단순함을 위해 그것들을 버렸다. 여성은 닷컴시대에 제국을 건설했으며, 가장 먼저 가상 커뮤니티를 세우고 성장시킨 집단에 속했다. 그 과정에서 여성들이 얻은 교훈은 오늘날 우리에게도 큰 도움이 될 것이다. 이들의 이야기를 잘 듣기만 한다면 말이다.

그러나 이 중 어느 것도 명확히 수치화할 수 없으므로 컴퓨팅 역사에 여성이 공헌한 바를 열거하거나 더 나아가 기념하기란 어려운 일이다. 이 책은 본문에서 인용한 훌륭한 역사 연구들에 큰 빚을 졌다. 그러나 나 역시 이 책에 등장하는 여성들과 직접 소통하며 이야기를 듣고, 기술의 역사를 특징짓는 단편적 기록들—스크린샷, 채팅 로그, 어밴던웨어+, 오래된 매뉴얼, 손상된 웹페이지—을 파헤쳤다. 마치 다른 언어권의 유학생처럼 부지런히 유닉스 명령어를 배우고 구시대 온라인 문화의 관습을 익히면서 오늘날까지 남아 있는 소프트웨어 유물들을 최선을 다해 탐구했다.

나는 이 서버들이 오래오래 작동해 더 많은 가상 투어를 지원할 수 있길 바란다. 왜냐하면 이 장소들은 시간이 지나면서 더욱 존폐의 위협에 시달릴 것이기 때문이다. 참 아이러니하다. 컴퓨터

+ 제작사가 저작권 행사를 하지 못하거나 포기한 소프트웨어.

메모리는 몇 배로 늘어났지만, 기억을 지키는 개인의 능력은 두개골 안에 갇힌 채 여전히 의지의 문제로 남아 있고, 오직 이야기를 하는 역량에 의해서만 확장되니까 말이다.

이 책에는 기술 분야의 여성 전문가들이 등장한다. 미디어 역사상 가장 뛰어난 프로그래머와 엔지니어들이다. 교수와 해커, 그래픽 아티스트와 게임 디자이너, 그리고 자칭 "실리콘앨리의 제일 가는 미친년"이라는 문화계 종사자도 있다. 이들이 가진 경험의 폭은 넓고 다양하지만, 한 가지 공통점이 있다. 모두 유저, 즉 사용자에게 깊은 관심을 가졌다는 사실이다. 이들은 상자에 유혹당해 그것이 왜 거기에 존재하는지 잊어버리는 일을 저지르진 않았다. 상자가 존재하는 이유는 바로 인간의 삶을 풍요롭게 하기 위해서다. 기술의 역사에서 여성을 찾고 싶다면, 기술이 인간의 삶을 향상시켜 더 편하게 만들고, 사람과 사람을 더 많이 연결해주는 지점을 제일 먼저 보아야 한다. 그리고 형식이 기능에 양보하는 곳을 보면 된다. 컴퓨터는 세상을 숫자로 압축하여 처리하고 조작하는 기계다. 이 기계를 되도록 많은 사람들이 알고 활용하게 하는 것이 처음부터 여성이 추구하던 바는 아니었다. 전혀 그렇지 않았다. 그러나 나와 이야기했던 여성들은 모두 본능적으로 그 일의 가치를 깨달았을 뿐 아니라, 그것이 근본적으로 양보할 수 없는 올바른 일이라고 생각했다.

세상을 연결하는 상자와 함께 산다는 것은 삶을 확장하고 변화시키는 일이며, 심지어 마술과도 같다. 그러나 상자 자체는 여전히 하나의 사물일 뿐이다. 해체하여 재활용하지 않는다면 수천 년 동안 지구를 오염시킬 것이다. 이것은 이 상자가 매립되기 전에 일어난 일이 가치 있다고, 심지어 숭고하다고 믿을 때만 정당화되는 영속성이다. 컴퓨터는 켜고, 케이블은 꽂고, 링크는 클릭하도록 제작된다. 인간의 손길이 닿지 않으면 전류는 흐를지 몰라도 신호는 멈출 것이다. 우리는 사물에 생기를 불어넣는다. 그리고 그것에 의미를 부여한다. 그 의미 안에 사물의 가치가 있다. 역사책은 기계를 만든 이들을 기념하지만, 실제로 세상을 바꾸는 것은 유저, 그리고 유저를 *위해* 설계한 사람들이다.

여성은 기술의 역사에서 중요한 물결이 시작되는 매 순간마다 나타났다. 우리는 보조 장치가 아니다. 우리는 중심이다. 그저 평범함 속에 가려져 있을 뿐이다. 이 책에서 소개할 여성들의 가장 훌륭한 업적들은 초고속 정보통신망의 정신없는 한복판에서 꽃을 피웠다. 신생 분야의 틀이 잡히고 수익이 창출되기 한참 전에 이미 여성은 새로운 기술을 실험하고 단순한 설계 이상에 도전했다. 여성은 아무도 중요하게 생각하지 않은 일을, 그것이 중요해질 때까지 몇 번이고 반복했다. 심지어 컴퓨터 프로그래밍도 처음에는 케이블을 연결하기 위해 고용된 여성들에게 맡겨진 단순한 업무였을 뿐, 케이블이 패턴이 되고 패턴이 언어가 되어 어느 순간 프로그래밍이 터득할 가치가 있는 일이 되기 전에는 아무것도 아니었다.

이 책을 시작하기 전에 몇 가지 언급할 말이 있다. 나는 이 책에서 섹스와 젠더의 관계를 육체와 영혼의 관계로 보았다. '여성'이란 말은 모두에게 다른 의미를 가진다. 여성이 깃드는 방법에는 끝이 없고, 범주가 조금이라도 느슨해지면 아주 많은 이들의 삶이 자유로워진다. 그럼에도 여성은 대부분 경험을 공유한다. 특히 여성이 소수인 환경에서 더욱 그렇다. 결속을 북돋우는 공통점을 찾는 것은 좋은 일이다.

한 가지 더. 컴퓨터의 역사는 알파벳 샐러드와 같다. 우리는 이 책에서 ENIAC, UNIVAC, ARPANET, PLATO, WWW 등을 만날 것이다. 이 약어들을 볼 때마다 과거가 당신을 향해 삑삑거린다는 느낌을 저버리긴 힘들겠지만, 제발 절망하지 않길 바란다. 읽다 보면 나름 재미가 쏠쏠하다.

그럼 이제 시작해볼까. 내 델은 사라졌고 메모리는 지워졌다. 남은 것은 하드디스크에 새겨진 홈이 아니라 사람에게 각인된 표지뿐이다. 유저는 기호를 여기저기 밀고 다닌다. 델에 대한 내 기억은 가족과 친구에 대한 기억과 다르지 않다. 함께한 시간, 함께 떠난 여행의 추억이자, 폭로와 위반의 기억이다. 바로 그것이 기술의 기적과도 같은 점이다. 기술은 인간에게서 완전히 분리될 수 없다. 망치가 손을 강화하고 렌즈가 시력을 향상시키는 것처럼, 컴퓨터는 한 사람을 증폭시켜 심지어 10대 소녀도 세계를 향해 손을 내밀게 한다. 내가 컴퓨터고, 컴퓨터가 곧 나다.

이렇게 느끼는 게 내가 마지막은 아닐 것이다. 그리고 분명 처음도 아니었다.

차례

한국의 독자들에게 · 7

들어가는 말 델 · 11

1부 킬로걸

1장 컴퓨터 구합니다	25
2장 어메이징 그레이스	54
3장 전성기	97
4장 바벨탑	116
5장 컴퓨터 걸스	134

2부 세상을 연결하는 여행

6장 세상에서 가장 긴 동굴	145
7장 리소스 원	166
8장 네트워크	190
9장 커뮤니티	223
10장 하이퍼텍스트	265

3부 초기의 독실한 신자

11장 미스 아우터 보로	305
12장 WOMEN.COM	354
13장 걸 게이머	384

책을 마치며 사이버 페미니스트 · 409

감사의 말 · 419

주 · 422

저자 인터뷰 · 447

찾아보기 · 453

1부

킬로걸

Broad Band:

The Untold Story of the Women Who Made the Internet

컴퓨터 구합니다

때는 1892년, 뉴욕시. 엘리스 아일랜드 이민 사무소가 1월부터 업무를 시작했다. 3월에는 매사추세츠주 스프링필드에서 한 YMCA 강사가 겨울철에 좀이 쑤신 아이들이 실내에서 즐길 수 있도록 "바구니 공놀이" 경기를 만들어 처음 대중 앞에 선보였다. 그러나 겨울은 끝났다. 20세기를 문턱에 두고 여름이 수줍게 찾아온 5월의 첫날, 스크린과 마우스와 바이트와 픽셀보다 먼저, 그리고 내 델보다 백 년 앞서 〈뉴욕 타임스〉 광고란에 이상한 공지가 떴다.

컴퓨터 구합니다[1]

이 광고는 "컴퓨터"라는 단어가 새겨진 최초의 인쇄물이다.

도금시대[+]에 갇힌 어떤 무분별한 시간 여행자가 맥북의 친숙한 불빛이 미치도록 그리워서 실은 광고는 아니었다. 워싱턴 DC에 있는 미국 해군천문대에서 올린 게시물이었다. 당시 미국 해군천문대는 수십 년째 수리 천문학 프로젝트를 진행하고 있었다. 이들은 태양, 별, 달, 그리고 밤하늘을 가로지르는 행성의 위치를 손으로 계산했다. 천문대 임원들은 그 봄에 컴퓨터를 구매하려고 시장을 둘러보던 것이 아니었다. 그들은 컴퓨터를 *고용하려* 했다.

200년 가까이 컴퓨터는 하나의 직업이었다. 영어로 '컴퓨트compute'는 '계산하다'라는 뜻이고, '컴퓨터computer'들은 생계를 위해 계산하고 연산을 수행하는 일을 업으로 삼은 사람들이었다. 1892년 노동절에 〈뉴욕 타임스〉 컴퓨터 구인광고를 보고 지원을 결심한 사람이라면, 곧 대수학 시험을 쳤을 것이다. 해군천문대 일은 비교적 편했다. 직원들은 포토맥강 상류 절벽에 자리 잡은 천문대 건물 대신, 케임브리지 근처 아늑한 사무실에서 형식에 얽매이지 않고 일했다. 그들은 하루에 다섯 시간씩, 타오르는 불길을 보고 표로 기록하여 하늘의 지도를 그렸고, 때때로 일을 멈추고 그날의 과학적 발상에 대해 논의했다. 나머지 사람들은 우편으로 받은 자세한 작업 계획서에 따라 집에서 일했다. 한 역사학자가 말한 것처럼, 컴퓨팅은 본래 가내수공업이었다.[2]

[+] 남북전쟁 이후 자본주의가 급속히 발달하던 시대.

오늘날의 컴퓨터처럼 과거의 인간 컴퓨터들도 복잡하고 규모가 큰 수학 문제들을 매일 조금씩 해결했을 것이다. 그렇다고 혼자 일하지는 않았다. 새로 고용된 컴퓨터는 팀의 일원이 되어 모두 제 몫의 숫자들을 아작아작 씹어 삼키고, 누군가는 추가 수당을 받기 위해 다른 사람의 작업을 수정했을 것이다. 서양 세계 각지에 있는 또 다른 계산실에서 탄도학, 해상 항법, 그리고 순수 수학을 발전시킨 것처럼, 해군천문대 팀은 펜과 종이만으로 하늘을 기록했다. 이 컴퓨터들은 각자의 공을 인정받지는 못했겠지만 문제가 무엇이든 그것을 해결하는 데 한몫했을 것이다.

계산실은 생각하는 공장이었다. 19세기 영국의 수학자 찰스 배비지는 증기를 사용한 수학 계산을 꿈꾸었고, 마침내 기계식 계산의 중요한 초기 발전을 이루었다. 그는 당시 계산실에서 하는 일을 "정신노동"이라고 불렀다.[3] 그리고 망치질이 팔로 하는 일인 것처럼 계산은 뇌로 하는 일이라고 생각했다. 실제로 계산은 조직화된 체계에 따른 힘들고 지루한 노동이었다. 구닥다리 퇴물로 취급받기 전까지 원래 인간 컴퓨터들은 미국 육군에서 탄도 궤적을 계산하고, 영국 블레츨리 파크에서 나치의 암호를 해독했으며, 하버드에서 천문학 데이터를 처리하고, 맨해튼 프로젝트에서 핵분열 수치를 분석했다. 이와 같은 업무의 다양성에도 불구하고 인간 컴퓨터에는 한 가지 공통점이 있었다. 그들은 모두 여성이었다.

어쨌든 대부분 그랬다. 과거 해군천문대는 해상연감사무소에

단 한 명의 여성 컴퓨터를 고용했는데, 그녀는 직원들 가운데 가장 유명한 컴퓨터가 되었다. 마리아 미첼. 그녀는 매사추세츠 낸터킷섬에서 온 퀘이커 교도로, 밤하늘에서 새로운 혜성을 발견해 서른 살도 안 되어 덴마크 국왕으로부터 훈장을 받았다. 이 혜성은 "미첼 양의 혜성"이라 불린다. 미첼은 천문대에서 금성의 천체력을 계산했고, 그녀의 상사가 말한 것처럼 가장 아름다운 행성을 다룰 수 있는 유일한 컴퓨터였다.

당시 컴퓨터 집단에서 여성은 보기 드문 존재였지만, 이후 점점 더 늘어났다. 마리아 미첼은 퀘이커 활동가들이 주도적으로 조직한 "여성의 권리를 위한 세네카 폴스 대회"가 개최되기 불과 1년 전에 혜성을 발견했다. 미첼이 다닌 교회는 여성이 신자들 앞에 나와 설교하는 것을 허락한 유일한 교파였고, 아마추어 천문학자인 미첼의 아버지는 딸이 업적을 인정받도록 적극적으로 로비했다. 그러나 19세기가 채 끝나기 전에 계산은 어느새 여성의 영역이 되었다. 여성 정신 노동자들은 오늘날의 컴퓨터가 문제를 해결하는 것처럼 난해한 문제를 단순한 수치적 단계로 쪼개어 계산하면서 대규모 과학 연구의 시대를 열었다.

20세기 중반까지도 계산은 철저히 여성이 하는 일로 여겨졌다. 인간 컴퓨터와 나란히 그러나 대부분 독립적으로 개발된 계산기계가 나타났을 때, 수학자들이 기계의 처리 능력을 "걸이어girl-year," 즉 같은 일을 여성 컴퓨터들이 할 때 걸리는 시간으로 어림

잡고, 기계 노동의 단위를 "킬로걸kilo-girl"로 표현했을 정도였다.[4] 이 책은 킬로걸들의 이야기다. 가장 아름다운 패턴이 그렇듯이, 이야기는 베틀에서부터 시작된다.

거미의 작업

직조는 단순한 기술이지만, 날실과 씨실 안에 모든 기술 문명 사회의 짜임새가 들어 있다. 직물은 우리가 인간으로 살아가는 데 필수적인 부분이고, 소프트웨어처럼 의미로 부호화된다. 영국의 문화 이론가 새디 플랜트가 말한 것처럼, 모든 직물은 직조의 기록, 즉 솜씨와 시간과 재료와 인력이 조합된 행렬이다. 플랜트는 다음과 같이 썼다. 어느 직물이든 "눈에 보이는 패턴은 그것을 생산하는 과정에서 필수적인 요소다. 따라서 프로그램과 패턴은 연속적이다."[5] 물론 이 생산 과정은 역사적으로 여성과 관련이 있다. 고대 이집트와 중국에서, 그리고 기원전 5세기 유럽 남동부에서 여성들은 재봉 모임에 참석해 베틀을 둘러싸고 물레를 옆에 낀 채 옷, 주거지, 신분 표시, 심지어 화폐까지 실로 짰다.

일반적으로 받아들여진 다른 많은 패턴처럼, 직물의 패턴은 산업혁명 당시 프랑스의 방직공 조제프 마리 자카르가 손이 아닌 숫자로 천을 짜는 새로운 방법을 제안하면서 붕괴되었다. 방직공의 독창성에 따라 독특하게 생기가 불어넣어지는 전통적인 베틀과 달리, 자카르가 발명한 직기는 종이 카드에 뚫린 구멍 패턴에 따라 놀랍도록 복잡한 직물을 생산해냈고, 인간처럼 실수하는 일 없이 동일한 패턴을 반복해서 재현할 수 있었다. 그 결과물인 다마스크, 브로케이드, 마틀라세는 유럽 전역에서 인기를 끌었다. 그러나 자카르 직기는 직물의 대량생산 차원을 넘어선 영향력을 발휘했다. 자카르의 천공카드는 역사상 처음으로 과정과 패턴을 분리한 시도로서 마침내 최초의 컴퓨터에까지 다다랐다. 종이 위에 부호로 표기된 패턴은 실처럼 쉽게 숫자를 얽어매서 의미를 만들 수 있었고, 이후 컴퓨터 과학자들은 이것을 "프로그램"이라고 부르게 된다.

자카르 직기는 성별과 상관없이 숙련 노동자를 일터에서 내몰았다. 그러자 어떤 이들은, 지난 세기말 두 대의 양말 편직기를 때려 부쉈다고 전해지는 방직공 네드 러드를 민중의 영웅으로 떠받들며 새로운 기계 틀에 분노를 표출했다. 오늘날 우리는 기술에 대한 비이성적인 혐오감을 가진 사람을 *러다이트*라는 용어로 낮춰 부른다. 하지만 당시 그들의 행동은 이유 없는 반항이 아니었고, 심지어 시인 바이런 경도 그들을 지지했다. 1812년, 영국 상원의 등원 연설에서 바이런은 자카르 직기를 사용한 기계식 직조의 결과물을 "거미의 작업"에 비유하며 조직적인 기계 파괴자들을 옹호했다. 바이런은 러다이트들을 향해 드러낸 동정심 때문에 자신이 "절반짜리 기계 파괴자"로 여겨질지도 모른다고 개인적으로 염려했다.[6] 그러나 그는 당연히 그렇게 간주되지 않았고, 거미의 작업에 대해서도 완전히 잘못 알고 있었다.

바이런의 비하에도 불구하고, 자카르 직기는 그때까지 아무도 본 적이 없는 수많은 양질의 직물을 생산해냈다. 수학자 찰스 배비지는 조제프 마리 자카르의 초상화를 소장했는데, 그 초상화는 2만 4,000장의 천공카드를 사용해 수천 가닥의 명주실로 짠 것이었다. 그 짜임새가 너무나 정교하고 복잡해서 손님들이 종종 판화로 오인할 정도였다. 자카르의 초상화는 훌륭한 소장품이었지만, 실제로 배비지의 상상력에 불을 지핀 것은 베틀 자체와 천공카드 프로그램이었다. 배비지는 "인간의 상상이 닿는 한, 자카르 직기로 모든 디자인을 엮어낼 수 있다는 것은 잘 알려진 사실이다"라고 선언했다.[7] 그 상상을 패턴으로 번역할 수만 있다면, 어떤 크기로든, 어떤 재료로든, 어느 정도의 정밀도가 요구되든, 어떤 색깔을 조합하든 변함없는 품질로 무한히 복제할 수 있다. 배비지는 천공카드 프로그램의 강력한 힘을 잘 알고 있었다. 수학 공식도 같은 방식으로 작동하기 때문이다. 수없이 반복해서 돌리더라도 절대 바뀌지 않는다.

실제로 배비지는 자카르 직기에 홀딱 빠져서 천공카드로 돌아가는 계산 기계를 설계하는 데 인생 대부분을 보냈다. 그는 기계의 작동 방식을 설명하기 위해 직공의 용어까지 빌려 수를 보관하는 장치를 "저장고"로, 수를 처리하는 장치를 "방적공장"으로 표현했다.[8] 배비지의 저장고와 방적공장은 각각 현대식 컴퓨터의 메모리와 중앙처리장치CPU에 해당한다. 숫자들은 실이 엮여 천이 되듯 배비지의 기계를 통과하면서 하나로 합쳐진다.

배비지의 기계에는 손으로 크랭크를 돌려 다항함수를 계산하도록 설계된 차분기관과 그보다 복잡한 해석기관이 있다. 둘 다 시대를 지나치게 앞서 나간 작품으로 여겨진다. 수학 조견표✚를 국익이 걸린 문제로 보았던 영국 정부가 선뜻 나섰지만, 배비지의 설계는 과거에 시도된 적 없는 높은 수준의 기술적 정밀도를 요구했다. 1823년, 영국 정부는 1,700파운드의 초기 자금을 투입해 차분기관 제작을 지원했다. 그러나 거의 20년이 지나 10배의 돈을 더 쓰고도 몇몇 부분적인 모델과 37제곱미터의 어지러운 도면을 제외하고는 별다른 결과물이 없었다. 결국 영국 수상은 "과학적 가치가 없는 … 돈이 아주 많이 드는 장난감"이라는 결론을 내리고 프로젝트의 실패를 선언했다.[9]

이 기계들은 배비지를 유명하게—그리고 아마도 악명 높게—만들었지만, 동시대 사람들 가운데 기계의 원리는 고사하고 그것이 무엇을 하는 물건인지 아는 사람조차 손에 꼽을 정도였다. 그중 한 명이 바이런 경의 딸 에이다였다. 짧은 인생을 살다 가면

✚ 함수를 구성하는 변수에 다양한 값을 넣어 계산한 결과를 나열한 표.

서 에이다는 한 가지는 확실히 해두었다. 아버지가 그토록 경멸했던 "거미의 작업"을 다음 세기, 그리고 그 이후까지 건잡을 수 없이 확산되게 한 것이다.

우주 곳곳에서 쏟아지는 빛

에이다의 마력은 특별했다. 그녀는 바이런 경과 앤 이자벨라—애나벨라라는 애칭으로 불린—의 열정적인 일 년간의 결혼생활에서 나온 딸이다. 애나벨라는 영리하고 수학에 재능이 있는 귀족이었고 바이런은 전 애인의 평에 따르면 "미친놈, 나쁜 놈, 알면 위험한 놈"이었다.[10] 바이런의 열정은 낭만주의 그 자체였으나 애나벨라는 대단히 합리적이고 예의 바르게 잘 자란 사람으로 바이런은 그녀를 "평행사변형의 공주"라고 놀리듯 부르곤 했다. 이 커플은 퇴폐적인 바이런이 이복 누이 오거스타와 남매 이상의 관계라는 소문 속에 헤어졌다.

이처럼 떠들썩했던 이별의 스캔들을 겪으며 애나벨라는 그저 딸 에이다가 아버지의 방탕한 성격을 물려받지 않았기를, 또한 그의 악명으로 고통받는 일이 없기를 바랄 뿐이었다. 딸이 올바른 길을 가게 하기 위해 애나벨라는 에이다가 네 살일 때부터 엄격한 수학 교육을 시작했다. 수학은 시의 반대말이라고, 적어도 그녀는 그렇게 생각했다.

바이런은 에이다가 태어나자마자 이탈리아로 도망치듯 떠났다. 그는 에이다에 관해 자주 물었지만 단 한 번도 만나보지 못했다. "아이가 상상력은 풍부하오?" 바이런은 딸을 의도적으로 격리한 애나벨라가 절대 말해주지 않으리라는 걸 잘 알았으므로 대신 오거스타에게 편지로 물었다. 바이런은 에이다가 고작 아홉 살이었던 1824년에 그리스에서 독감에 걸려 전혀 낭만적이지 않게 세상을 떠났다. 숨을 거두며 그는 시종에게 이렇게 외쳤다. "오, 내 불쌍한 자식아! 내 사랑하는 에이다! 신이시여, 그녀를 한 번만이라도 볼 수 있다면! 그 아이에게 축복을 내려주시옵소서!"[11]

바이런의 시신은 배에 실려 영국으로 돌아왔고, 마흔일곱 대의 마차로 이루어진 장례 행렬을 보기 위해 대규모 인파가 런던 거리로 몰려들었다. 마침내 아버지의 이름을 알게 된 에이다는 그를 위해 눈물을 흘렸다. 그러나 에이다와 그녀의 어머니가 그의 업적을 높이 평가한 것 같지는 않다. 에이다가 스무 살이 될 때까지 바이런의 초상화가 무거운 휘장에 가려져 있었으니 말이다. 하지만 그의 활달한 영혼은 그녀 안에 살아 숨 쉬고 있었다. 말년에 에이다는 찰스 배비지에게 이런 편지를 보냈다. "저는 제가 시인이었던 아버지보다 훨씬 대단한 분석가(그리고 형이상학자)가 될 거라고 생각해요. 저에게는 시인과 분석가의 피가 둘 다 흐르니까요."[12]

러브레이스 백작 부인, 에이다 오거스타 킹

에이다의 날카로운 분석적 정신은 거침없는 상상력에 의해 굴절되었다. 그녀는 여자라서 정식 대학 교육을 받지 못했지만, 개인 교습을 받으며 무럭무럭 성장했다. 조숙하고 아주 외로운 아이였던 에이다는 비행 기계를 설계하거나, 혼자서 바이올린을 연주하며 당구대 주변을 행진했다. 또 잔병치레가 심한 편으로, 당시 히스테리라고 알려진 증상을 자주 보였고 홍역을 심하게 앓아 3년을 고생한 끝에 가까스로 살아났다. 그사이 애나벨라는 딸이 몸져누워 있는 상황을 이용해 더 열심히 가르쳤다. 에이다는 지기 싫어하고 쉽게 흥분했으며 사람을 휘어잡는 카리스마가 있었다. 자신의 실력이 가정교사들보다 앞서자—가정교사를 유혹한 적도 있다—19세기 영국의 가장 저명한 지성인들과 직접 교신하고 책을 읽으며 독학했다.

이미 10대부터 에이다는 유명한 과학자 메리 서머빌과 우정을 쌓기 시작했다. 메리는 에이다의 질문에 답해주고 학업을 격려했다. 논리학자 오거스터스 드모르간은 우편으로 에이다에게 과제를 보내곤 했는데, 그녀의 답변에서 드러난 사고력에 대단히 놀랐다. 드모르간은 만약 에이다가 남자였다면 "기본 원리들의 강점과 실질적인 난점을 파악하는 자질" 덕분에 "아마 최고의 명성을 자랑하는 뛰어난 수학자"가 되었을 거라고 감탄해 마지않았다.[13] 에이다는 어려운 문제 앞에서도 움츠러들지 않았으며 나름의 독특한 방식으로 학습했다. 수학의 기본 원리가 가지는 근본적인 의미를 파고들어 완벽하게 이해할 때까지 질문을 멈추지 않았다.

에이다는 완성될 기미가 보이지 않는 값비싼 최초의 수학 기계인 차분기관을 보러 어머니와 함께 런던에 갔을 때 찰스 배비지를 처음 만났다. 그때 에이다가 열일곱 살, 배비지가 마흔두 살이었다. 배비지는 찰스 다윈, 마이클 패러데이, 찰스 디킨스, 웰링턴 공작 등 사교계 저명인사를 한자리에 초대해 살롱에서 토요일 밤의 파티를 열고 그 기계—정확히 말하자면 기계의 일부—를 전시했다. 에이다가 사교계에 데뷔한 지 얼마 되지 않았을 때였다. 그녀는 공단과 비단 망사로 만든 드레스 복장으로 참석했고, 소개받은 여러 귀족들에 대해 어머니에게 귓속말로 평가했다. 웰링턴 공작은 마음에 들었고 오를레앙 공작도 괜찮았지만, 탈레랑 공작은? 그는 "늙은 원숭이"였다.[14]

에이다는 부지런히 파티장을 돌았지만 자신의 사회적 책무에 별 관심이 없었다. 그러나 배비지의 기계를 보고서는 이내 넋을 잃었다. 수많은 황동색 기어와 톱니들이 서로 맞물리며 연결된 거대한 블록. 그 자리에 있던 한 구경꾼은 이렇게 기록했다. "다른 손님들은 이 아름다운 기구가 작동하는 모습을 보고 마치 미개인이 처음으로 거울 앞에서 자신을 보았을 때, 혹은 총소리를 처음 들었을 때 보였다고들 하는 표정을 지었고 아마도 그런 종류의 기분을 느꼈겠지만, 바이런 양은 비록 나이는 어렸으나 기계의 작동을 이해했고 이 발명품의 위대한 아름다움을 알아보았다."[15]

얼마 지나지 않아 에이다는 자신보다 열 살 많은 분별 있는 귀족과 결혼해 에이다 오거스타 킹이 되었고, 3년 뒤에는 남편이 승작하면서 그녀 역시 러브레이스 백작 부인이 되었다. 스물네 살의 나이에 에이다는 세 명의 아이—그중 아들 한 명에게 자신의 아버지 이름을 지어주었다—를 낳았고, 런던과 서리에 있는 가문의 저택을 관리했다. 그러나 그녀는 매일 수학 공부를 이어갔고, 여전히 차분기관에 푹 빠져 있었다.

에이다는 배비지에게 그의 기계를 위해 일할 수 있게 해달라고 간청했다. 1840년, 에이다는 그에게 편지를 보냈다. "선생님이 저를 염두에 두시면 좋겠어요. 그러니까 수학에 대한 제 관심을 말입니다. 그건 누군가 제게 베풀 수 있는 가장 큰 은혜라는 것을 선생님도 아실 거예요."[16] 백작 부인이라는 작위에는 사회적 책무가 따랐으므로 그녀는 자신의 진정한 열정에 온전히 집중할 수가 없었다. 에이다는 유익한 방식으로 수학을 실천하는 전문적인 길을 걷고 싶어 했다. 그 방식은 아버지에게 시가 그러했듯 자신의 업적을 단단히 다져줄지도 몰랐다. 그녀가 배비지와 어머니와 많은 친구들에게 보낸 편지를 읽어보면, 수학에 자신의 흔적을 남기지 못할 수도 있다는 극심한 불안에 빠진 여성을 만날 수 있다. 에이다는 자신의 특별한 재능을 확신했다. 그녀에게는 어머니가 집에서 가르치며 주입한 뛰어난 추론 능력과, 부재했던 아버지의 유산인 "숨겨진 것들에 대한 직관적 인식"이 있었다.[17] 에이다는 "저는 우주가 온 천지에 비추는 *광선*들을 모두 거대한 초점 *하나*에 모을 수 있어요"라고 어머니에게 편지를 썼고, 그녀는 딸의 정신에 이상이 있을지도 모른다고 염려했다.

에이다는 남편에게 애정이 있었지만—그녀는 남편을 "내가 선택한 애완동물"이라고 불렀다—자신의 정신적 삶은 배비지와 그의 기계에 바쳤다. 에이다는 배비지의 조수가 되었고 나중엔 대변자가 되었다. 배비지의 인습타파적 사고방식이 그녀의 마음을 끌었다. 에이다는 그의 발명품에 내재한 놀라운 상상력에 감탄했다. 에이다의 어머니는 아버지 바이런 경의 시적 공상이 딸에게서 발현되지 않게 필사적으로 억눌렀고, 이런 어머니의 엄격한 지도 아래 외롭게 자란 에이다는 비로소 배비지에 의해 인정받았다고 느꼈다. 그녀와 마찬가지로 배비지는 수학의 가장 고차원적인 사고에 해당하는 수의 조작이야말로 심오한 형이상학적 의미를 함축하고 있다는 사실을 이해했다. 수학은 그 자체로 시의 한 형태였다.

그러나 에이다가 결혼할 무렵 배비지는 차분기관을 거의 포기했다. 토요일 밤 파티에 참석한 영국 사교계 인사들에게는 인상적으로 보였을지 몰라도 차분기관은 결국 유한차분법+을 이용해 수의 열을 끝없이 대량 생산하는 복잡한 덧셈 기계에 불과했다.

+ 편미분방정식을 푸는 방법 중 하나.

설령 성공했더라도 차분기관은 당시 한 세기 이상 인간 컴퓨터들이 어쩌다 한 번 실수하는 수준으로 해왔던 일을 정확히 "증기로 계산해" 오류 없는 수학 조견표를 작성하는 데나 사용되었을 것이다. 그러나 이제 배비지는 그런 실용적인 일에 흥미를 잃었다. 그는 한 차원 높은 생각을 하고 있었다.

정확하게 맞물린 차분기관의 톱니와 바퀴들은 수천 개의 수를 저장했지만 배비지는 기계가 숫자 대신 *변수*, 즉 수를 나타내는 추상 기호를 저장하길 바랐다. 그런 기계라면 단순한 연산보다 더한 일을 할 수 있을 것이다. 어쩌면 세상의 *모든* 문제를 풀 수 있을지도 모른다. 그는 기계식 연산에서 본격적인 범용 계산으로 개념을 도약시킬 훨씬 더 야심 찬 두 번째 기관에 대한 계획을 세우기 시작했다. 배비지는 그 기계를 해석기관이라 불렀다.

차분기관이 기발했다면, 해석기관은 찬란했다. 완성되었다면 3분 안에 20자리 수 2개를 곱할 수 있었을 것이다. 배비지의 기본적인 계산 원리 일부를 차용해 1940년대에 하버드 대학에서 제작한 전기기계식 컴퓨터 마크 I은 동일한 과제를 6초 만에 해낼 수 있었다. 그러나 그건 백 년에 가까운 시간이 흐른 뒤의 일이다. 지금 내 노트북으로는 백만분의 일 초도 안 되어 끝나는 계산이지만, 해석기관은 전기로 돌아가는 기계가 아니었다. "엔진(기관)"이라는 용어와 딱 어울리게 크랭크와 축과 회전 톱니바퀴를 이용해 증기에서 동력을 얻도록 설계된 거추장스러운 기계 장치였다. 현

해석기관의 "방적공장" 일부

재 런던 과학박물관에 해석기관 일부를 구현한 모형이 전시되어 있는데, 비전문가에겐 기관차에서 끄집어낸 엔진처럼 보인다. 이 기계는 은행 금고처럼 어마어마하고 거대한 풍채를 뽐냈다.

해석기관은 협찬받기 힘든 장비였다. 이미 차분기관에 엄청난 돈을 낭비한 영국 정부가 당장 써먹을 데도 없는 새로운 모델 제작에 돈을 쓸 리 만무했고, 배비지는 달리 기댈 사람도 없었다. 완고한 성격 탓에 영국 과학계에서 적을 많이 만들어왔기 때문이다. 마침내 배비지는 해석기관에 대한 흥미를 일으켜보고자 1840년 가을에 초청을 받아 토리노로 가서 이탈리아의 과학자와 철학자들에게 자신의 계획을 공유했다. 그는 "아르키메데스와 갈릴레오의 나라가" 자신의 고국보다 깨어 있길 바랐지만, 일은 생각대로 진행되지 않았다.

배비지의 토리노 관중 가운데에는 훗날 외교관, 그리고 마침내 이탈리아 총리가 된 젊은 군사 기술자 루이지 페데리코 메나브레아가 있었다. 그는 배비지의 강연을 듣고 「해석 기계에 대한 개념」이라는 제목의 상세한 논문을 작성해 스위스 학술지에 실었다. 지적 호기심이 충만한 에이다는 우연히 그 논문을 보고 곧바로 번역해 읽으면서 메나브레아의 실수를 수정했다. 그녀는 번역한 논문을 자발적으로 배비지에게 보냈다. 번역 논문에 감명받은 배비지는 에이다가 이 기계와 설계에 대해 잘 아는 것을 알아차리고는 그녀에게 직접 논문을 써보라고 권했다. 에이다가 미처 생각해본 적이 없는 일이었다. 배비지는 최소한 번역본에 주해를 달아보라고 제안했다. 겸손과 지적 야망 사이에서 이 정도의 타협은 그녀도 받아들일 수 있었다. 에이다는 곧바로 프로젝트에 착수했다. 그러나 인쇄소에 전달될 무렵, 자신의 이니셜 AAL로만 서명한 에이다의 주해는 이미 스스로 생명을 얻기 시작했다. 그것은 메나브레아의 원문보다 세 배 가까이 길었고, 몇십 배 더 정교했다.

에이다는 자신의 주해에서 배비지가 가진 방대한 비전을 종합했다. 결코 쉽지 않은 과제였다. 세상을 떠날 무렵 배비지가 해석기관 제작에 대해 남긴 계획서만 서른 권이 넘었기 때문이다. 자신의 기술적 분석이 형이상학적 공상의 날개를 달고 생기를 띠면서 에이다는 빅토리아 시대의 교육받은 청중들, 특히 과학계와 영국 정부 인사들—이 기계의 가치를 알아주길 자신과 배비지가 간절히 바라는—이 해석기관을 이해하고 흥미를 느끼게 하는 것을 목표로 삼았다. 배비지는 성격이 원만하지 못하고 정치적 수완도 뛰어나지 않았다. 에이다는 그런 성격을 참지 못하는 사람들이 그의 천재성을 쉽게 간과할 거라는 사실을 알고 있었다. 배비지는 "사람들이 존경해 마지않는 내 친애하는 통역사"라며 그녀를 인정했다.[18]

그러나 에이다는 해석기관의 기술적인 작동 방식만 설명한 게 아니었다. 그녀는 그것이 세상에 가져올 충격을 상상했고, 범용 계산의 함의를 파악해 소프트웨어의 혁신적인 힘을 예측했다.

에이다는 해석기관이 기호를 다룰 수 있게 된다면 숫자와 논리는 물론이고 음악에 이르기까지 기호로 나타낼 수 있는 모든 것이 이 기계 안에서 놀라운 일을 해낼 거라고 믿었다. 에이다는 이것을 직물에 비유해 "자카르 직기가 꽃과 잎을 짜듯이 해석기관은 *대수적 패턴을 짠다*"라고 썼다.[19] 가능성은 무궁무진했고, 에이다는 그 가능성을 명확히 표현해내려는 마음뿐이었다. 수학적으로 뛰어나고 시적으로 신랄하게.

이것은 정신적으로나 육체적으로나 그녀에게 아주 벅찬 일이었다. 당시 많은 환자들처럼 그녀도 병을 치료하기 위해 아편 팅크제를 처방받았다. 아편의 뿌연 연기를 맡으며 에이다는 사회적 책무인 사교계 활동과 투병 기간 사이사이에 뜨거운 에너지를 쏟아부으면서 일했다. 에이다의 어머니는 그 일을 못마땅하게 생각했고 그녀의 주의를 흩트리기 위해 가족사까지 동원했지만 에이다의 고집을 꺾진 못했다. 이 시기 에이다와 배비지의 서신 교환은 활발하고 친밀했다. 그들은 하루에도 몇 번씩 런던을 가로질러 편지를 주고받았다. 에이다는 배비지의 엉성한 작업을 꾸짖었고, 그가 그녀의 글에 손을 대면 발끈했으며, 그의 실수를 잡아내곤 했다. 그녀는 줄곧 자신을 그의 "요정"이라 칭했는데, 이는 수학의 요정 자체인 그녀 자신에 대한 적절한 묘사였다. "나의 뇌는 단순한 인간의 뇌가 아니다."[20] 에이다는 해석기관으로 베르누이 수*를 계산할 수 있는 방법을 모두 정리하며 자신감을 내비쳤다.

"십 년이 지나기 전에 내가 그 어떤 필멸자의 입술과 머리가 해내지 못한 방식으로 우주의 미스터리로부터 생명의 피를 빨아내지 못한다면, 그건 그 속에 있는 악마 때문이다."

해석기관은 결국 완성되지 못했지만 컴퓨터 시대의 기본 개념을 최초로 제시했다. 입력, 저장, 처리, 출력이라는 해석기관 설계의 네 가지 구성 요소는 오늘날 모든 컴퓨터의 핵심 구성 요소로 남아 있고, 에이다가 이 새로운 기계를 설명하기 위해 준비한 독창적인 주해는 거의 한 세기를 앞선 최초의 컴퓨터 과학 문헌이 되었다. 해석기관이 어떻게 "인간의 손과 머리"의 힘을 빌리지 않고 베르누이 수를 계산할 수 있는지 보여주기 위해 에이다는 오늘날 많은 학자들이 최초의 컴퓨터 프로그램이라 여기는 수학 증명을 썼고, 이는 심지어 존재하지도 않는 기계를 위한 것이었다. 에이다는 아이를 셋이나 낳았지만 메나브레아의 논문에 대한 주해를 자신의 첫 아이라고 불렀다. 그녀는 초고 작성을 마치면서 배비지에게 "그는 대단히 훌륭한 아기예요. 보기 드문 풍채와 힘을 가진 남자로 성장할 겁니다"라고 편지를 썼다.[21]

이것은 자신의 작품을 남성으로 지칭하고 성명이 아닌 이니셜로만 서명한 에이다 시대의 이야기다. 비록 에이다는 평생 세간에 잘 알려진 지지자들—배비지를 필두로 가정교사들, 남편, 과학

✚ $1, -\frac{1}{2}, \frac{1}{6}, 0, -\frac{1}{30}, 0, \frac{1}{42}, \cdots$ 로 이어지는 유리수 수열.

계 지인들까지—에게 격려받았지만, 그녀가 걸었던 길은 분명 그 시대 관습에서 벗어나는 것이었다. 심지어 그녀의 어머니조차 용인하지 않았으니 말이다. 새디 플랜트의 표현을 빌리자면 "백작부인countess도 셈을 하면count 안 되는" 시대였다.[22] 친구였던 메리 서머빌을 제외하면 에이다에게는 여성 동료가 거의 없었다. 그녀의 업적은 끈기 있고 집요한 자기 학습은 물론이고 관습을 거부하고 건강을 해치는, 수학에 대한 광기에 가까운 헌신을 요구했다.

에이다는 어지럼증, 통증, 실신, 신경성 불만에 시달리며 평생 병을 달고 살았다. 그녀의 증상은 히스테리로 치부되어 주기적인 아편팅크제 처방으로 관리되었다. 그녀는 매번 눈에 불을 켜고 약을 기다리곤 했다. 서른여섯, 아버지와 같은 나이에 에이다는 그녀를 가장 괴롭혔던 병인 자궁암으로 세상을 떠났다.

에이다는 수학을 거의 포기했었다. 죽기 몇 해 전부터 그녀는 남성 지인들과 돈을 모은 다음 수학 실력을 발휘해 배당률을 계산하며 강박적으로 경마에 돈을 걸었다. 한 전기 작가는 에이다가 배비지의 해석기관 제작비를 마련하기 위해 도박을 시작했지만 너무 자주 거액을 잃어 지인들에게 돈을 빌리거나 가문의 보석을 저당 잡혀야 했던 것 같다고 썼다.[23] 런던에서 오랫동안 병상에 누워 있으면서 에이다는 평행사변형의 공주 대신, 미치고 나쁘고 위험했던 아버지를 더 닮아갔다. 그녀는 아편팅크제와 포도주와 클로로포름을 복용하며 현실의 안팎을 넘나들었고, 무모함과 비극이라는 가족의 현을 울렸다. 에이다는 어머니에게 이렇게 썼다. "바이런가의 피에 흐르지 않을까 두려웠던 저 끔찍한 몸부림이 정말 무서워요. 우린 마음 편히 죽지 못할 것 같아요."[24]

에이다의 작품은 비록 한 세기가 지나서야 제대로 인정받긴 했지만, 아버지의 시가 그랬던 것처럼 그녀 자신보다 오래 살아남았다. 컴퓨터 시대 초기에 영국에서 개최된 한 컴퓨터 심포지엄에서 그녀의 주해를 재출판해 그녀와 배비지의 혜안을 아무도 부인할 수 없게 했는데, 그때까지 에이다에 대한 평가는 지연되었다. 1953년, 주해의 편집자는 "에이다의 발상이 너무나 현대적이어서 새삼 커다란 화제가 되었다"라며 감탄했다.[25] 에이다는 운 좋게도 부유하고 한가한 귀족으로 태어났다. 전문적인 길을 걷지는 못했어도 스스로 깨우칠 수 있었고 자신의 열정을 좇을 개인적인 시간이 있었다. 그러나 에이다는 훨씬 더 많은 일을 할 수 있었고, 자신이 그러길 바랐던 것도 사실이다. 어긋난 시기에, 어긋난 곳에서, 어긋난 분야에 영향을 미치길 바랐던 많은 뛰어난 여성들은 비슷한 운명을 겪었거나 더 나쁜 운명으로 괴로워했다.

에이다의 서신을 읽으면서 나는 수 세기를 뛰어넘어 만나고 싶은 사람을 보았다. 그 사람에게 나는 이렇게 말하고 싶다. 맞아요. 당신 말고 그걸 볼 수 있는 사람은 아무도 없었어요. 하지만 당신에게는 후계자들이 있습니다. 당신의 손녀와 증손녀들이죠. 그들은 세계 곳곳에서 싹을 틔우고 언제나처럼 끈기 있게 집중해 멈추지 않고 일할 겁니다. 그리고 다른 사람들이 그 공을 차지할 거예요. 하지만 언젠가 더는 그러지 못하는 순간이 오겠죠. *그날이 오면* 당신의 역사가 기록될 거예요. 당신의 가장 무모한 상상조차 뛰어넘는 기계의 이야기가, 왕국의 중심에 모셔진 책상에서 10대 소녀들에 의해 수백 번 쓰일 것입니다.

킬로걸

고집을 부린 끝에 에이다 러브레이스는 가문의 사유지인 뉴스테드 수도원 근처의 작은 교회에서 아버지 옆자리에 묻혔다. 부드러운 보랏빛 벨벳으로 마감된 그녀의 관에는 러브레이스 가문의 가훈이 새겨져 있다. 이는 에이다가 배비지의 해석기관에 대한 주해를 힘겹게 작성하며 몸소 실천했던 격언이다. LABOR IPSE VOLUPTAS("노동은 그 자체로 보상이다").

노동은 오랫동안 그 자체로 보상이 될 것이다. 에이다가 살던 세기가 끝날 무렵 그녀처럼 기술 면에서 재능 있는 여성들은 대서양을 사이에 두고 양 대륙에서 컴퓨터로 취업할 수 있었지만, 이들의 공식적인 직함에는 그에 합당한 지위나 보상이 따르지 않았다. 예를 들어 1880년대에 미국의 천문학자 에드워드 찰스 피커링은 하버드 대학 연구실에서 천문 데이터를 분석하고 분류하기 위해 하녀였던 윌리어미나 플레밍을 포함해 오로지 여성만 고용했다.[26] 이후 피커링은 천문대에서 일한 여성들을 옹호하고 심지어 천문학회에서 플레밍을 대신해 논문을 발표하기까지 했지만, 애초에 이들을 후원할 목적으로 연구실에 고용한 건 아니었다. 그저 당시에는 여성의 임금이 통상의 절반이었기 때문에 같은 비용으로 두 배의 직원을 고용하고 싶었을 뿐이다. "하버드의 컴퓨터들은 거의 다 여성입니다."[27] 남성 컴퓨터만 고용한 경쟁 천문대 소장이 동료에게 불평하며 말했다. "그 사람들은 거의 무보수로 일해요."

역사에 "피커링의 하렘"으로 기록된 하버드 컴퓨터들은 1만 개의 별 목록을 작성했다.[28] 과거에 하녀였던 윌리어미나 플레밍은 말머리성운을 발견했고 항성 분류체계 개발을 도왔다. 플레밍의 동료 애니 점프 캐넌은 놀라울 정도로 일관성 있게 일 분에 세 개꼴로 항성의 스펙트럼을 분류했고, 이를 통해 수없이 많은 새롭고 특이한 항성들을 발견했다. 이 여성들은 말 그대로 우주의 지도를 그렸으나, 임금은 고작 시간당 25~50센트로 미숙련 노동자들의 임금과 맞먹었고 공장에서 일했다면 받았을 돈보다 아주 조금 더 벌었다.

19세기 말 무렵, 미국에서는 남북전쟁 이후로 사무직 여성 수가 크게 증가했다. 대규모 전쟁은 여성들에게 새로운 일자리를 제공하며 젠더와 노동에 확실한 영향을 미쳤다. 당시 많은 이들이 전쟁 과부였는데, 이들은 점차 복잡해지는 세상사를 조정하는 일로 자신을 부양했다. 역사학자 데이비드 앨런 그리어가 쓴 것처럼, 1865년에 남북전쟁이 끝난 후 여성 컴퓨터들은 더 이상 마리아 미첼처럼 "아버지가 사랑하는 재능 있는 딸"이거나, 에이다처럼 "호의적인 남성들의 지적인 친구"가 아니었다.[29] 이들은 "그저 수를 계산하는 재주로 먹고사는 일꾼, 사무직 노동자였다."

제1차 세계대전과 2차 세계대전 역시 수천 명의 여성을 일터로 이끌었다. 이들은 타이피스트, 사무원, 전화 교환원으로 일했다. 리벳공은 말할 필요도 없다. 그러나 가장 먼저 여성 인력을 대규모로 고용한 곳은 전화 회사였다. 1891년에 여성 8,000명이 전화 교환원으로 일했고, 1946년에는 그 수가 25만 명에 이르렀다. 여성은 기업의 필요에 맞춰 네트워크와 유동 집단fluid groups—우리는 여전히 비서 '풀pools'이라고 말한다—내에서 협력적으로 일할 수 있는 민첩한 인력이었다. 그들은 전화를 연결하고, 기록을 보관하고, 말을 받아 적고, 서류를 철했다. 현대에는 이런 기계적인 업무가 디지털 비서와 자동 전화 시스템에 의해 갈수록 전자식으로 수행되고 있지만, 이것들 중 상당수는 여전히 기본값으로 여성의 음성으로 말한다.

20세기 상반기에 점차 증가하는 전화망을 통해 여성의 목소리가 울려 퍼지면서 "걸"이라는 단어는 "컴퓨터"와 구별 없이 사용됐다. 1940년대 초반에 인간 컴퓨터 팀을 운영한 국방연구위원회 산하 응용수학 패널의 한 구성원은 "킬로걸"이라는 단위를 대략 천 시간 동안의 인간 계산 노동과 맞먹는 에너지양으로 어림했다.[30] 미국 항공우주국NASA의 전신인 국가항공자문위원회는 이미 1940년대부터 흑인 여성을 포함한 "걸" 인력을 자체적으로 보유했는데, 이들은 랭글리 연구센터 내에서도 동떨어진 서쪽 구역에서 일했다.[31] 그들 가운데 1958년에 우주전문위원회에 합류한 수학자 캐서린 존슨은 우주 비행사 앨런 셰퍼드와 존 글렌의 우주 비행에 필요한 궤적을 손으로 계산했다.[32] 랭글리 연구센터의 여성 컴퓨터들은 계산자, 확대경, 곡선자, 그리고 초기 계산기와 같은 물질적 하루살이들을 사용하여 모든 분석을 손으로 계산해 처리했다. 존슨이 "컴퓨터가 치마를 입었던" 시대에 자신이 컴퓨터였다고 말한 것이 종종 인용된다.[33]

또 다른 여성 수학자 거트루드 블랜치가 미국 공공사업진흥국의 후원하에 감독한 수학 조견표 책자 제작은 미국에서 인간 컴퓨터가 계산에 참여한 마지막 대규모 프로젝트였다. 이 책자는 계산 기계가 등장하면서 사실상 쓸모없어진 시점에 출간되었다. 최초의 대규모 과학 연구가 시작된 이후에, 인간 컴퓨터들은 이 연구에 필요한 하드웨어 계산 기계가 제작될 때까지 공백을 메우는 미봉책으로 번성했다. 그러나 결국, 제2차 세계대전 중에 컴퓨터 과학이 활발히 연구되면서 등장한 지칠 줄 모르는 계산 기계가 경쟁자를 꺾고 말았다. 전쟁이 끝나고 이 기계가 인간으로부터 모든 계산 업무를 완전히 넘겨받으면서, 처음이자 마지막으로 "컴퓨터"라는 단어의 정의가 바뀌었다. 한때 인간 활동의 독특한 응집력을 필요로 했던 업무의 내용도 달라졌다. 과거에 컴퓨터였던 인간들은 경쟁자에서 관리자로 바뀌었고, 기계의 기능을 직접 실행하는 대신에 기계가 실행할 기능을 *프로그래밍*했다.

한때 인간 컴퓨터로 운영된 계산실은 오늘날 기계가 1초도 안 걸려 답을 내놓는 계산을 수년의 "걸이어"에 걸쳐 수행했다. 그러나 과거 몇 세기 동안에는 북적대는 사무실과 "하렘"에서 일하는 여성 집단이 곧 하드웨어였다. 이들은 개인의 능력을 넘어서는 대규모 계산을 집단으로 수행한 개별 생물학적 기계로서, 우주의 목록을 작성하고 항성의 도표를 만들고 세계를 측정하고 폭탄을 제조했다. 여기서 이 수학적 노동이 종종 비교적 단순한 단계로 쪼개져 개개인에게 할당되었을 수도 있다는 사실을 언급하는 것은 요점을 벗어난 지적이다. 일제히 집단적으로 실시된 바로 저 모든 단순한 단계들의 집합은, 네트워크에 연결되어 계산을 수행하는 우리의 빅데이터 세계를 예시한 것이다. 혼자 있을 때, 여성은 최초의 컴퓨터였다. 함께 있을 때, 여성은 최초의 정보 네트워크를 형성했다. 오늘날 우리가 알고 있는 컴퓨터는 원래 그것이 대체한 사람들을 부르는 말이었고, 우리가 네트워크의 개념을 자아의 확장으로 이해하기 훨씬 전에 우리의 증조할머니들은 그러한 네트워크가 존재하는 데 꼭 필요한 기능을 수행했다.

계산 기계의 등장으로 인해 인간 계산실이 텅 비었을지는 모르지만, 그것이 그 분야에서 여성을 몰아내지는 못했다. 오히려 그 반대였다. 과거에 컴퓨터였던 많은 여성들은 자신의 대체품을 관리하는 직종으로 전환했다. 여성의 손은 연필과 계산자에서 탁상 계산기와 스위치로 이동했고, 다시 계전기✚와 천공카드 제표기✚✣로 옮겨갔다. 새로운 기계에 정보를 넣고 빼는 일은 타이핑, 서류철, 전화 연결과 수준이 같은 여성의 일로 여겨졌다. 하지만 그것은 결코 쉬운 일이 아니었다. 초기의 기계식 컴퓨터를 다루기 위해서는 날카로운 분석적 정신과 끝없는 인내심이 필요했다. 수학으로 산을 움직인 여성들처럼, 초창기 컴퓨터 프로그래머와 오퍼레이터✚✣✚는 어마어마한 규모의 난제들을 다루었다. 그들의 창의적인 해결책은 종종 생사를 갈라놓았다.

✚ 전류를 조작해 회로를 열고 닫는 스위치의 일종.
✚✣ 천공카드 뭉치의 내용을 판독해 결과표를 인쇄하는 장치.
✚✣✚ 과거 전화 교환원처럼 케이블을 꽂는 방식으로 컴퓨터를 조작했던 사람.

2장 어메이징 그레이스

1941년에 일본이 진주만을 공격했을 때, 그레이스 호퍼는 36세였고 대학에서 종신 보장 트랙을 밟고 있었으며 기혼이었다. 그녀는 수학을 가르쳤고 남편 빈센트는 문학을 가르쳤다. 이 부부는 여름이면 대공황 시기에 450달러를 주고 산 뉴햄프셔주의 60에이커짜리 땅에서 오래된 농가를 수리하거나 배드민턴을 치면서 시간을 보냈다. 그레이스는 어릴 적 울프버러 호수에 있는 커다란 가족 별장에서 여름을 보냈는데, 그때 배운 대로 깔개를 짜기도 했다.

그레이스와 빈센트는 공부하는 부부가 일반적으로 겪는 문제를 안고 살았다. 그레이스가 예일 대학에서 대학원 과정을 시작했을 때, 빈센트는 컬럼비아 대학에서 박사학위를 취득하기 위해 애쓰고 있었다.[1] 빈센트의 8년짜리 박사 학위논문 주제는 숫자 상징의 역사였는데, 그레이스는 어떻게든 시간을 내서 시리아어와 바빌로니아어로 된 관련 자료와 중세 문헌을 읽으며 그를 도왔다. 1931년 배서 대학에서 교직을 시작하면서 그레이스는 남는 시간에 다양한 강의를 청강해 천문학, 지리학, 물리학, 건축학을 두루 익혔다. 그레이스의 지적인 양손잡이는 캠퍼스에서 전설이었다.[2] 가끔씩 학생들의 관심을 끌기 위해 왼손으로 칠판에 독일어 문장을 쓰다가 중간쯤에 오른손으로 바꾸어 프랑스어로 마무리하곤 했다.

배서에서 주니어 교수일 적 그레이스는 학생들은 두려워하고 다른 선생들은 가르치길 꺼리던 미적분, 삼각법, 기계 제도 같은 과목을 도맡아 가르쳤다. 수업에 활력을 불어넣기 위해 오늘날 훌륭한 교사들이 그러듯 오래된 교과 과정을 새로운 콘셉트로 업데이트했다. 또한 기계 제도 수업에서 지형학에 대한 흥미를 유발하기 위해 학생들에게 환상 세계의 경계선을 추적 중이라고 말했고, 미적분 교과서에 흔히 나오는 탄도학 문제를 이제 막 대중의 상상력을 사로잡기 시작한 로켓 문제로 바꾸었다. 결국 그레이스의 강의실은 여러 학과에서 몰려든 학생들로 넘쳐났고, 덕분에 나이 든 교수의 신망과 동료 교수의 시기를 한 몸에 받았다.

1941년 겨울, 그레이스와 빈센트는 뉴욕에 있었다. 빈센트는 뉴욕 대학교 경영대학에서 교양 문학을 가르치는 일을 맡았고, 그레이스 또한 배서에서 1년짜리 교수 장학금을 받아 뉴욕 대학의 응용수학 대가 리하르트 쿠란트 밑에서 연구를 진행했다. 힘겨운 평일 출퇴근—닥터 존슨이라고 이름 붙인 포드 모델 A를 몰고 허드슨강을 따라 포킵시와 맨해튼 사이를 정신없이 달리던—에서 벗어난 멋진 휴가였다.[3] 그레이스는 쿠란트를 좋아했다. 그는 유한차분을 이용한 미분방정식 풀이의 전문가였고, 이 분야는 그레이스가 배서에서 미적분학을 가르치기 위해 "학생들보다 한발 앞서" 익힌 것이었다.[4] 쿠란트는 귀여운 억양으로 말했고—그는 독일의 망명자였다—그의 강의는 늘 흥미로웠다. 그레이스는 쿠란트의 지도 아래 비정통적인 문제와 씨름했는데, 풀이까지 일반적이지 않은 방법으로 접근한다고 종종 꾸지람을 듣긴 했어도 이 시간을 즐겼다. 대체로 그해는 "잊을 수 없는 멋진 한 해"였다.[5] 그러다 모든 것이 변했다.

그레이스와 빈센트는 함께 쓰는 서재에서 책으로 둘러싸인 2인용 책상에 앉아 초소형 라디오로 발표를 들었다. 하와이 해군기지가 급습당해 미국인 2,403명이 사망. 다음 날 미국은 일본에 전쟁을 선포했다. 일주일 사이에 전쟁은 일본의 동맹국인 독일과 이탈리아까지 확대되었다.

그레이스의 삶 속에 있는 모든 사람들이 전쟁에 참여하길 원했다. 빈센트는 군대 장교직에 지원했지만 안경을 썼다는 이유로 거부당했다. 그레이스의 남동생 또한 시력이 몹시 나쁘고 가족 내

력으로 몸이 지나치게 말라 통과하지 못했다. 하지만 둘 다 단념하지 않았고 결국 자원해서 군대에 들어갔다. 그레이스의 사촌은 간호사가 되었다. 1942년 여름이 되자 가족이 전부 가버린 것 같았다. 남자들은 모두 입대했고 여자들은 아이가 있는 그레이스의 여동생만 빼고 모두 신설된 여성 군종軍種에 들어갔다. 그레이스도 제 몫을 하고 싶었지만 체중이 7킬로그램 모자랐고 복무하기엔 나이가 너무 많았다. 수학 교수는 기밀을 다루는 직종이 되어 군에 입대하면 전역할 수 없었다. 그레이스는 여름 동안 바너드 대학에서 여성을 위한 전쟁 대비 특별 수학강좌를 맡았지만 그걸로는 만족할 수 없었다. 여름 내내 장교 후보생들은 허드슨강에 정박한 연습선에서 나와 바너드 대학 기숙사 옆을 행진했고, 그레이스는 그들을 보며 해군 입대를 갈망하곤 했다.

뉴욕 교외로 돌아온 그레이스는 외로움과 갈 곳 잃은 애국심에 애가 탔다. "나 혼자 동떨어졌다는 생각이 들었어요. 아무 걱정 없는 대학 교수의 안락한 삶 속에서 말이에요."[6] 그녀는 군에서 복무할 수 있게 해달라고 배서 대학에 적극적으로 로비했다. 대학 당국에 최후통첩을 보냈는데, 별로 대단한 것은 아니었다. *6개월, 받아들이지 않아도 어쨌든 그만둘 거다.* 그레이스는 나이가 너무 많고 몸이 너무 마르고 시력도 남동생보다 나을 게 없었지만, 결국 뜻대로 했다. 진주만에 포탄이 떨어지던 날, 누구라도 부러워할 중산층의 삶이 그레이스 호퍼의 발치에 있었지만, 그녀는 그

길로 한 걸음도 더 나아가지 않았다. 몇 년 안에 모든 것이 달라졌다. 빈센트와 헤어졌고 직장을 그만두었으며 해군에 입대했다. 하지만 이는 그녀의 인생에서 처음으로 주목할 만한 일도 아니었고, 마지막도 아니었다.

매사추세츠주 노샘프턴에 있는 미국 해군 예비장교 학교에서의 첫날, 그레이스는 서른일곱 살이 되었다. 그레이스는 벌크헤드, 덱, 오버헤드 같은 해군 용어를 빨리 익혔다. 언어에 있어서 그녀는 언제나 빨랐다. 사전을 끼고 앉아 마치 수학 변수 다루듯 문장에 새로운 단어를 몰아넣는 방식으로 독일어, 라틴어, 그리스어를 독학했던 그레이스였다. 군 의례를 익히는 건 좀 더 까다로웠는데, 사회적 기대와 대립하는 순간이 종종 있었기 때문이다. 계급과 교양이 문 앞에서 충돌했다. 그녀는 해군 장성들이 먼저 문을 지나가도록 멈추었지만, 되려 그레이스를 숙녀로 대해 양보하는 바람에 어색한 장면이 연출되곤 했다. "그러다가 결국엔 같이 문을 지나곤 했죠. 정말 별로였어요."[7] 그러나 그레이스는 군사 훈련을 좋아했다. 그녀는 제식훈련을 마치 춤추는 것 같다고 생각했다.

그레이스는 다른 신병보다 작았고 나이도 더 많았다. 그리고 불과 몇 달 전에 자신이 가르쳤던 학생 또래와 함께 훈련을 받았다. 그러나 대학에 있으면서 집 두 채와 경직된 결혼 생활을 유지하고 미국 북동부를 들쑤시며 멀리까지 통근하던 시절을 생각하

그레이스 머리 호퍼

면 군 생활의 제약조차 휴가처럼 느껴졌다. 더는 다른 사람을 생각할 필요도, 아침마다 무슨 옷을 입을지 힘들여 고를 필요도 없었다. 스타킹까지 배급받는 생활에 안락함은 없었지만 그녀를 짓누르던 가정의 책임은 사라졌다. "그냥 즐겼어요."[8] 몇 년 뒤 그레이스가 한 역사학자에게 말했다. 함께 입대한 젊은이들과 달리 "완벽한 자유를 누렸죠. … 마치 군대가 깃털 침대인 양 이내 긴장을 풀고 들어가 살도 찌우고 완벽한 천국의 시간을 보냈어요." 매주 일요일 밤이면, 배급받은 고기와 함께 뉴잉글랜드 해안가에서 잡아 올린 신선한 생선과 바닷가재를 먹었다. 그녀는 대대장에 임명됐고, 근질근질한 라일사 스타킹을 신은 채 수석으로 졸업했다.

그레이스는 자신이 남자였다면 분명 위에서 자신을 바다로 보냈을 거라 확신했지만, 그랬더라도 갓 계급장을 단 호퍼 중위는 해군 함정에서 단 하루도 보내지 못했을 것이다. 그녀의 이력서에 적힌 한 줄, 뉴욕 대학의 리하르트 쿠란트 밑에서 유한차분법을 공부한 경력 때문이다. 해군은 그레이스에게 내린 명령을 하룻밤 사이에 바꿨다. 장교 훈련을 받으며 그레이스는 내심 앞으로 자신이 해군 암호해독 전문위원회 '커뮤니케이션즈 애넥스'에서 수학자와 논리학자로 구성된 엘리트 집단과 함께 적의 암호를 해독하며 군 경력을 쌓게 되리라 짐작했다. 그 위원회는 한때 자신을 가르쳤던 예일 대학 교수가 감독하고 있는 곳이기도 했다. 그녀는 발령을 대비해 미리 암호학까지 공부했다. 그러나 해군은 그레이스를 하버드로 보냈고, 그녀가 좋아하는 표현대로 그레이스는 그곳에서 세계 최초 컴퓨터의 세 번째 프로그래머가 되었다.

1944년 7월, 하버드에 도착한 그레이스는 이내 길을 잃었다. 해군 연락사무소는 어디에서도 찾을 수 없었고, 주둔 장소와 목적에 대해 사전에 들은 바도 없었다. 그녀는 캠퍼스를 헤매다 결국 무장한 경비원에 의해 지하에 있는 크러프트 물리학 연구실로 안내되었다. 키가 190센티미터가 넘고 이마의 V자 머리가 도드라진 호전적인 남성이 이미 짜증이 잔뜩 난 상태로 그녀를 맞이했다. 그의 입에서 나온 첫마디는 "어디 *있었소?*"였다.[9] 그를 보고 깜짝 놀란 그레이스는 자신이 장교 학교에서 왔고 어디로 가야 할지 몰라 오전 내내 헤맸다고 말했다. 그녀는 "그때 전 좀 당황했고, 당연히 지휘관 앞이라 완전 겁을 먹었죠"라고 회상했다. "이럴 필요 없다고 일러뒀는데." 그가 중얼거렸다. 그는 여성에겐 연수 교육이 필요하지 않다고 생각했다. 살 곳은 찾았냐고 그가 묻자 그레이스는 자신이 방금 도착했다고 말했다. "그렇군, 일단 일부터 시작하지. 살 집은 내일 찾아도 되니까."

그렇게 일을 시작했다. 그레이스는 전시에 어떤 작전에도 참여하지 못했지만, 대신 두 마리의 짐승을 길들였다. 첫 번째가 바로 이 까칠한 남자, 하워드 에이킨 소령이었다. 찰스 배비지의 열렬한 추종자였던 에이킨은 하버드 대학 물리학과에서 대학원 과정을 밟던 중, 수치해석이 가능하도록 단순화할 수만 있다면 기본 연산부터 미분방정식까지 어떤 문제든 풀 수 있는 기계식 연산 장치를 설계했다. 사실 이것은 자신의 편의를 위해서였는데, 그가 박사 학위논문을 쓰는 과정은 방대하고 지루한 계산이 끝없이 이어진 악몽이었기 때문이다. 에이킨의 기계가 바로 그레이스의 두 번째 짐승이었다. 이 기계는 소유권을 양도받는 대가로 국제 사무기기 회사IBM가 제작하여 전시 사용을 위해 대학에 기증한 것이다. 에이킨이 사람 10여 명분의 일을 하는 일련의 데이지 체인* 계산기들을 상상해 설계했기 때문에 자동 순차제어 계산기라는 이름이 붙었다. 하버드에 있는 사람들은 모두 마크 I 컴퓨터라고 불렀다.[10]

마크 I은 해군 병기부에 배치되어 전시에 탄도학 문제를 다루었고, 따라서 에이킨은 유한차분법을 잘 아는 수학자가 필요했다. 유한차분법은 바로 그레이스가 일본이 진주만을 습격하기 일 년 전 대단히 즐거운 날들을 보내며 리하르트 쿠란트 밑에서 배운 것이었다. 그러나 그레이스는 이런 상황을 전혀 알지 못했다. 에이킨과 인사를 나눌 때, 그녀는 옆방에서 시끄러운 소리를 들었다. 에이킨이 그녀를 소음이 들리는 곳으로 데려갔다. "계산 엔진 소리요."[11] 그가 말했다. 그레이스는 할 말을 잃은 채 기계를 들여다보았다. 그녀는 이렇게 기억했다. "완전히 벌거벗었더라고요." 마

\+ 여러 장치를 순차적으로 연결하는 방식.

크 I은 높이 2.4미터, 무게 4.5톤의 거대한 체구에 수천 개의 움직이는 부품과 850킬로미터에 달하는 전선이 배선되어 있었다. 내부가 노출되어 지저분하고 시끄러웠다. "그저 멍하니 보고 있는 수밖에 없었어요. 달리 할 말이 생각나지 않더라고요."

마크 I은 현대적 의미의 컴퓨터라기보다 찰스 배비지의 기계식 엔진에 더 가까웠다. 강철 케이스 안에 4마력짜리 모터로 돌아가는 회전 구동축이 기계 전체를 따라 순차적으로 기어와 숫자판을 움직였다. 마크 I에 입력할 코드는 우선 표준화된 코드 용지에 연필로 작성한 다음, 자동 피아노의 악보나 자카르 직기의 패턴 카드와 비슷한 방식으로 너비 8센티미터짜리 테이프에 말 그대로 구멍을 뚫어 옮겼다. 테이프는 고유의 8비트 코드를 사용하고, 구멍의 위치는 수행할 계산의 숫자, 계산 과정, 적용에 해당된다.[12] 마크 I은 천공 롤 테이프로 돌아간다는 점에서 프로그래밍되는 기계라 볼 수 있었지만, 당시에는 하드웨어와 소프트웨어 간의 구분이 모호할뿐더러 아예 있지도 않았다. 계산을 하려면 소프트웨어를 실행하는 게 아니라 스위치를 올리고 케이블을 연결해야 했기 때문이다.

하워드 에이킨은 그레이스에게 동료들을 소개했다. 그녀가 아직 장교 학교에 있을 때 먼저 하버드에 온 두 명의 해군 소위였다. 나중에 알게 된 사실이지만 그들은 신참 옆에 앉지 않으려고 서로에게 뇌물까지 주었다. "머리가 희끗희끗한 학교 선생이 온다는 얘기를 듣고는 둘 다 내 옆자리에 앉고 싶어 하지 않았어요."[13] 에이킨은 그녀에게 외계 명령어로 쓰인 몇 쪽짜리 코드 일람표를 건네며 과제를 주었다. 마크 I으로 아크 탄젠트의 보간계수를 소수점 아래 23번째 자리까지 계산하는 프로그램을 써오라. "그러더니 이 짐승을 프로그래밍하고 또 프로그램을 기계에 넣고 돌리는 법을 익히는 데 고작 일주일을 줬어요."[14] 문제 자체는 별로 어렵지 않았다. 어쨌거나 그레이스는 수학으로 박사학위까지 받은 사람이니까. 그녀가 이해할 수 없는 건 기계였다. 이 기계에는 매뉴얼도, 참고할 선례도 없었다. 마크 I은 처음 만들어진 종류의 기계였다. 그레이스는 다방면에 재능이 있는 사람이었지만 공학 배경은 없었고 계전기와 스위치도 구분하지 못했다. 에이킨은 그녀를 시험하고 있었다.

타고난 독습자였던 그레이스는 도전을 받아들였다. 그녀는 코드 일람표를 꼼꼼히 읽고, 모르는 것은 두 소위에게, 그중에서도 스물세 살의 리처드 블로크에게 주로 물었다. 블로크는 하버드를 졸업한 수학 귀재로, 앞으로 그레이스의 가장 가까운 협력자가 될 인물이었다. 당시 몇몇 IBM 기술자들이 기계를 디버깅+하느라 왔다 갔다 했는데, 그레이스는 그들로부터도 최대한 정보를 얻어냈다. 그녀는 매일 밤늦게까지 연구실에 머물면서 마크 I의 설계

+ 프로그램의 오류를 검출하여 제거하는 일.

도와 회로도를 보며 공학 공부에 몰두했고, 그러다 몇 번이나 책상에서 잠이 들곤 했다. 몇 년 후 그레이스가 컴퓨터 프로그래밍이라는 새로운 분야에서 손꼽히는 인물이 되었을 때, 그녀는 언제나 가장 어리고 경험 없는 팀원에게 제일 어려운 일을 맡겼다.[15] 그들에게는 불가능을 감지하는 능력이 없다는 걸 누구보다 잘 알았기 때문이다.

하버드에서의 첫해에 그레이스는 쉬지 않고 일했고, 새로운 팀원으로서 프로그래머 대열에 올랐다. 학생들을 가르칠 때와 똑같은 성실성과 독창성으로 자신의 가치를 높였다. 뉴욕 교외에서 온 이 나이 든 선생은 저명한 수학자, 엔지니어, 그리고 좁디좁은 컴퓨팅 분야에 종사하는 거의 모든 사람을 만났다. "정말 흥미진진했어요. 이곳은 아이디어, 콘셉트, 꿈, 그리고 태양 아래 모든 것의 온상이었어요."[16] 전시 상황에서 컴퓨팅 프로젝트의 수요가 너무 많았기 때문에 에이킨은 두 번째 컴퓨터, 마크 II를 설계했다. 그레이스는 그것도 익혔다.

자기가 설계한 기계처럼 에이킨이라는 사람에 대한 설명서는 없었다. 신경질적이고 심술궂고 디테일에 집착하는 성격이었다. 그는 스스로가 자신의 발명품을 지휘하는 함장이 된 것에 큰 자부심을 느꼈다. 비록 마크 I이 IBM에 의해 제작되어 아이비리그 지하실에 처박힌 신세였지만 에이킨은 이 연구실을 해군 시설처럼 운영했다. 규율은 엄격했다. 전 직원이 정복을 갖춰 입고 출근해야 했고, 그를 "지휘관님"이라 불러야 했다. 컴퓨터는 해군 함정과 마찬가지로 "그녀," 즉 여성으로 간주되었다. 에이킨은 사람들을 지치게 하는 스타일이었다. 실수라도 할라치면 무섭게 "호통을 쳤고"[17] 그 자리에서 열과 성의를 다해 비판을 퍼부었으므로 그레이스는 주로 평화와 고요가 찾아올 때까지 몇 시간을 기다린 뒤 디버깅을 하곤 했다. 그러나 그레이스는 상사를 하나의 기계로 생각하는 법을 터득했다. "에이킨은 특별하게 배선된 사람이야."[18] 그레이스는 상사와 자주 부딪히던 블로크에게 이렇게 조언했다. "네가 에이킨이라는 사람이 어떻게 배선되었는지 알고 나면 그와 일하는 것도 그렇게 나쁘진 않을 거야. 나는 하나도 힘들지 않았어. 하지만 네가 그에게 무엇이 옳고 그른지 가르치려 든다면, 그땐 하늘이 도와야 하겠지."

군의 위계질서를 향한 에이킨의 헌신은 가혹했지만, 결과적으로는 그레이스에게 유리하게 작용했다. 계산 연구실에서의 대우는 대체로 성별보다 계급과 능력에 비례했다. 유니폼과 공식 직함은 전통적인 성별 역할을 해체하는 데 도움이 됐다. 연구실이 바깥 세계와 완전히 차단되어 있었다는 점도 한몫했다. 비록 에이킨 자신은 여성 장교를 달가워하지 않았지만 군의 방침을 고수하는 사람이었으므로 그레이스의 발령을 받아들일 수밖에 없었다. 그리고 어쨌든, 그레이스가 하워드 에이킨에게 직접 말했던 것처럼 그는 곧 이 여성을 곁에 두고 *싶어 할* 것이다.[19]

그녀가 옳았다. 그레이스는 마침내 에이킨의 "오른팔"이 되었고, 머지않아 마크 I을 전담했다. 그레이스는 전쟁에서 가장 골치아픈 수학 문제들을 해결하는 코드를 썼고, 심지어 마크 I의 매뉴얼까지 만들었다. 진정 수고스럽게 만든, 회로 다이어그램과 명령어 코드로 빽빽한 500쪽 분량의 문서였다. 그녀는 동료 리처드 블로크와 함께 코딩과 일괄 처리✚를 위한 시스템을 개발해 에이킨의 연구실을 당시에 가장 효율적인 데이터 처리 센터로 탈바꿈시켰다. 그레이스는 어린 소위들을 쓰러뜨린 고된 전시 환경에서도 건강을 유지했다. 그레이스의 타고난 능력 외에도 여성 구성원이 있어서 팀이 얻을 수 있는 약간의 물질적 이점이 있었다. 마크 I에 기계상의 문제가 발생할 때면 그레이스가 "핸드백에서 거울을 꺼내 캠✚✚ 앞에 붙이고 스파크가 튀는 곳을 찾곤 했다."[20] 은퇴할 무렵 에이킨은 이 *여성* 동료에 대해 딱 한 마디로 최고의 칭찬을 했다. "그레이스는 좋은 녀석이었지."[21]

마크 I은 해군 잠수함처럼 3교대제로 돌아가면서 직원이 24시간 상주했고, 전시에는 해당 기간의 95%라는 기록적인 시간 동안 작동했다. 전쟁에 필요한 계산의 수요는 줄어들 기미가 보이지 않았고, 군사 충돌이 일어나는 각지에서 계산 연구실로 시각을

✚ batch processing. 데이터를 일정 기간 동안이나 일정량이 찰 때까지 모아 한꺼번에 처리하는 방식.

✚✚ 회전 운동을 직선 운동으로, 또는 그 반대로 바꾸는 장치.

다투는 요청이 밀려왔다. 배서 대학에서 가능한 모든 과목을 수강한 잡식성 사고의 소유자였던 그레이스가 그 일을 맡았다. 그레이스는 해양학, 기뢰 제거, 근접 신관✚, 탄도학의 복잡다단한 문제를 단순한 산술 단계들로 번역하는 법을 익힘으로써 흐트러진 폭력의 세계에 엄격한 질서를 가져왔다.

마크 I의 계산은 온갖 문제로 인해 지연되었다. 잘못 짠 코드, 계전기 결함, 불길한 소리와 진동을 신호로 불시에 정지하는 기계. 이를 방지하기 위해 에이킨 팀은 자주 늦게까지 일했다. 1945년 9월의 어느 밤, 열린 창문으로 커다란 나방 한 마리가 기계 불빛에 이끌려 계산실에 들어왔다. 얼마 뒤 그레이스는 계전기에게 무참히 두들겨 맞고 죽은 나방을 발견했다. 그녀는 나방을 그날의 일지에 스카치테이프로 붙여놓고 이렇게 적었다. *최초의 진짜 버그.* "버그(벌레)"란 적어도 1800년대부터 기술자들 사이에서 두루 쓰인 은어로, "작지만 골치 아픈" 기계상의 결함을 일컫기 위해 토머스 에디슨도 사용했던 말이다.[22] 연구실 사람들 사이에서 그레이스는 그녀가 칠판에 그려놓은 작은 벌레와 괴물 낙서로도 유명했다. 천공 테이프의 구멍을 갉아 먹는 용, "코로 천공 테이프 여기저기에 제멋대로 구멍을 뚫어놓는 그렘린✚✧" 등 모두 연구실을 혼란

✚ 목표물에 근접하면 자동으로 폭발하는 기폭 장치.
✚✧ 기계 속에 숨어들어 오작동을 일으킨다고 알려진 도시 전설의 요괴.

에 빠뜨리는 원인 제공자들이었다.[23] 나방 사건 이후 그레이스는 시내에서 플라스틱으로 만든 가짜 빈대를 한 박스 사다가 컴퓨터 뒤쪽에 여기저기 뿌려놓았다.[24] 연구실은 이틀 동안 공황에 빠졌다.

전시에 에이킨의 계산 연구실은 세계의 몇 안 되는 다른 전산 프로젝트들과 외떨어져 있었고, 연구실에서 하루하루 일상적인 전산 업무를 처리하기도 바쁜 그레이스는 이 분야의 다른 사람들이 어떤 일을 하는지 볼 시간도 기회도 없었다. 그러나 종종 그들이 그녀를 찾아왔다. 한번은 그레이스가 실험실에 들어온 지 불과 몇 개월밖에 안 됐을 때 물리학자 존 폰 노이만이 찾아왔다. 그는 복잡한 편미분방정식을 풀어줄 믿음직한 기계를 물색하기 위해 1944년 한 해 동안 미국 전역의 컴퓨팅 프로젝트 팀을 방문하며 동에 번쩍 서에 번쩍 했다. 마크 I은 폰 노이만이 투어에서 만난 컴퓨터 가운데 첫 번째 대형 컴퓨터였고, 그는 여름내 3개월 동안 하버드의 한 회의실에 캠프를 차리고 작업했다. 폰 노이만이 칠판에 문제의 개요를 적으면 리처드 블로크가 컴퓨터에 그 문제를 설정하는 식이었다. 그레이스는 아직 신입 연구원이었지만 미분방정식을 잘 알았으므로 모든 단계를 거들었다.

그레이스와 블로크 둘 다 그 문제가 어디에 적용되는 것인지 구체적으로 알지 못했다. 그들에게는 그저 흥미로운 수학적 도전이었을 뿐이다. 그리고 폰 노이만은 수다스러운 헝가리 이론가로,

당시 프린스턴 대학 동료인 알베르트 아인슈타인만큼이나 유명한 인물이었다. 블로크와 폰 노이만은 작업 도중에 회의실과 컴퓨터 사이를 뛰어다니며 오갔고, 그러다가 마치 마크 I이 답을 내뱉듯 폰 노이만이 수를 외쳤다. 그레이스는 감탄하면서 지켜보았다. "거의 정확했어요. 정말 대단하더라고요."[25] 3개월 후에 폰 노이만은 그들이 산출한 결과물을 들고 로스앨러모스라는 뉴멕시코주 사막 마을로 돌아갔다. 그곳에서 그는 맨해튼 프로젝트에 자문하고 있었고, 그가 계산 연구실에 맡긴 편미분방정식은 핵폭탄의 내폭과 관련된 수학 모델이었다. 폭탄이 나가사키와 히로시마에 떨어질 때까지 그레이스는 자신이 정확히 어떤 계산을 도왔는지 전혀 알지 못했다.

그레이스에게는 이 모든 숫자놀음의 결과가 *어디로 가서* 어떻게 쓰였는지 고심할 시간이 별로 없었다. 폰 노이만이 맡긴 것처럼 상상하기도 힘든 복잡한 계산 요청이 계속해서 들이닥쳤다. 처리 시간을 절약하기 위해 그레이스와 블로크는 코딩 구문✚과 우회 기법을 개발했고, 이는 오늘날까지도 코드 작성 방식의 토대를 이룬다. 1944년 초, 그레이스는 재사용할 수 있는 코드 조각들을 갖고 있으면 문제마다 매번 처음부터 다시 코드를 쓰지 않아도 된다는 걸 깨달았는데, 이것이 바로 나중에 서브루틴으로 알려지

✚ coding syntax. 프로그래밍 언어에서 사용되는 기호 조합의 구조와 의미를 정의하는 규칙.

게 된 개념이다. 서브루틴은 전시에 비공식적으로 사용됐다. 팀의 코더+들은 서로 공책을 공유하면서 관련 부분을 손으로 베끼곤 했다. 그러나 마침내 공식화되었고, 훗날에는 아예 컴퓨터에 서브루틴 라이브러리가 장착되어 초보 코더들도 깔끔하게 포장된 프로그램 명령어 시퀀스들을 호출할 수 있게 되었다. 그레이스는 자신이 작성하는 코드가 점차 까다로워지자 습관적으로 마스터 코드표에 참고 사항, 코드가 짜인 문맥, 사용된 방정식을 주석으로 달아 나중에 동료들이 자신의 작업을 쉽게 파악할 수 있게 했다. 이 문서화 시스템은 프로그래머들에게 표준 관행이 되었고, 여전히 그러하다. 훌륭한 코드는 언제나 문서로 남는다.

컴퓨터 프로그래밍에 접근하는 방식을 단순화하고 그 접근성의 폭을 넓히는 이런 노력은 그레이스의 대표적인 특징이었다. 전쟁이 터지기 전 아직 배서 대학의 교수였을 때, 그녀는 학생들에게 수학 문제에 대한 에세이를 쓰게 했다.[26] 수학의 가치를 다른 이들에게 전달하지 못한다면 수학을 배우는 의미가 없기 때문이었다. 민간인의 세계로 돌아가 최초의 상업용 컴퓨터 회사에 몸담게 되었을 때도 그레이스는 계속해서 같은 관점을 유지했다. 그레이스가 컴퓨터 프로그래밍이라는 신생 분야에 이바지한 것 가운데 가장 길이 남을 공로는 프로그래밍의 민주화와 관련되어 있다.

+ 당시에 프로그래머를 지칭한 말.

사람들이 컴퓨터와 이야기 나누는 방식을 근본적으로 바꿔놓을 프로그래밍 발전을 추진했던 것이다. 그녀의 도움으로 사람들은 고급 수학 용어, 아니 심지어 0과 1도 필요 없게 됐다. 오직 단어만 필요할 뿐.

에니악 6총사

전쟁은 끝났다. 그레이스가 하버드가 아닌 다른 곳의 컴퓨팅 장비에 미처 눈을 돌릴 새도 없이. 그러나 남쪽으로 고작 480킬로미터 떨어진 펜실베이니아 무어 공과대학에도 장치 한 대가 더 있었다. 에이킨의 기계처럼 전시에 필요한 계산을 위해 군의 지원을 받아 제작된 것이었다. 전선관과 강철이 커다란 방 하나를 가득 채운 이 설비는 전자식 숫자 적분 및 계산기Electronic Numerical Integrator and Computer, 약자로 에니악ENIAC이라 불렸다.

에니악은 그레이스가 처음 경험을 쌓은 기계보다 속도가 더 빨랐다. 하워드 에이킨의 마크 I이 1초에 계산 3개를 처리한다면, 에니악은 같은 시간에 5,000개를 처리했다. 이처럼 믿을 수 없는 처리 속도는 에니악이 기계식 계전기나 기어와 구동축에 의존하지 않은 덕분에 구현될 수 있었다. 대신에 가느다란 전구 모양의 진공관 1만 8,000개가 기계 내부의 어둠 속에서 깜빡이며 계산 스위치 역할을 했다. 끼익하며 돌아가는 기계의 한계에서 벗어나, 에니악의 진공관 스위치는 전자 펄스와 전자 신호라는 형언할 수 없는 새로운 영역에 빛을 밝혔다. 컴퓨팅 세계는 이제 다시 과거로 돌아가지 않을 터였다.

이러한 초기 컴퓨터들은 전시 상황에서 비밀리에 개발되었기 때문에, 컴퓨팅의 역사는 조건을 달고 경쟁하는 시금석들로 가득하다. "최초"의 컴퓨터가 무엇이냐를 두고 험악한 논쟁들이 오갔다. 자격 요건을 갖춘 기계가 여럿이라서 "최초"라는 타이틀이 다양한 수식어를 등에 업고 각각에 부여되었다. 예를 들어 마크 I은 최초의 *전기기계* 컴퓨터였고, 마크 I의 물리적 한계를 뛰어넘은 에니악은 최초의, 그리고 가장 빠른 *전자* 컴퓨터였다. 바다 건너 영국에서도 똑같이 극비로 운영된 연구실들이 비슷한 기계를 제작했고, 제각기 고유한 수식어를 얻었다. 프로그램 내장식, 범용, 디지털, 이진법 등. 초창기에는 모든 컴퓨터가 저마다 하나의 섬이었다.

1945년에 그레이스 호퍼가 펜실베이니아 대학을 방문했을 때, 그녀는 에니악이 자신이 그토록 익숙했던 마크 I, 마크 II와 얼마나 다른지 보고 충격을 받았다. "프로그래밍에 엄청난 차이가 있었죠."[27] 그레이스는 숙련된 코더였지만 따로 훈련을 받지 않고서는 에니악을 다루지 못했을 것이다. 원리는 비슷할지 몰라도 하드웨어와, 하드웨어를 사용하기 위해 개발된 프로그래밍 방식은 완전히 달랐다. 그레이스는 종이테이프에 코드를 표기하는 일에 익숙했지만 에니악은 해결해야 할 문제가 무엇이냐에 따라, 플러그로 잇달아 연결된 거대한 기계의 부품들을 물리적으로 재배열해야 했다. 실질적으로 모든 문제에 대한 맞춤형 컴퓨터가 되는 셈이었다. 에니악의 진공관이 처리 속도를 높여 계산 시간을 단축하긴 했지만, 기계를 세팅하는 데 그만큼의 시간이 더 소요되었다. 계산은 1초밖에 안 걸릴지 몰라도, 준비하는 데 족히 하루가 걸렸다. 속도가 더 느린 마크 I이 실용적인 천공 롤 테이프를 사용해 이미 계산을 마치고 다른 일을 하고 있었을 시간이다. 느리지만 꾸준히 나아가 경주에서 이긴, 기술의 역사상 아마도 마지막 사례일 것이다.

그레이스는 펜실베이니아 대학을 둘러보며 또 다른 것도 발견했다. 아마 에니악만큼이나 인상 깊었을 것이다. 자신이 지구에서 유일한 여성 컴퓨터 프로그래머가 아니라는 사실이었다. 에니악 연구실은 여성으로 가득 차 있었다. 1944년에만 적어도 50명의 여성이 제도사, 조립공, 비서, 기술자로 각기 다른 분야에서 에니악을 담당하고 있었다.[28] 이 중에서도 시간이 많이 소요되고 지적인 능력을 요구하는 작업을 여섯 명의 여성이 도맡고 있었다. 이들은 컴퓨터에 설정할 수학 문제를 준비하고, 플러그를 꽂아 문제를 입력하고, 그런 다음 프로그램을 실행하고 디버깅하고 다시 실행하여 최종 결과를 얻어냈다. 그중 셋은 그레이스처럼 수학을 전공했고 나머지는 육군 훈련소에서 따로 수학 교육을 받았다. 역사에 에니악 6총사로 이름을 남길 이 여성들은 그레이스 호퍼가 알지 못한 그녀의 동료였다. 실제로 일부는 나중에 정말 동료가 되었고, 몇몇은 결국 친구가 되었다. 그들의 이름은 캐슬린 "케이" 맥널티, 베티 진 제닝스, 엘리자베스 "베티" 스나이더, 마를린 웨스코프, 프랜시스 빌러스, 루스 릭터먼이었다.

에니악 6총사는 모두 무어 공과대학의 계산 연구실에서 차출된 전직 인간 컴퓨터였다. 이 연구실은 수학에 재능이 있는 약 100여 명의 여성으로 운영되고 있었다. 그레이스는 기초적인 훈련만 받고 곧바로 하버드로 갔지만, 이들은 이미 전시에 지하실에서 사표firing table를 손으로 계산하며 몇 년을 보낸 터였다. 사표는 최전방으로 보급되는 모든 신무기에 딸려 갔던 작은 인쇄 책자다. 병사들은 목표 대상을 맞히려면 정확히 어느 각도로 포를 발사해야 하는지를 이 책자를 보고 결정했다. 한 에니악 역사학자가 표현한 대로 "비디오게임 〈앵그리 버드〉의 실사판"이었던 셈이다.[29] 〈앵그리 버드〉의 발사체가 그리는 호와 마찬가지로 공기 저항에 의한 항력이나 날씨와 같은 외부 요인이 탄알 도달 지점에 영향을 미쳤고, 이러한 변수는 고국의 최전방에서 수학 모델을 계산하는 여성 컴퓨터들에 의해 반영되었다.

인간 컴퓨터가 모든 변수를 고려해 탄도 궤적 하나를 계산하는 데에는 약 40시간이 걸렸다. 이는 사용 설명서를 제작하는 시간보다 군이 더 빨리 무기를 보내고 있다는 뜻이었다. 인간 컴퓨터의 수요는 끊이지 않았고, 육군 탄도 연구 실험실은 필라델피아 지역에서 수학을 전공한 여성 인력이 고갈되자 범위를 넓혀 전국에서 컴퓨터를 채용하기 시작했다. 한 채용 광고가 미주리주 북서부에서 미적분학 보조 교사를 통해 베티 진 제닝스에 가닿았다. 루스 릭터먼은 뉴욕의 헌터 대학에 있는 게시판에서 광고를 보았다. 이들은 펜실베이니아 대학에 도착해 전방의 병사들을 위해 장거리 포탄의 상상 속 궤적을 그리는 다른 여성들과 합류했다.

무어 공과대학 여성들은 연필, 종이, 그리고 미분해석기라 불리는 대형 아날로그 계산기를 가지고 일했다. 미분해석기는 1920년에 설계된 짐스러운 탁상 기계인데, 톱니바퀴와 축으로 문제의 답을 유사하게 구현했다. 그러나 정확성이 매우 떨어졌으므로 인간 컴퓨터들은 일일이 손으로 계산한 수치를 미분해석기의 산출 결과 사이사이에 배치해 사표를 완성해야 했다. 이는 작업 과정이 고되고 오류가 발생할 가능성이 크며 급박히 전개되는 현대 전쟁에 사용되기에는 확실히 너무 느린 불완전한 시스템이었다. 컴퓨터들이 일주일에 6일씩 2교대로 일했지만 수요를 따라갈 수 없었다. 무어 관계자들은 다른 가능성을 고려하기 시작했다.

그 무렵, 미군은 1941년에 펜실베이니아 대학이 개설한 10주간의 집중 전기공학 과정을 후원했다. 그레이스 호퍼가 입대 전에 배서 대학에서 비슷한 종류의 강의를 한 적이 있었다. 이 과정은 등록비가 무료였고 전시 방어에 대한 실질적인 적용이 목표였으며 수학이나 공학 학위가 있는 사람이면 누구나 참여할 수 있었다. 수강생 가운데, 가까운 어사이너스 대학에서 물리학을 가르치던 존 모클리가 있었다. 말년에 뿔테 안경을 쓰고 염소수염을 기른 온화한 땜장이였다. 그는 수업을 듣던 도중에 진공관을 사용한 컴퓨팅 기계라는 발상을 떠올렸다. 그리고 이 아이디어를 강좌의 실험실 강사였던—"프레스"라 불리곤 했던—J. 프레스퍼 에커트와 의논했다. 에커트는 가장 뛰어난 학생은 아니었지만 무어에서 꽤나 능력 있고 창의적인 엔지니어로 알려져 있었다. 어릴 적부터 필라델피아에 있는 텔레비전 발명가 필로 판즈워스의 연구실 주위를 어슬렁거리며 일찌감치 장래성을 보여주었고, 학부생일 때에는 교수들이 그에게 회로 설계에 대한 문제를 상담하기도 했다.

에커트는 존 모클리의 진공관 아이디어를 몹시 흥미롭게 생각했다. 사람들은 진공관이 너무 약해서 컴퓨터에 사용했다가는 전구처럼 다 터져버릴 것이라 생각했다. 그러나 에커트는 진공관을 한계까지 밀어붙여 사용하지만 않으면 괜찮을 거라고 믿었다. 둘은 회로를 설계하기 시작했다. 모클리는 에커트와 가까이에서 작업할 수 있도록 펜실베이니아 대학에서 강사 자리를 구했고, 마침 그곳에서 무어의 인간 컴퓨터들을 발견했다. 그들이 소모적인 계산을 하는 것을 본 모클리는 진공관 회로 컴퓨터를 적용해볼 완벽한 대상을 찾았다고 생각했다.[30] 그는 비서 도로시 쉬슬러에게 자신의 제안을 받아 적게 했고, 도로시는 그 제안서를 대학의 군 민간 연락사무소로 보냈다.

메모라는 게 늘 그렇듯, 이 메모도 어딘가에 뒤섞여 분실되었다. 그러다가 모클리의 어사이너스 대학 친구이자 미분해석기 관리자인 조 채플린이 근처 애버딘에 있는 탄도 연구 실험실의 군 연락책 허먼 골드스틴 대령과 잡담을 나누던 중에 그 얘기가 다시 튀어나왔다. 채플린이 친구 모클리의 전자 컴퓨터에 대해 언급하자마자 골드스틴은 그 잠재력을 알아보았다. 골드스틴은 사라진 메모를 찾으려 했지만 허사였다. 다행히 비서 도로시가 자신의 약어 기호 노트를 보고 가까스로 메모를 복구했다. 당시의 비서들이 그랬듯이 그녀도 속기 훈련을 받았는데, 잘 모르는 사람들에게는 아마 그녀의 글이 낙서로 보였을 것이다. 만약 도로시에게 당시 여성의 언어였던 속기를 암호화하고 해독하는 능력이 없었다면 최초의 전자 컴퓨터 제안은 소실되었을지도 모른다.[31]

복원된 메모는 군 장성들에게 전달되었고 이들을 애써 설득할 필요도 없었다. 1943년, 자금을 확보한 모클리와 에커트는 즉시 에니악 제작에 돌입했다. 그들은 계전기를 잘 다루는 기술자와 전직 전화 회사 직원들을 고용했지만, 실제로 에니악을 배선한 사람들은 대부분 조립 라인에서 납땜인두를 들고 작업한 아르바이트 주부였다. 가장 핵심적인 고용 인력은 인간 계산기였다. 그들이 잘하는 탄도 계산을 새로운 기계의 언어로 번역할 사람들로 무어에서 최고만 선별되었다. 아무도 이 일을 여성에게 맡기는 데 개의치 않았다. 인간 컴퓨터가 자신의 대체품을 훈련하는 것은 당연한 일이었기 때문이다. 더 나아가 에니악은 전화 교환기처럼 생겼기 때문에, 그것의 "교환수"는 여자이어야 하고 그들의 임무는 "과학이라기보다 손재주에 가깝고, 남성적이라기보다 여성적이며, 지능을 필요로 하는 일이라기보다 기계적인 일이라는" 가정에 힘이 실렸다.[32]

1944년 당시 "프로젝트 X"라고 알려진 에니악 건설은 무어 공과대학 건물 1층 일대에서 이루어졌다. 하루는 에커트와 모클리가 새로 고용한 케이 맥널티를 위해 일과 후에 에니악을 시연했다. 그들은 *고전압, 물러나시오*라는 경고문 뒤로 에니악의 누산기✚ 두 개가 한쪽 끝에 버튼이 달린 긴 케이블로 연결된 방에 케이와 동료 한 명을 데려갔다. 누산기 하나가 숫자 5를 표시하고 있었다. 그들이 버튼을 눌렀다. 이내 5가 다른 누산기로 점프하고 세 곳을 돌아다니더니 5,000으로 바뀌었다. 모클리와 에커트는 신이 나 보였다. 케이는 그 이유를 알 수 없었다. "우리는 당황해서 물었어요. '이게 뭐가 그렇게 대단한 거죠? 이 장비들을 다 동원해서 기껏 5곱하기 1,000을 한 거잖아요.' 그들은 5가 한 누산기에서 다른 누산기로 순식간에 1,000번 이동한 거라고 했어요. 하지만 그게 무슨 뜻인

✚ 중간 연산 결과를 일시적으로 저장하는 기억 장치.

지 저희는 전혀 알지 못했죠."[33]

그것은 에니악이 인간이나 기계식 컴퓨터의 힘으로는 상상도 할 수 없는 속도로 계산한다는 뜻이었다. 원래 총포 제작 속도에 맞춰 사표를 만들려는 목적으로 군에서 자금을 지원받아 개발된 것이었지만, 에니악은 탄도 계산기 이상의 물건이었다. 에커트와 모클리가 설계한 것은 *범용* 컴퓨터였다. 찰스 배비지의 단조로운 차분기관과, 에이다 러브레이스를 그토록 사로잡았던 바로 그 이론뿐인 해석기관 사이의 차이점을 생각해보라. 에니악은 프로그램만 작성할 수 있다면 실질적으로 아무 제한 없이 계산 기능을 수행할 수 있었다. 무어에 있는 동안 에니악은 이원자 기체의 영압력 특성, 초음속 발사체 주위의 모델 기류, 충격파 굴절의 수치해를 계산했다.[34] 하드웨어는 고정되었어도, 소프트웨어가 차이를 만든다. 모두가 깨달을 때까지 시간이 좀 걸렸지만, 그 진실은 필연적인 결과를 수반했다. 소프트웨어를 만드는 사람이 모든 변화를 일으킨다는 것 말이다.

에니악 6총사는 전시라는 특수한 상황 아래 모인 독특한 혼합체였다. 베티 진 제닝스는 미주리주에서 술은 입에도 대지 않는 한 농가의 일곱 아이들 가운데 여섯째로 태어났고 노스필라델피아 기차역에 도착하기 전까지 한 번도 도시에 가본 적이 없었다. 케이 맥널티는 아일랜드 사람이었는데, 그녀의 아버지는 석공이자 전직 아일랜드 공화국군이었다. 루스 릭터먼은 저명한 유대인 학자 가문 출신의 뉴욕 토박이였다. 베티 스나이더는 필라델피아에서 왔고 아버지와 할아버지 둘 다 천문학자였다. 마를린 웨스코프도 필라델피아 토박이로 전쟁 전부터 수작업으로 계산을 해왔는데, 실력이 무척 뛰어나 존 모클리가 "자동기계"라고 부를 정도였다.[35] 이들 모두 필라델피아의 한 승강장에서 처음 만났다. 군에서 메릴랜드 늪지대를 무기 시험 시설로 개조한 애버딘 프로빙그라운드로 가는 길이었다. 함께 지내면서 그들은 금세 친구가 되었다. 에니악 데이터의 표를 작성하고 정렬하기 위해 IBM 장비를 배우는 긴 교육이 끝난 다음에도, 그들은 종교, 서로 엄청나게 다른 집안 배경, 그리고 베일에 싸인 컴퓨터 소식 등을 이야기하며 밤을 지새웠다. "정말 대단한 로맨스였죠."[36] 존 모클리는 왜 이들이 잘 알지도 못하는 직장에 지원한 것 같냐는 질문에 이렇게 짐작했다. "새롭고 신기한 일을 할 기회가 있는데 왜 안 하겠어요?"

하지만 이들에게는 보다 현실적인 이유가 있었을 것이다. 1940년대에 수학적 재능을 지닌 여성들은 취업 시장에서 선택권이 그리 많지 않았다. 케이 맥널티가 대학을 졸업할 무렵, 그녀는 수학 전공을 살릴 수 있는 직장을 찾느라 고생했다. "가르치는 일은 하고 싶지 않았어요. 그런데 보험 계리사가 되려면 석사학위가 필요했죠(나중에 알았지만 어차피 여성은 잘 뽑지도 않았어요)."[37] 할 수 있는 일이 중고등학교에서 수학을 가르치거나 보험 회사에서 지루한 계산을 하는 것밖에 없다면, 새롭고 비교적 돈도 잘 주는 분야에서 일할 기회는 지원한 모든 여성들에게 대단히 흥미로운 상황의 변화를 의미했다.

사실 컴퓨팅은 아주 새로운 분야였기 때문에 자격 요건이 명확하지 않았다. 허먼 골드스틴과의 면접에서 베티 진 제닝스는 전기에 대해 어떻게 생각하느냐는 질문을 받았다. 그녀는 미주리주에서 대학 물리학 강의를 들었고 옴의 법칙을 안다고 대답했다. 아니, 그 말이 아닙니다. 탁자 뒤에서 골드스틴이 말했다. 전기가 *무섭냐고요*. 이 일은 스위치를 세팅하고 케이블을 꽂는 작업이 필수이므로 그는 그녀가 에니악의 엄청난 전선을 보고 겁먹지 않길 바란다고 설명했다. 베티 진은 할 수 있다고 대답했다.

에니악 6총사는 아직 만나보지도 못한 기계의 프로그램을 작성하면서 이론상으로만 교육을 받았다. 마침내 1945년 12월, 완성된 에니악을 처음 보았을 때 그들이 마주한 것은 커다란 방에 몇 가지 가구와 함께 놓인 U자 형태의 거대한 검은색 강철 조립품이었다. 40개의 패널이 함께 묶여 서로 다른 유닛 30개를 형성했는데, 각각의 유닛은 누산기(덧셈과 뺄셈), 곱셈기, 나눗셈기와 루트 계산기의 기초적인 연산 기능을 수행했다.[38] 벽을 가득 메운 기계의 시각 효과는 압도적이었다. 6총사는 프로그래밍이 단순히 책상에 앉아서 하는 일이 아니라는 사실을 깨달았다. 이 여성들은 에니악 *내부에* 서서 수백 개의 케이블과 3,000개에 달하는 스위치를 사용해 유닛들을 순차적으로 잇는 방식으로 각 문제를 "꽂아야" 했다.

지침서도 수업도 없었다. 에니악의 유일한 설명서는 이 여성들이 기계 자체를 역으로 설계하고도 한참이 지난 몇 년 뒤에나 만들어졌다. 에니악을 제작한 전기 기술자들은 오직 회로의 블록 다이어그램만 남겼다. 앞서 그레이스 호퍼가 그랬던 것처럼, 그들은 무엇을 해야 할지 스스로 찾아서 학습했고, 그러면서 하드웨어 숙련자가 되었다.

에니악 6총사는 진공관에서 전면 패널까지 모두 직접 다루었다. 베티 스나이더는 "스미티라는 이름의 키 작은 IBM 수리공"에게 에니악의 천공카드 제표기용 관리 안내서를 빌렸다.[39] 그는 원래는 안 된다고 하면서도 일주일간 빌려주었고, 그 사이에 베티 스나이더는 에니악의 입력과 출력이 어떻게 이루어지는지 알아냈다. 에니악 6총사는 어느 동정심 많은 남성 기술자를 찾아 그의 도움으로 배선판을 하나 분해한 다음 직접 참고용 다이어그램을 그렸고, 그의 상사가 그들이 다시 조립할 수 있을지 의구심을 품었지만 결국 원상 복구를 해놓았다.[40] 그곳은 더웠고, 그들이 일하는 방 위층을 포함해 사방이 공사 중이었다. 하루는 존 모클리가 불쑥 나타나서 말했다. "그냥 천장이 무너지는 건 아닌지 확인하려고 들렀어요." 그때부터 그들은 그를 찾아가 질문하기 시작했고, 마침내 진전이 있었다.

기계의 작동 방식을 아는 것과 프로그래밍하는 법을 아는 것은 전혀 다른 일이다. 내연 기관을 이해하는 것과 전투기 조종사가 되는 것이 다르듯이. 존 모클리와 J. 프레스퍼 에커트는 사실상 제트기를 제작한 다음 조종사 면허가 없는 여자 여섯에게 키를 주고 전쟁에 나가서 이기고 오라고 요구한 셈이었다. 분명 벅찬 일이었지만, 이름도 없는 신생 분야에서 여성이 자리를 선점할 좋은 기회이기도 했다. "당시에는 모든 것이 처음이었고 어떻게 해야 할지 아는 사람은 아무도 없었어요." 베티 진 제닝스가 설명했다. 에니악을 설계한 남성들조차 조작 방식에 대해서는 별다른 생각이 없었다. 에니악에 문제를 설정하는 실질적인 작업 흐름을 경시했던 것이다. 1973년에 모클리는 자신과 에커트가 프로그래밍에 "조금 무신경했다"라고 인정하면서 "일단 기계가 돌아가면 … 나머지는 나중에 걱정해도 충분할 것이라 생각했다"라고 말했다.[41]

모클리는 나중에서야 다른 사람들, 그러니까 모직 스커트를 입고 무모한 도전 앞에서 한창 들떠 있는 여성 여섯 명이 이 점을 걱정하고 있다는 걸 알았다. "프로그램을 어디에다 적죠? 어떻게 프로그래밍하죠? 프로그램을 어떤 식으로 시각화하죠? 프로그램을 어떻게 기계에 넣죠? 이걸 다 어떻게 하죠?"[42] 베티 진은 모든 게 궁금했다. 그리고 그 답을 알아내는 일은 에니악 6총사에게 달려 있었다.

오늘날 프로그래밍은 까다롭긴 해도 쉽게 접근할 수 있다. 코드를 작성하기 위해 회로 다이어그램을 들여다볼 일도, 구성 요소

에니악의 주 제어판을 조작하고 있는 베티 진 제닝스(왼쪽)와 프랜시스 빌러스(오른쪽)

를 분해하고 처음부터 새로 전략을 짤 필요도 없다. 그저 프로그래밍 언어를 배우기만 하면 된다. 이 언어는 코더와 기계 사이에서 중개 역할을 한다. 마치 국제 공용어가 사람들 간 이해의 격차에 다리를 놓아주는 것처럼. 지금 우리는 사람과 기계가 둘 다 이해하는 언어로 기계에 지시를 내린다. 그러면 기계는 스스로 명령을 번역하고 실행한다. 에니악에는 그런 언어가 없었다. 이 컴퓨터는 가장 원시적인 방식으로만 입력을 받아들였기 때문에, 에니악 6총사는 소매를 걷어붙이고 기계의 수준에 자신을 맞췄다. 이에 대해 베티 진 제닝스가 이렇게 말했다.

> 우리 여섯 프로그래머는 수시로 모여서 기계가 어떻게 작동하는 것 같은지 각자의 생각을 말하고 토의했어요. 터무니없게 들릴지 모르지만, 사실이에요. 직접 다이어그램을 그리면서 에니악을 배운 가장 큰 소득은 우리가 그것이 무엇을 할 수 있고 무엇을 할 수 없는지를 이해하기 시작했다는 점이죠. 결국 진공관 각각의 문제점까지 진단할 수 있었어요. 우리는 기계와 응용 프로그램 둘 다 알고 있었기 때문에 엔지니어 못지않게 문제를 진단할 수 있었어요.[43]

그레이스 호퍼의 경우에는 호퍼가 손으로 코드를 쓰면 그녀가 운영하는 오퍼레이터 팀이 마크 I의 테이프에 구멍을 뚫는 방식으로 그 코드를 옮겼지만, 에니악 6총사는 바로 그 커다란 기계 안에서 돌아다녔다. 이들은 수천 개의 진공관 중에서 타버린 진공관을 하나하나 교체했고—에커트가 신경 써서 설계했는데도 매 시간 여러 개가 타버렸다—합선된 연결부를 고치고 제어판을 배선했다. 프로그램을 작성하고 그것이 부드럽게 기계에 입력될 때까지 여러 차례 시행착오를 겪었다. 일 처리 능력은 말할 것도 없고, 기계를 만지는 손재주와 수학적 노하우가 결합되어야 하는 일이었다. 에니악 프로그램이 들어 있는 천공카드는 싹 다 분류하고 취합해 제표된 상태로 인쇄해야 했다. "프로그래머"라는 말은 아직 없었지만, 베티 스나이더는 자신이 "건축가와 건설 기술자가 만나는 지점"과 같다고 생각했다.[44] 베티 진 제닝스는 좀 더 직설적이었다. "프로그래밍하는 건 아주 엿 같았어요."[45]

안타깝게도 이들의 노력은 미국 육군에 전혀 도움을 주지 못했다. 비록 에니악은 수많은 일회성 계산을 실행했지만 탄도 계산기로서 실력을 발휘하기도 전에 전쟁이 끝나고 말았다. 그러나 평시에 에니악은 더 이상 기밀이 아니었으므로 1946년에 두 번의 시연을 통해 대대적인 환호를 받으며 대중 앞에 그 모습을 드러냈다. 소문에 따르면 언론을 대상으로 한 첫 번째 시연은 조금 밋밋했다. 하지만 학자와 군 관계자 앞에서 펼친 두 번째 시연은 대성공이었는데, 모두 베티 진 제닝스와 베티 스나이더가 프로그래밍한 궤적 계산 프로그램 덕분이었다.

'두 베티'는 에니악 프로그래밍 팀의 에이스였다. 전쟁이 끝나고 두 사람 모두 상업용 컴퓨터 분야에서 오랫동안 선구적인 경력을 쌓았다. 인간 컴퓨팅 역사에서 흔히 볼 수 있듯이 무어 공과대학의 교육 철학은 두 명이 팀을 이루어 서로의 작업에서 오류를 찾아내는 파트너십을 강조했다. 이 점에 있어서 베티 진과 베티는 이상적인 파트너였다. 서로의 작업에서 실수를 찾아내는 것을 대단히 즐겼기 때문이다. 둘 다 코드가 완벽하길 원했고, 자존심이 이를 방해하는 일은 없었다. 베티 진은 회고록에서 "베티와 저는 함께 멋진 한때를 보냈어요"라고 적었다.[46] "우리는 단순한 파트너를 넘어서 친구가 됐고, 가능하면 자유시간까지 함께 보냈어요."

첫 번째 에니악 시연이 있고 며칠 뒤, 군 연락책인 허먼 골드스틴과 그의 아내 아델이 웨스트 필라델피아에 있는 아파트에 베티와 베티 진을 초대했다. 아델은 펜실베이니아 대학에서 인간 계산기들을 훈련했는데, 책상 위에 앉아 담배를 꼬나물고 강의하곤 했기 때문에 베티 진에게는 세련된 대도시 여성이라는 인상을 남겼다. 베티 진은 골드스틴의 아파트가 트윈베드 한 세트만 있을 뿐 별 개성 없이 다소 평범한 것에 놀랐다. 아델이 두 베티에게 차를 대접하고 고양이가 그들의 무릎 위로 뛰어올랐을 때, 골드스틴은 그들에게 12일 뒤에 있을 에니악 공개 행사에서 시연될 탄도 계산을 준비할 수 있겠냐고 물었다. 터무니없는 요청이었지만, 베티 진은 허먼 골드스틴이 에니악을 선보이는 일에 매우 신경 쓰고 있다는 사실을 알았다. 저명한 과학자와 현직 고위 관리와 군 수뇌부가 그곳에 참석해, 에니악이 홍보한 대로 잘 작동하는지 보고 싶어 할 터였다. 기술 시연이 기대되고 준비되는 방식은 예나 지금이나 별로 달라진 게 없는 것 같다.

두 베티는 그렇게 할 수 있고, 그렇게 하겠다고 큰소리쳤다. 물론 지난 4개월 내내 탄도 궤적 프로그램을 만들어낸 경험이 있었지만, 그건 종이 위에서였고 실제로 에니악에 직접 설정해본 적은 없었다. 프로그램을 에니악으로 옮기는 데 얼마나 많은 시간이 걸릴지도 몰랐다. 그들은 다음 날부터 바로 시작했다.

베티 스나이더는 스물여덟 살이었고, 베티 진 제닝스는 스물한 살을 갓 넘겼다. 그들은 자신에게 아주 중요한 임무가 맡겨졌고 그들과 함께 일하는 모두가 자신에게 의지하고 있다는 것을 알았다. 둘은 2주 동안 궤적 프로그램 안에서 살고 숨 쉬면서 24시간 내내 일했다.[47] 동료 루스 릭터먼과 마를린 웨스코프는 동일한 궤적 문제를 에니악이 처리하는 것과 동일한 방식으로 매 단계 직접 손으로 계산해 그들을 도왔다. 이는 오류가 생겼을 때 두 베티가 에니악을 디버깅하는 데 도움이 됐다. 남자들은 선물을 들고 불쑥 나타났다. 무어 공과대학 학장이 스카치위스키를 하사했고, 일요일에는 존 모클리가 살구 브랜디를 한 병 들고 왔다. 그때 두 베티는 실제로 술을 마시지는 않았지만—아마 특별한 날에만 톰 콜린스 칵테일을 가끔 마셨을지도 모른다—그 이후로 베티 진은 평생

살구 브랜디 취향을 유지했다.[48]

시연 전날은 밸런타인데이였지만 두 베티는 아무 약속도 잡을 수 없었다. 그들이 만든 에니악 프로그램에 엄청난 버그가 발견되었기 때문이다. 포탄의 궤적을 완벽하게 모델화하는 데 가까스로 성공했지만 어떻게 멈춰야 할지를 몰랐다. 그들이 쏘아 올린 가상의 포탄이 땅에 떨어진 뒤에도 수학 모델은 계속 진행되어 포탄이 공중에서와 같은 속도로 땅을 뚫고 나아갔다. 이대로라면 없느니만 못한 프로그램이 될 터였다. 포탄을 멈출 방법을 찾지 못한다면 저명한 수학자, 군 장성, 그리고 자신의 고용주 앞에서 대단히 난처해질 게 뻔했다. 이들은 루스와 마를린의 테스트 프로그램과 자신들의 프로그램을 하나하나 비교하면서 설정을 확인, 또 확인했지만, 어찌할 방법이 없었다. 자정 직전에 그들은 연구실을 떠났다. 베티는 기차를 타고 캠퍼스를 벗어나 나버스에 있는 집으로 갔고, 베티 진은 어둠 속을 걸어 집으로 향했다. 영혼이 누더기가 된 채로.

하지만 베티 스나이더에게는 마지막 수가 남아 있었다. 해결할 수 없는 논리 문제에 봉착할 때면 그녀는 늘 그 문제 위에서 잤다. 베티는 그날 밤 지친 몸을 이끌고 집으로 향하는 긴 시간 동안 기차 안에서 포탄 문제와 다양한 해결책을 고민했다. 집에 도착해 침대 위로 몸을 던졌을 때, 그녀의 잠재의식이 매듭을 풀기 시작했다. 다음 날 아침, 1946년 2월 15일에 베티는 평소보다 실험실에 일찍 도착해 바로 에니악으로 갔다. 결국 *꿈속에서* 답을 찾아낸 것이다. 이제 3,000개의 스위치 가운데 어떤 것을 재설정해야 할지, 그리고 그 스위치의 열 가지 가능한 지점 중 어떤 걸 선택해 조작해야 할지 알았다. 그리고 그 지점에서 스위치를 젖히자마자 바로 문제가 해결됐다. "베티는 자는 동안 대부분의 사람들이 깨어 있을 때보다 더 많은 논리적 추론을 해냈다"라고 베티 진이 감탄했다.[49]

두 베티의 완벽한 프로그램 덕분에 탄도 궤적 시연은 크게 성공했다. 조금은 구식이지만 모클리와 에커트가 만든 현란한 장치도 한몫했다. 그들은 탁구공을 반으로 갈라 에니악의 네온 표시등 위에 덮었다. 시연이 진행되는 동안 스태프들이 방 안의 조명을 낮춰 열정적으로 깜빡거리는 구체의 빛을 통해 에니악의 생각하는 얼굴을 보여주었다. 프로그램은 말 그대로 날아가는 총알보다 빨랐다.[50] 에니악은 불과 20초 만에 궤도를 계산해냈고, 이는 진짜 포탄이 그 궤도를 따라가는 것보다 빠른 속도였다. 두 베티와 케이 맥널티는 서둘러 제표기로 가서 인쇄물을 출력했고 청중들에게 기념품으로 나누어주었다.[51]

시연은 대서특필되었다. 이 여성들은 남성 동료들과 나란히 사진을 찍었다. 그들은 카메라의 플래시 전구를 기억했지만, 정작 신문에 실린 사진에는 정장을 입고 군 장식을 단 채 유명한 기계 옆에서 포즈를 취한 남성들만 보였다. 언론은 에니악에 대해 떠들어대며 미국인의 더 나은 삶을 위해 공개된 전시동원의 결실이라고 발표했다. 컴퓨팅 분야에 생소한 기자들은 에니악을 "거대한 뇌" "생각하는 기계"라고 불렀다. 생각하는 기계로서의 컴퓨터는 이후에 과학소설 작가들의 열렬한 지지로 대중에 깊이 각인되었지만 사실은 왜곡된 해석이다. 에니악은 생각하지 못했다. 1초에 수천 번 곱하고 더하고 나누고 뺄 수는 있을지언정, 추론하지는 못했다. 그것은 거대한 뇌가 아니었다. 만약 그 방에 거대한 뇌가 있다면, 그건 기계를 제작하고 작동시킨 사람들의 것뿐이다.

기계 자체가 영리하다고 주장하는 신문 기사는 에니악 여성들을 자극했다. 그들은 에니악이 그저 강철과 전선으로 가득 찬 상자에 불과하다는 것을 누구보다 잘 알았다. "생각이란 걸 한다는 이 기계가 돌아가기까지 상상을 초월할 정도로 많은 작업을 한 것은 우리였다. 진심으로 짜증이 났다."[52] 베티 진이 불만을 털어놓았다. 그러나 이것은 단순한 짜증 유발을 넘어서는 사건이었다. 사실상 그녀들의 존재를 지워버렸던 것이다. 1946년 〈뉴욕 타임스〉에 게재된 에니악 시연 취재 기사는 "에니악에게 … 숙련된 남성도 푸는 데 몇 주나 걸릴 어려운 문제를 주었다. 에니악은 정확히 15초 만에 해냈다"라며 숨 가쁘게 보도했다.[53]

역사학자 제니퍼 S. 라이트가 지적했듯이, 저 보도는 두 가지 중요한 사실을 간과했다. 일단, 애초에 "몇 주나 걸릴" 문제를 푼 것은 남성이 아니었다.[54] 무어 공과대학에서 오랫동안 근무한 여성 컴퓨터들이 수행한 작업이었다. 다음으로, 에니악이 "정확히 15초 만에" 해결했다는 주장은, 그것이 무지의 소치였든 고의적인 묵살이었든 이날의 시연이 사람들 앞에서 문제가 컴퓨터에 입력되기 전에 여성들이 몇 주 동안 문제를 프로그래밍하고 공들여 실행한 결과였다는 사실을 깡그리 무시했다. 언론은 저 마법 같은 15초 외에 코딩과 디버깅을 하는 시간, 프로그래머와 유지 보수 작업자와 오퍼레이터의 노동 시간은 고려하지도 않았다. 제니퍼 라이트의 말을 빌리자면, "시연을 준비하기 위해 필요했던 숙련된 노동과 그 일을 해낸 능력 있는 여성의 성별 모두 기자 회견과 후속 취재에서 자취를 감추었다."[55]

에니악 시연이 종료되고 호들갑스러운 축하 인사와 포토 타임이 끝나자 대학에서는—행사의 메뉴를 보건대—비용을 아끼지 않은 성대한 축하 파티를 열었다. 군 장성과 학계 인사는 바닷가재 비스크와 필레미뇽, 그리고 "화려한 장식 케이크"를 먹었다. 에니악 6총사는 아무도 초대받지 못했다. 그날 저녁을 축하의 자리로 만든 일등 공신인 두 베티까지도. 이들은 20세기를 정의하게 될 기계를 세상에 소개했지만, 아무도 그들에게 축하 인사를 건네지 않았다. 골드스틴 부부는 그들을 상대도 하지 않았고, 에니악 6총사의 후원자 존 모클리와 J. 프레스퍼 에커트조차 그날의 분위기에 취해 시연에 올린 궤적 프로그램에 대해 한 마디 언급도 없었다. 2월 15일, 시연 전날처럼 베티 진 제닝스와 베티 스나이더는 밤늦게 실의에 빠져 집으로 돌아갔다. 날씨는 추웠고, 몸도 마음도 지쳐 있었다. "역사가 새로 쓰인 날 같았다. 하지만 그 역사는 우리를 내친 다음 트랙에 버려두고 가버렸다."[56] 베티 진이 수십 년 뒤에 자서전에 쓴 말이다.

역사는 계속해서 그들을 내치고 또 내칠 것이다. 50년이 지나 베티와 베티 진이 자신의 서사를 풀어놓을 때까지, 이들은 에니악 시연 프로그램을 만든 공로를 인정받지 못할 것이다. 허먼 골드스틴은 에니악의 역사를 다룬 영향력 있는 책에서 *자신과 아델*이 2월 15일 시연 프로그램을 직접 만들었다고 적으면서 말년에 베티 진 제닝스가 "낯짝 두꺼운 거짓말"이라고 부른 수정주의 역사에 한 획을 그었다.[57] 이후로도 각색된 이야기 속에서 이 여성들은 계속해서 무시되었다. 에니악 6총사는 설령 사진 속에 등장하더라도 그 밑에 모델이라는 설명이 달렸다. "다행히 전 사진이 별로 잘 받지 않았어요. 그래서 이 바보 같은 사진 어디에도 찍히지 않았죠."[58] 베티 스나이더가 말했다. 군은 병사 모집 광고에 미국 전쟁부의 에니악 홍보 사진을 실으면서도 사진에서 세 명의 여성을 싹 다 잘라내 버렸다.[59] 전쟁부의 에니악 보도 자료에서는 기계의 작동을 맡은 "전문가 그룹"이라는 모호하고 성별이 구분되지 않는 표현을 사용했고, 오직 존 모클리, J. 프레스퍼 에커트, 허먼 골드스틴만을 언급했다.[60]

여성과 소프트웨어 사이의 역사적 연관성을 살펴보다 보면 둘 사이에 본질적인 친화력이 존재한다는 생각을 떨치기가 힘들다. 여성은 프로그래밍의 가변적이고 언어 지향적인 측면의 진가를 알아보지만, 남성은 하드웨어의 실용적이고 직접 만질 수 있는 특성에 끌린다고 말이다. 혹자는 배비지와 러브레이스의 파트너십, 그로부터 한 세대가 지난 뒤 하워드 에이킨과 그레이스 호퍼의 긴장 관계, 또는 에니악에 관여한 남성 하드웨어 기술자와 여성 오퍼레이터 사이의 성별화된 노동 분업으로부터 동일한 가설에 도달할지도 모른다. 그러나 이 모든 경우에, 소프트웨어를 다루는 일이 여성에게 더 적합해서가 아니라 당시에 아직 하드웨어에 종속되어 있던 소프트웨어가 그 자체로 가치 있는 분야가 아니었기 때문에 여성이 소프트웨어 쪽의 일을 책임졌던 것이다. 당시의 사람들이 생각했던 소프트웨어는 계산에 필요한 코드를 작성하고 케이블을 연결하는 일종의 하드웨어 조작에 불과했다. 또한 "프로그래머"라는 직종도 전통적으로 여성들이 도맡았던 "오퍼레이터"라는 단순한 사무직에서 분리되기 전이었다. 더 나아가 에니악 같은 컴퓨터를 다루기 위해 여성을 고용했다는 사실은 대학이나 연구 집단에서 응용 수학과 씨름하며 여성이 컴퓨터 그 자체로 존재했던 오랜 역사를 반영한다. 여성은 아주 오랜 세월 동안 계산을 해왔다.

"만약 에니악 행정 관리자들이 전자 컴퓨터를 작동하는 데 프로그래밍이 얼마나 중요하고 또 이것이 얼마나 복잡한 일인지 알고 있었다면, 여성에게 그토록 중요한 임무를 선뜻 맡기지는 않았을 겁니다."[61] 베티 진 제닝스가 단호히 말했다. 당시에는 프로그래밍이 단순히 컴퓨터를 조작하는 것과는 별개의 업무임을 인지하기 어려웠고, 실제로 에니악 여성들의 직업은 공식적으로 "준전문 사무직"으로 분류되어 있었다.[62] 컴퓨터를 다루는 사람들이 자신을 오퍼레이터나 전기 기술자가 아닌 프로그래머 또는 컴퓨터 과학자로 정의하기까지 수년이 걸렸다. 현대 세계를 재편성할 잠재력을 지닌 하나의 예술 형식으로서 프로그래밍을 보는 관점이 주목받기까지는 훨씬 오랜 시간이 걸렸다.

제2차 세계대전은 기술 전쟁이었다. 추축국에 대항해 국가적 우위를 점하기 위해 정부와 민간 산업과 학계가 협력하여 군산복합체를 이루었고, 그 과정에서 한 세대의 기술 혁신가들에게 자금이 지원됐다. 전쟁 무기에 필요한 복잡한 계산이 요구되지 않았다면 컴퓨팅이 이렇게 빨리 하나의 분야이자 산업으로 성장하지는 않았을 것이다. 전쟁은 위험을 감수하게 만들었고 모든 것을 가속화했다. 또한 여성이 그 과정에 참여하게 했다. 폭탄은 남성이 떨어트렸을지 모르지만, 투하 지점을 알려준 것은 여성이었다.

어떤 전쟁이든, 특히 이처럼 추악한 전쟁을 일신의 기회로 삼는다는 생각은 마음을 불편하게 한다. 그러나 제2차 세계대전 동안 군 관련 계산 업무를 맡아 수행하면서 베티 진 제닝스, 베티 스나이더, 그레이스 호퍼, 그리고 이들의 동료들은 가르치고 결혼하고 비서가 되는 것 이상을 인생에서 성취했다. 여성들에게 완전히 새로운 전문 분야가 열렸다. 이 분야의 중요성은 그들이 사람과 계산 기계가 한 지점에서 합류했을 때 얼마나 놀라운 일이 벌어지는지 보여준 뒤에야 명백해졌다. 그러나 변화는 그렇게 단순하지 않았다. 전쟁이 이 여성들에게 언제 어떻게 될지 알 수 없는 결혼생활과 꿈도 희망도 없는 비서 일에서 벗어날 티켓을 쉽게 주었던 것처럼, 평화는 이 모든 것을 도로 빼앗겠다고 위협했다.

전쟁이 끝난 뒤 군의 지원이 끊기고 계산 프로젝트의 지휘권이 다시 민간으로 넘어가자, 그레이스 호퍼는 자신이 갈림길 위에 서 있다는 사실을 깨달았다. 단기간에 신생 분야의 전문가가 되었지만, 희생이 따랐다. 그레이스와 빈센트는 전쟁 초기부터 별거에 들어갔고 결국 1945년에 이혼했다. 빈센트는 곧바로 재혼했다.[1] 두 사람의 결혼식에서 신부 들러리를 섰던 그레이스의 친구와 말이다. 감당하기 쉽지 않았을 것이다. 그녀는 마흔셋이었고, 전쟁 동안 이 모든 일을 겪은 뒤에 학부생에게 미적분학을 가르치는 소도시 대학 교수의 안락한 생활로 다시 돌아간다는 것은 꿈도 꿀 수 없었다. 그러나 전방에서 싸우다 고향으로 돌아온 병사들이 일상에서 자신의 자리를 돌려받으려 하면서, 그레이스 주변의 많은 여성이 전쟁 전 역할로 돌아가고 있었다. 심지어 에니악 6총사 가운데 몇 명도 가정으로 돌아갔다. 남성이 곱절로 지배하는 군대와 학계에서 경력을 쌓기 위해 모든 것을 버린 그레이스는 초조했다.

하워드 에이킨은 계산 연구실에서 전시에 수행했던 컴퓨팅 작업을 자본 삼아 하버드와 장기 임용 계약을 맺었고, 연구실 운영에 없어서는 안 될 그레이스를 3년간의 계약직 연구원으로 고용해서 데리고 있었다. 그레이스의 새로운 직책은 더 이상 프로그래밍을 요구하지 않았다. 대신 그레이스는 에이킨을 도와 마크 II의 사용자 설명서를 제작했다. 그러나 첫 번째 설명서와 마찬가지로 자기 이름을 싣지는 못했다. 그녀는 시설을 방문한 귀빈들에게 한때 기밀이었던 계산 기계의 다양한 활용 방법을 설명했다. 에이킨은 여전히 전쟁 당시의 긴박감을 유지한 채 연구실을 운영하려 애썼지만, 상황은 예전 같지 않았다. 어렵게 얻은 평화의 시기에 전시 분위기를 조장하는 것은 일상에 대한 가학이나 다름없었다. 그레이스는 원래 술자리에서 분위기를 맞추는 정도로만 술을 마셨지만 자신의 역할이 줄어드는 것을 보면서부터 사무실 책상에 휴대용 술병을 두었다. 1949년, 하버드와 해군의 계약이 만료되었다. 종신 보장 트랙을 밟고 있던 에이킨은 무사했지만, 대학은 여성에게 승진을 제안하지 않았다. 그렇게 이 나라 최고의 컴퓨터 프로그래밍 전문가였던 그레이스는 자신이 몇 년간 도맡아 관리해오던 연구실에서 해고되었다. "내 시대는 끝난 거죠."[2]

펜실베이니아 대학의 에니악 연구실도 사라졌다. 에니악은 애버딘 프로빙 그라운드로 옮겨졌다. 에니악을 철거하느라 무어 공과대학 건물의 벽 전체를 허물어야 했다. 그리고 애버딘에서 일곱 명의 여성이 추가로 고용되어 1955년에 팀이 해체될 때까지 에니악을 돌렸다. 인생의 한 챕터를 넘긴 에니악 6총사는 다시는 이 동명의 기계를 프로그래밍하지 못했다.

전쟁 중에는 에니악의 소유주가 누구인가 하는 문제가 중요하지 않았다. 에니악은 군의 달러로 제작되었고 군을 위해 일했다. 그러나 전쟁이 끝나면서 이 컴퓨터를 두고 다툼이 시작되었다. 에커트와 모클리는 자기 발명품의 특허권을 소유하고 싶어 했지만, 대학은 에니악 설계에 대한 일체의 실시권과 재실시권은 물론이고 이들이 제작하려고 계획 중인 후속 기계에 대한 권리까지 모두 요구했다. 펜실베이니아 대학은 특허권을 양도하는 조건으로 종신 재직권을 제안했지만, 이 두 공학자는 평생 대학에 묶여 있을 생각이 없었다. 단념한 에커트와 모클리는 에니악에서 손을 떼고 독립했다.

그들은 1947년에 회사를 설립했다. 처음에는 전자 제어 회사라는 이름으로 운영하다가 이후 에커트 모클리 컴퓨터 회사EMCC로 바꾸었다. 필라델피아 리지 애버뉴에 있는 보잘것없는 사무실이었다. 에어컨도 없는 오래된 양말 공장에 누군가 중고 가게에서 집어 온 나무 책상이 몇 줄로 늘어선 게 다였다. 길 건너 맞은편에는 폐차장이, 건물 반대편에는 마운트 버넌 공동묘지가 있었다. 그레이스는 컴퓨터가 제대로 작동하지 않으면 이쪽 창문으로 컴

퓨터를 던져버리고 저쪽 창문으로 뛰어내리면 되겠다고 농담 삼아 말하곤 했다.[3]

세상을 변화시키기 위해 위험을 감수하고 자립한 젊은 기술 혁신가들의 이야기는 이제 우리에게 익숙하다. 창고에서 시작해 재벌이 되는 실리콘밸리 성공 스토리는 모두 대략 비슷한 궤적을 그린다. 그렇지만 EMCC는 세계 최초의 상업용 컴퓨터 회사였다. EMCC 이전에 컴퓨터는 탄도학, 암호 해독, 핵폭탄 유체동역학 등 전투에 필요한 계산을 위해 제작된 일회성 기계였다. 그러나 컴퓨터는 학계와 항공산업 같은 거대한 잠재 시장을 갖고 있었고, 대기업의 회계 및 급여 문제를 신속하게 처리할 수 있었다.[4] 사무용 기계로서 컴퓨터의 상업적 잠재력을 깨달은 사람이 에커트와 모클리만 있었던 건 아니지만, 이들은 규격화된 컴퓨터 생산을 최초로 시도한 집단 중 하나였다. 오늘날 세계적으로 유명해진 에니악의 설계자로서 그들은 처음부터 좋은 조건에서 출발했다.

EMCC는 일찌감치 굵직굵직한 계약을 성사시켰다. 미국 인구조사국, 미국 국립표준기술연구소, 노스롭 항공, 미국 육군 측지부대 등, 모두 자체 버전의 에니악을 원했다. 각 설비는 고객이 어떤 컴퓨팅을 필요로 하느냐에 따라 맞춤 제작되고, 여기에 기술 및 고객 지원 서비스와 시스템이 추가로 딸려 갔다. 소프트웨어는 아직 규격품이 아니었으므로—아마 그걸 뜻하는 말조차 없었을 텐데—EMCC에는 프로그래머가 필요했다. 다행히 세계 최고의 실력자들이 과거에 무어 공과대학에서 함께 일한 동료들이었다. 베티 스나이더, 베티 진 제닝스, 캐슬린 "케이" 맥널티, 그리고 코딩계의 대모인 그레이스 호퍼까지. 당시 호퍼는 하버드에서 일자리를 잃고 새로운 길을 모색하고 있었다. 에커트와 모클리는 이들을 모두 고용할 만큼 현명했다.

처음 몇 년 동안 EMCC는 시대를 지나치게 앞서갔다. 이 회사는 거대 기업의 틈바구니에서도 세계에서 가장 발전한 컴퓨터를 제작한 기술 스타트업이었다. EMCC의 모든 컴퓨터는 소프트웨어 개발팀의 재능 있는 여성 프로그래머들이 직접 쓴 맞춤 코드에 의해 돌아갔다. 베티 진 제닝스는 이 시기를 마법의 시간으로 기억했다. "정말 좋았어요. 이렇게 살아 있다고 느낀 적이 없었죠. 우리는 쉬지 않고 일했어요. 아침 일찍 출근하고 티타임과 점심시간을 이용해 회의하고 밤늦게까지 남았어요."[5] 이들에게는 공식적인 직함도 없었고, 부서는 구멍투성이였다. 명령 체계도, 불필요한 요식도 없이 사람들은 프로젝트를 위해 필요하다면 직접 함께 일했다. 앞에 놓인 문제를 해결하기 위해 모두가 나섰다. "우리는 우리가 하는 일을 믿었기 때문에 함께 일한 겁니다. 그게 다예요"라고 베티 스나이더가 말했다.[6]

EMCC의 두 설립자는 여성 직원들에게 널리 존경과 찬사를 받았다. 그들은 훌륭한 선생이었고 언제나 경청했으며 무엇보다 비전이 있었다. 고객과의 미팅에서 존 모클리는 고객의 컴퓨터에 들어갈 새로운 응용 프로그램을 앉은 자리에서 줄줄 말할 수 있었다. 그레이스가 EMCC에 합류할 의욕을 느낀 것도 모클리에게 배울 점이 있다고 생각했기 때문이다. 그녀는 모클리를 "함께 있으면 아주 즐겁고, 같이 재밌게 일할 수 있는 사람이었다. 그는 누구보다 신나게 일했고 위기 앞에서도 옳은 결정을 내렸으며 일을 완전히 즐겼다. 정말 좋은 상사였다"라고 기억했다.[7] 에커트 또한 "정말 좋은 상사"였지만, 사차원적인 면도 있어서 대화에 한 번 빠지면 종종 길을 잃고 복도를 헤매며 지하실로 내려갔다가 다시 위층으로 올라오곤 했다. 그는 주로 탁자 위에 걸터앉았는데, 한번은 대화 도중에 자기도 모르게 파일 캐비닛 위로 올라간 적도 있다. EMCC에서 일하는 내내 베티 진은 에커트의 사무실이 어딘지 몰랐다. 그녀는 그가 사무실에 앉아 있는 모습을 한 번도 본 적이 없었다. 그는 언제나 그들 사이에 있었고, 질문거리와 해결책을 들고 이 모임 저 모임 옮겨 다녔다. 여자들은 에커트가 걸레질하는 건물 청소부를 붙잡고 사업 구상을 얘기할 정도로 말하는 걸 좋아한다고 농담하곤 했다. 이러한 괴벽에도 불구하고 그는 그들과 하나였다. "우리는 모두 에커트를 있는 그대로 받아들였어요."[8] 베티 진이 회상했다.

많은 회사가 돌아온 병사들의 자리를 마련하기 위해 유능한 여성들을 해고하는 동안, EMCC는 여성을 고용했을 뿐 아니라 그들이 기여한 바를 높이 평가했고 그들에게 전쟁 중일 때보다 더 중요한 프로그래밍 책무를 맡겼다. 이제는 베티 홀버튼이 된 베티 스나이더와 베티 진 제닝스는 주요 프로젝트들을 관리했다. 베티는 회사의 주력 상품인 범용 자동 컴퓨터Universal Automatic Computer, 약자로 유니박UNIVAC의 명령어 코드를 썼고, 베티 진은 그 논리적 설계를 담당했다. 초기에는 수익이 높지 않았다. 베티를 비롯한 많은 기술자들이 돈을 받지 않고 일했다. 그러나 일단 회사가 자리를 잡고 난 다음에는 모두 좋은 대우를 받았다. EMCC에 입사한 지 1년이 지났을 무렵, 베티 진은 근래에 고용된 한 남성의 연봉이 그녀보다 400달러 더 높다는 걸 알고 존 모클리에게 불평했다. 모클리는 그 자리에서 그녀의 연봉을 그 남자 직원*보다* 200달러 더 인상해주었다.[9] 심지어 EMCC는 매년 봄이면, 각계각층에서 뽑아온 신참들을 훈련하고자 회사 차원에서 프로그래밍 워크숍을 열었다. "그래야 우리가 은퇴하기 전에 많은 비서들이 프로그래머가 될 수 있으니까요."[10] 그레이스 호퍼가 회상했다. 그것이 회사의 정신이었다. "훌륭한 비서였던 사람이라면, 훌륭한 프로그래머가 될 수밖에 없죠. 일을 꼼꼼하고 신중하게 제대로 처리하니까요. 한 단계씩 나아가는 그 태도. 그들을 좋은 프로그래머로 만든 것은, 그들이 좋은 비서가 되게끔 한 바로 그 덕목이었어요."

그레이스는 하워드 에이킨의 배은망덕한 계산 연구실에서 알코올 중독으로 고생하며 마지막 몇 년을 보냈다. 그레이스의 친구들은 EMCC에서의 일이 그녀가 술을 끊고 자신감을 회복하는

데 도움이 되길 바랐다. 비록 하버드에서 제 가치를 인정받지 못했지만 그레이스의 능력은 급성장하는 컴퓨터 산업에서 수요가 높았다. 에커트와 모클리에게 받은 제안 외에도, 그녀는 1949년에 애버딘에서의 탄도학 연구직, 컴퓨터 회사 ERA에서 암호 기계를 제작하는 일, 해군연구청 일자리 등을 고려하고 있었다. 그러나 EMCC만 그해에 바로 프로그래밍 작업에 들어갈 수 있는 장비를 갖추고 있었고, 그레이스는 더 기다리고 싶지 않았다.[11] EMCC에 합류한 그녀는 뛰어난 여성들에게 둘러싸여 코드를 쓰면서 본연의 열정으로 바로 돌아갈 수 있었다. 감사한 일이었다. 민간인에서 군인 신분으로 바뀌는 과도기를 즐긴 장교 후보생 시절처럼, "세상의 모든 자유와 쾌락을 얻은 듯 유니박의 세계로 자연스레 빠져들었죠."[12]

EMCC에서 그레이스와 가장 가깝게 일한 여성은 당연히 베티 홀버튼이었다. 꿈속에서 난해한 프로그래밍 문제를 해결한 에니악 천재. 이것은 베티가 지닌 특별한 기질의 일면에 지나지 않았다. 어려서부터 베티는 퍼즐에 열심이었다. 열다섯 살 때, 집에 있는 계산기가 고장 나자 베티는 기계를 완전히 분해한 뒤 부품 하나하나에 라벨을 붙이고 테이블 위에 죽 늘어놓은 다음 정확하게 도면을 그렸다. 그녀는 이러한 방식으로 기계를 보는 것을 좋아했다. 전체 논리 안에서 작은 조각들이 함께 일하며 조화를 이루고 있는 것. 그리고 "초록색 레이더 화면의 시곗바늘처럼 … 문제 주위를 몇 번이고 뱅뱅 돌면서" 전부 머릿속에서 파악될 때까지 생각했다. 이렇게 레이더가 휩쓸고 지나가면, 거의 즉시 오류를 찾아낼 수 있었다. 베티는 능력이 너무나 출중해서 "프로그래머와 엔지니어가 문제를 해결할 수 없을 때마다" 수시로 불려가 다른 사람들의 프로젝트를 디버깅해주곤 했다.[13] 나중에는 최소한 네 시간 동안 씨름한 *다음에* 부르지 않으면 가지 않겠다고 고집했다. 그녀에겐 엄청난 시간 낭비였기 때문이다.

베티는 EMCC의 비밀 병기였고, 그레이스 호퍼가 필라델피아에 도착했을 때 이미 2년간 회사에 있었다. 리지 스트리트에 있는 창고를 빌리기 전에는 모클리의 아파트 거실 탁자에서 그와 일대일로 일하며 유니박의 명령어 코드 C-10을 개발했다. 그녀는 비록 자신이 에니악과 함께 사진이 찍힐 만큼 "사진이 잘 받는" 스타일이 아니라고 했지만, 베티가 쓴 코드의 독특한 아름다움은 아무도 부인할 수 없었다. C-10은 컴퓨터를 위한 기초적인 명령어 집합이었고, 베티는 극도로 신중하게 그것을 작성했다. 숫자나 부호에만 의존하는 대신, 자주 쓰이는 연산에 대해서는 약어로 문자를 집어넣었다. "빼기subtract"는 *s*, "더하기addition"는 *a*. 이 최초의 시도 덕분에 유니박은 수학적 배경이 없는 오퍼레이터들도 쉽게 다룰 수 있는 사용자 친화적인 장비가 되었다. 그레이스는 C-10이 대단할 뿐 아니라 심지어 아름답다고 생각했다. 그녀는 프로그래밍의 접근성을 높이는 모든 것을 사랑했다. 그리고 지금까지 만나

본 프로그래머 중에 베티가 최고라고 생각했다. 하지만 베티는 겸손했다. 베티의 동료이자 그레이스와는 그다지 잘 지내지 못했던 베티 진 제닝스에 따르면, 베티 홀버튼은 그레이스에 대해 이렇게 말했다고 한다. "만약 누군가 그녀가 할 수 없는 일을 할 수 있다면, 그 사람은 분명 그것에 관해 세계 최고일 것이다. 왜냐하면 최고만이 그레이스를 능가할 수 있기 때문이다!"[14]

베티는 그레이스에게 순서도+를 사용해 복잡한 문제를 설정하는 방법을 알려주었는데, 그레이스가 한 번도 해본 적이 없는 것이었다. 마크 I은 모든 코드가 종이테이프를 "타고" 완벽하게 일직선으로 달렸다. 그러나 EMCC에 있는 기계들은 실행되는 도중에 여러 경로를 따라 순환하면서 명령을 수정할 수 있었다. "그제야 머리를 굴릴 만한 2차원 프로그램이 생긴 거예요"라고 그레이스가 회상했다.[15] 그것은 베티가 우아한 순서도로 형식화한 "다른 차원의 사고"를 필요로 했다. 그레이스는 베티가 "정말 대단한 사람"이라고 결론지었다. 베티는 EMCC에서 일하는 동안 C-10 코드 말고도 컴퓨팅 분야에 두 가지 중요한 공헌을 했다. 첫 번째는 화장술이었다. 그녀는 엔지니어들을 설득해 유니박의 바깥 틀 색깔을 검은색에서 오트밀 베이지색으로 바꾸었는데, 그 이후로 베이지가 데스크톱 컴퓨터의 보편적인 색깔이 되었다(맞다, 나는 내

+ 프로그램을 구성하는 단계들을 그림으로 표현한 것.

회갈색 델에 대해 베티에게 감사한다). 두 번째는 그녀가 "정렬 병합 생성기"라고 부른 프로그램이다. 이 프로그램은 유니박의 테이프 유닛✚에 저장된 모든 입력과 출력을 추적해 데이터 파일의 사양을 가져와서 자동으로 데이터를 정렬하고 병합하는 루틴✚✚을 생성했다.

그레이스 호퍼는 베티의 정렬 병합 생성기를 보고 입을 다물지 못했다. 그레이스에 따르면 컴퓨터로 *프로그램을 작성하는* 프로그램을 *작성한* 최초의 사례였다. 이것은 그레이스에게 지대한 영향을 미쳤고, 컴퓨팅 역사 전체에 대해서도 마찬가지였다. 그러나 처음부터 모든 사람들이 똑같이 생각한 것은 아니었다. "당시에 높은 사람들은 컴퓨터는 프로그램을 쓸 수 없다고, 적어도 나한테 꽤 자주 그렇게 말했습니다"라고 그레이스는 기억했다.[16] "그들은 완전히 불가능하다고 여겼습니다. 컴퓨터가 하는 일은 산술에 불과할 뿐, 컴퓨터가 직접 프로그램을 쓸 수는 없다고 믿었기 때문입니다. 컴퓨터에게는 인간의 상상력과 손재주가 없으니까 말이죠. 그래서 나는 우리가 하려는 것이 컴퓨터 프로그램 안에 인간의 손재주를 집어넣는 일이라고 계속 설득했습니다."

실제로 베티와 그레이스 같은 프로그래머들의 손재주 덕분

✚ 자기 테이프가 읽기 쓰기 헤드를 지나게 함으로써 컴퓨터에서 데이터를 불러오거나 컴퓨터로 데이터를 입력하는 장치.

✚✚ 어떤 작업을 정의하는 명령어들의 집합.

에 유니박은 세계에서 가장 강력한 컴퓨터가 되었다. 유니박의 자기 테이프 프로그램은 입출력 속도를 최종적으로 전자 부품과 맞먹는 속도까지 끌어올렸다. 유니박은 모든 경쟁자를 제치고 그 기술 자체와 동의어가 되었다. 크리넥스가 휴지이고 제록스가 복사기인 것처럼, 1950년대에 유니박은 컴퓨터였다. 심지어 유명한 뉴스 앵커 월터 크롱카이트도 젊었을 때 마치 신탁이라도 되는 양 유니박에 조언을 구한 적이 있다. 1952년 선거 날 밤, CBS 선거 방송에 라이브로 출연한 유니박은 통계 프로그램을 돌리며 애들레이 스티븐슨에 대한 드와이트 아이젠하워의 압승을 예측했다. 전통적인 여론조사가 전혀 예측하지 못한 결과였다. 이것은 실물 크기의 유니박 모형을 내세운 속임수였지만+, 인기가 너무 좋아 CBS의 정규 특집에도 등장했다.

대중적인 성공에도 불구하고 모클리와 에커트는 무대 뒤에서 휘청거렸다. 이들은 사업가 마인드와 반비례하는 선한 의도를 지닌 학자였다. 프로그램이 내장된 그들의 전자 컴퓨터는 적극적인 판매술과 구매 고객에 대한 끊임없는 지원이 필요한 검증되지 않은 값비싼 기술이었다. EMCC의 최초 주요 자금 유입처는 경마용 베팅 배당률 계산기를 제작하는 볼티모어의 아메리칸 토탈리제이터라는 회사였는데, 회사의 부사장이 원인을 알 수 없는 비

+ 물론 예측 결과는 진짜였다. 실제 계산은 필라델피아의 EMCC 사무실에 있는 진짜 유니박이 수행했다.

행기 사고로 사망한 후 투자가 무산되었다. 자금의 압박을 받은 모클리와 에커트는 EMCC를 IBM에 팔고 싶어 했지만 빅 블루[+]는 이들과 엮이는 걸 원치 않았다. 고령의 IBM사 대표 토머스 왓슨 주니어는 자기 테이프를 탐탁치 않게 생각했고, 그 대신 검증된 천공카드 시스템 사업에 충실하기로 작정했다. 결국 모클리와 에커트는 EMCC를 사무용 기기 회사 레밍턴 랜드에 팔아야 했다. 한때 세계에서 가장 중요한 두 개의 무기인 총과 타자기의 자랑스러운 제조사였던 곳이다.

레밍턴 랜드에 매각하는 것이 썩 내키는 결정은 아니었지만 현실을 무시할 수는 없었다. 이 회사는 여러 해 동안 천공카드 사업을 해왔고 컴퓨팅 분야에서 성장을 기대했다. 이들은 EMCC의 부채까지 넘겨받아 사실상 회사가 망하는 것을 막았고, 경험이 풍부한 그들의 영업팀이 자면서도 유니박을 팔 수 있다고 호언장담했다. 안타깝게도 레밍턴 랜드의 고위 경영진들은 불 대수[++], 서브루틴, 코드에 대해 아무것도 알지 못했다. 설상가상으로 그들은 EMCC의 고위직 여성들을 데리고 무엇을 해야 할지 전혀 몰랐다.

"레밍턴 랜드가 유니박을 샀을 때, 이제 우리는 끝났다고 생

[+] IBM의 별칭.
[++] 변수의 값이 참 혹은 거짓 둘 중 하나로 정해지는 대수. 주로 참은 1, 거짓은 0으로 표시됨.

각했어요. 그들에게 여자는 타자기 앞에나 앉아 있는 존재였으니까요."[17] 베티 스나이더가 몇 년 뒤에 회상했다. 레밍턴 랜드에서는 아무도 기술 전문직 여성과 일한 적이 없었다. 그들은 여성이 발표를 주도하거나 고객을 만나거나 심지어 여성들 본인이 설계한 유니박 장치를 이해할 거라는 생각조차 하지 못했다. "그러니까, 자기의 말을 경청하고 진지하게 받아들이는 여성이 있을 거라고는 꿈에도 몰랐던 거죠"라고 베티 진 제닝스가 불평했다.[18] 전성기는 끝났다.

레밍턴 랜드는 에커트 모클리 컴퓨터 회사를 사들이는 선견지명이 있었지만 인수 과정에서 함께 딸려 온 자유 사상가들을 어떻게 해야 할지 몰랐다. 이것은 앞으로 기술 사업에서 끝도 없이 반복될 가치의 위기였다. EMCC는 뛰어난 여성들이 기호를 구슬려 코드로 만들고, 새로운 아이디어가 자기 테이프 릴마다 풀려나오는 곳이었다. 그러나 그 비전과 이를 키워낸 이단적인 환경은 천공카드 제표기 세상에서 버티기 위해 힘겹게 싸웠다. 이 몽상가들은, "그 필라델피아 멍청이들은 모조리 제정신이 아니고 … 이 백만 달러짜리 기계는 아무도 사지 않을 것이며, 실제로 활용할 수 있는 곳도 거의 없다"라고 생각한 회사에 팔리고 말았다.[19]

EMCC의 개방적이고 투명한 회사 구조는 레밍턴 랜드의 구닥다리 기업 위계에 집어삼켜졌다. 뉴욕시에 있는 본사는 모든 EMCC팀들과 소통할 수는 있었으나 마치 화성에 있는 것처럼 괴

리감이 있었다. 직함도 부서도 없던 베티 스나이더에게 갑자기 상사가 생겼다. "아주 끔찍했죠. 결정권이 그에게 있고, 설령 그가 잘못된 결정을 내리더라도 받아들여야 했으니까요."[20] EMCC에서는 모두가 기계를 섬겼다. 그러나 레밍턴 랜드에서는 섬겨야 할 다른 주인님이 있었고, 주인의 관심은 대개 그들의 일과는 맞지 않았다. 모두 은퇴한 지 한참 지난 1990년의 어느 날, 전직 EMCC 직원들이 자신의 역사를 기록으로 남기기 위해 스미스소니언 협회에 모였다. 40년이나 지났는데도 아무도 레밍턴 랜드에 대해 좋은 말을 하지 않았다. 다음은 구술 자료에서 발췌한 것이다.[21]

> 세루지(진행자): 여러분 중에 레밍턴 랜드의 운영 방식을 옹호하실 분이 계시는지 궁금합니다. 왜냐하면… [웃음] 어디 나서서 말씀해주실 분 안 계신가요?
>
> 토닉(전직 유니박 프로그래머): 아무도 없습니다.
>
> 세루지: 없으시다고요? 하나도요?

유니박은 백만 달러짜리 기계였지만, 레밍턴 랜드의 영업 사원들은 그것이 할 수 있는 일이 무엇인지 교육받지 않았다. 그들은 천공카드로 작동하는 제표기에 더 익숙했다. 자료를 인쇄물로 출력할 수 있어서 고객과 계약하기도 더 쉬웠다. 반면에 유니박의 검은색 자기 테이프는 뭔지 잘 알 수도 없었고 말 그대로 불투명했다. "그들은 그것을 어떻게 써먹을지 궁리하는 것 말고는 다른 생각이 없었어요."[22] 베티가 회상했다. 레밍턴 랜드의 영업 사원이 할 수 있는 최선은 유니박을 미끼 상품으로 사용하는 것이었다. 그들은 정부 기관을 상대하는 영업 상담에 베티 진 제닝스를 데려와 프로그램 내장식 컴퓨터가 할 수 있는 일들을 부지런히 설명하게 했다. 그다음 남자 직원들이 그녀를 방에서 서둘러 내보내고 타자기를 팔았다.

이것은 그나마 나은 편이었다. 마침내 레밍턴 랜드의 영업 사원들은 *직접* 유니박을 팔겠다고 나섰지만 전직 EMCC 프로그래머들이 공포에 떨 정도로 유니박에 대해 무지했다. 어느 순간 레밍턴 랜드는 EMCC 출신 직원이 누군지도 모르는 사람을 고용해 유니박 마케팅 자료를 작성하고 판매 직원에게 유니박을 교육하게 했다. 그는 유니박 전문가들에게 일절 조언을 구하지 않았다. 모클리는 분노했다. "어떻게 경험이 하나도 없는 사람이 숙련을 요하는 직책을 맡겠다고 나서는지 이해할 수 없었다."[23] 모클리는 비망록에 단숨에 써 내려갔다. "그는 자신의 임무를 수행하는 데 필요한 도움을 하나도 받을 수 없을 것이다."

그레이스 호퍼와 그녀의 프로그래밍 팀은 빈틈을 채워야 했다. 1950년대까지 이들은 2교대나 3교대로 돌아가며 레밍턴 랜드가 효과적으로 처리하지 못하는 유니박 판매와 홍보 업무, 판매한 장치에 문제가 발생했을 경우 고객 지원 서비스 제공 등 온갖 일을 도맡아 했다.

그러나 그들은 성공을 거두더라도 결국은 실패할 수밖에 없었다. 프로그래머들이 판매를 담당한 지 2년만에 42대의 기계를 팔았지만, 레밍턴 랜드 경영진은 유니박 생산을 1년에 6대로 강제 축소했기 때문이다. "결국 그자들은 그 빌어먹을 것들을 배달하지 못했어요." 유니박 엔지니어 루 윌슨이 스미스소니언 협회 모임에서 회상했다.

특히 그레이스가 자신의 위치가 불안정하다는 것을 알았다. 그녀는 대부분의 사람들이 정의조차 하기 힘든 분야에서 세 사람 몫을 했다. EMCC에서도 선임 수학자였지만—"월급에 걸맞은 인상적인 자리였죠"[24]—레밍턴 랜드에서 선임이라는 직책은 단지 일을 더 많이 해야 한다는 뜻이었다. 프로그래밍 팀을 관리하고 고객 맞춤형 소프트웨어 프로젝트를 감독하는 것 외에도 고객 지원을 위한 정보 센터 역할까지 맡았다. 끝없는 전쟁이었다. 그녀에게는 부업까지 있었다. 그레이스는 얼마 안 되는 여가를 활용해 프로그래밍 기술을 향상시키고 예술적으로 발전시켰다. 그러나 이런 바쁜 생활은 그녀에게 어울렸다. EMCC가 파산하고 레밍턴 랜드가 인수하기까지 그녀는 힘든 시기를 겪었다. 다시 술을 마셨고, 심지어 1949년 11월에는 음주와 난동으로 연행되기까지 했다. 그러나 하버드에 있던 하워드 에이킨의 계산 연구실도 호화 유람선은 아니었고, 그러한 고통스러운 환경이 오히려 그녀에게 최고의 아이디어를 선사했다. 그레이스가 레밍턴 랜드에서 보낸 가장 힘겨운 시간도 마찬가지였을 것이다.

그레이스가 회사 영업부와의 소통에서 어려움을 겪은 정황으로 미루어보건대, 1950년대 초에 프로그래밍은 컴퓨터 산업 밖에서는 물론이고 내부에서조차 제대로 이해되지 못했다. 프로그래머들은 기존의 다른 전문 분야가 아니라 생뚱맞은 곳에서 경력을 시작했다.[1] 그레이스같이 수학자였던 사람도 있었지만 적성 검사를 통해 발굴되거나 가로세로 퍼즐과 평면 기하학을 좋아한다는 이유로 뽑힌 사람들도 있었다. 이들은 성공하기 위해 자기가 맡은 하드웨어를 철저히 익히고 끊임없이 실패를 맛봐야 했다. 이 과정에서 일종의 특권 의식이 형성됐다. IBM의 컴퓨터 과학자이자 그레이스 호퍼와 동시대를 살았던 존 배커스는 1950년대의 프로그래머들을 사제로 특징짓는 유명한 표현을 남겼다. "[그들은]

평범한 일반인이 이해할 수 없는 복잡한 기술과 미스터리를 수호한다."[2] 프로그래머들은 힘들고 단조로운 일에 대한 지름길을 중요하게 여긴 만큼이나 "프로그래밍을 더 많은 사람들이 쉽게 접근할 수 있는 것으로 만들려는 포부와 계획에 적개심을 품고 그것을 조롱했다."

그레이스는 사제직에서 벗어나고 싶었다. 그녀는 컴퓨터 프로그래밍이 보다 널리 알려져 비전문가들도 이용할 수 있어야 한다고 굳게 믿었다. 컴퓨터를 프로그래밍하는 것이 그렇게 어렵지 않다면 판매하기도 더 쉽지 않겠는가. 또한 고객이 스스로 필요한 코드를 쓰고 고칠 수 있다면 그녀의 팀원들이 매번 유니박을 설치할 때마다 맞춤 프로그램을 만들지 않아도 될 터였다.

이상적인 생각이었다. 세상에는 실력 있는 프로그래머들이 매우 드물었고 그나마도 재주가 쓸데없는 일에 낭비되고 있었기 때문이다. 세계가 컴퓨터의 잠재력에 눈을 뜨면서 컴퓨팅 산업은 폭발적으로 성장했지만 훈련받은 프로그래머들은 부족했다. 그레이스와 그녀의 동료들은 예전처럼 팔팔한 젊은이들이 아니었다. 이 분야에는 새로운 피가 필요했고, 그렇다면 사람들이 좀 더 쉽게 접근할 수 있어야 했다. 그레이스는 그러려면 두 가지가 동시에 충족되어야 한다고 생각했다.

1. 사용자가 일상의 언어로 컴퓨터에 명령할 수 있다.

2. 그 언어는 기계와 독립적으로 존재한다.

즉, 소프트웨어가 프로그래머는 물론이고 사용자에게 이해될 때, 그리고 같은 소프트웨어가 IBM 기계에서와 똑같이 유니박에서도 쉽게 실행될 때 비로소 코드가 세계의 의지를 꺾기 시작할 것이라는 뜻이다. 그레이스는 이 개념을 "자동 프로그래밍"이라고 불렀고, 그녀를 아는 사람들은 그것이 그레이스가 하버드에서 서브루틴과 코드 문서화 시스템을 연구한 논리적 결과물이라는 사실을 알았다. 그녀는 언제나 프로그래밍을 좀 더 쉽고 효율적으로 만드는 방법을 찾고 싶어 했다. 그녀가 찾아낸 지름길은 전쟁 중에는 시간과 생명을 구했고, 전쟁이 끝난 후에는 비용과 정신적 고통을 덜어주었다.

그러나 레밍턴 랜드의 임원진에게는 자동 프로그래밍에 대한 투자가 컴퓨터 판매라는 실질적 사업에 방해가 되는 것처럼 보였다. 그들이 파는 것은 어렵고 전문적인 지식인데 왜 굳이 쉽게 만들려 하는가? 동료 프로그래머들도 의구심을 가졌다. 그레이스의 제안이 그들을 실직하게 할지도 몰랐기 때문이다. 자동 프로그래밍에 대한 논의가 점차 격해지면서 찬반론자 양쪽 모두 별명을 얻었다. 자동 프로그래밍에 반대하는 사람들은 "네안데르탈인"이라고 불렸다. 그들은 100년 전 바이런 경이 그랬듯이 차라리 자신을 "기계 파괴자"라고 부르는 편이 나았을 것이다.

반면 "스페이스 커뎃+"은 프로그램이 프로그램을 쓰는, 아니면 적어도 프로그램이 제 할 일을 똑바로 하는 버그 없는 미래를 믿었다. 프로그래밍이 기계가 흉내 낼 수 없는 전문적인 기술이라 믿은 네안데르탈인들에게는 유토피아적 환상에 불과할지 모르지만, 자동 프로그래밍에 대한 산업계 전반의 필요성은 커져만 갔다. 레밍턴 랜드는 유니박에 얼마나 많은 고객 지원이 필요한지 예상하지 못했다. 회사로서는 고객의 컴퓨터가 문제없이 돌아가게 유지하는 것조차 부담이었다. 자신의 생각을 관료에게 호소하는 능력이 뛰어났던 그레이스는 프로그래밍에 들어가는 비용이 하드웨어의 가격과 맞먹게 될 위험이 있음을 분명히 밝혔다. 결국 레밍턴 랜드가 고집을 꺾었다. 그들은 자동 프로그래밍 개발 부서를 만들고 그레이스를 책임자로 앉혔다. 그녀가 첫 번째로 해야 했던 일은 컴파일러를 작성하는 것이었다. 컴파일러는 인간이 작성한 코드를 기계의 수준에 맞춰 단순하게 번역하는 일종의 중개 프로그램이다. 기계 컴퓨터가 인간 컴퓨터 세대를 대체하며 그레이스 같은 수학자들을 프로그래머로 만든 것처럼, 그녀의 컴파일러—인간과 기계 사이의 수많은 매개체 가운데 최초인—는 다시 한번 이 일의 본질을 재정의했다. 프로그래머가 되었던 수학자는 이제 곧 언어학자가 될 것이다.

+ space cadet. '멍한 사람'을 뜻하는 말로, 원래는 1948년에 로버트 하인라인이 쓴 과학소설의 제목이다.

간단한 도움말: 컴퓨터는 영어, 프랑스어, 만다린 중국어 등, 어떤 인간의 언어도 이해하지 못한다. 이진수로 표현되는 기계어만이 가장 기초적인 수준에서, 서로 연결된 논리 회로✚들을 통해 전기 펄스를 내보내도록 컴퓨터에 명령을 내릴 수 있다. 모든 프로그램을 해부해보면 결국엔 이 기계어 안에서, 전기가 어디로 어떻게 움직여야 하는지를 알려주는 민망할 정도로 노골적인 명령어의 목록이 나올 뿐이다. 가장 기본적인 프로그램은 하드웨어 수준—에니악 같은 컴퓨터에 플러그를 꽂는 물리적인 행위보다 딱 한 단계 높은—에서 작업을 지정한다.[3] 이러한 기본적인 작업들이 모여 더 복잡한 프로그램을 구성한다. 그레이스 시대에 디버깅은 프로그래머가 매번 힘겹게 기계처럼 생각할 것을 요구했다. 만약 사제가 특히 신경 써서 지키는 미스터리가 있다고 한다면, 그것은 무한한 인내심을 발휘하는 비결이었다.

컴파일러는 현대 컴퓨팅의 근간이다. 컴파일러는 더욱 고차원적인 기호 표기법을 사용하여 컴퓨터의 이진법 파충류 뇌✚✣가 이해할 수 있는 프로그래밍 언어를 만든다. 하드웨어에 대한 특별한 지식이 없어도 컴퓨터를 사용하고 심지어 프로그래밍까지 할 수 있다는 것은 오늘날 당연한 사실이다. 내가 이진법으로 말하지

✚ 불 대수를 물리적으로 구현한 전자 회로.
✚✣ 뇌에서 가장 원시적인 부분.

않아도, 컴퓨터와 접촉할 때마다 매번 알아서 협업하는 수십 개의 소프트웨어 통역사를 통해 컴퓨터와 내가 서로를 이해한다. 이제 기계어는 대부분의 사용자가 경험하는 것과 너무 거리가 멀다. 컴퓨터 과학자이자 작가인 더글러스 호프스태터가, 기계어를 검토하는 일을 "DNA 분자를 원자 단위로 보는 것"에 비유할 정도로 말이다.[4]

그레이스 호퍼는 레밍턴 랜드에서 인사 위기가 최고조에 달했던 1951년 겨울 무렵에 최초의 컴파일러 A-0를 완성했다. 이듬해 5월, 그녀는 피츠버그에서 열린 미국 컴퓨터학회 대회에서 관련 주제에 대한 논문「컴퓨터를 가르치다The Education of a Computer」를 발표했다. 그레이스는 이 논문에서 프로그래머와 컴퓨터 사이에 단계를 하나 추가하면 오히려 효율성이 높아진다는 반직관적인 발상을 설명했다. 사람들의 이해를 돕기 위해 그녀는 자신의 상황을 예로 들었다. 과거에 그녀와 같은 수학자들은 단순 계산이라는 잡무에 얽매여 있었다. 흥미로운 해결책으로 가는 길을 가로막는 단순하고 지루한 작업이었다. 이제 겉으로는, 유니박 같은 컴퓨터가 계산 과제를 넘겨받아 수학자들이 좀 더 자극적인 생각에 매진할 수 있을 만큼 해방된 것처럼 보인다.[5] 그러나 현실은, 수학자들이 프로그래머가 되어 이번에도 자잘하고 지루한 단계를 처리하는 데 시간을 소비하고 있다는 것이었다. 그레이스는 코딩을 사랑했지만, "프로그램 개발은 참신함이 서서히 닳아 없어져 결국 코드를 쓰고 확인하는 지루한 노동으로 변질되었다"라고 시인했다.[6] "이 업무는 이제 인간의 두뇌에 과도한 부담을 주고 있다."

그녀의 해결책은 세 번째 과정을 끼워 넣어 컴퓨터에게 스스로 프로그램을 작성할 수 있는 권한을 주는 것이었다. 이는 컴퓨터에 내장된 서브루틴—재사용할 수 있도록 컴퓨터 메모리에 저장된 코드 조각—목록에서 필요한 것들을 골라 편집, 즉 *컴파일링*함으로써 시행된다. 그런 다음 컴파일러가 서브루틴들을 자동으로 정렬하고 가장 기본적인 기계어로 번역한다. 이런 식으로 "프로그래머는 수학자 본연의 업무로 돌아가고," 컴퓨터는 스스로 "수학자가 제공한 정보에 기반해서 … 서브루틴과 자신의 명령어 코드를 사용해 프로그램을 만들어낸다." 그레이스는 이렇게 자꾸 컴퓨터를 가르치다 보면 똑똑해진 기계가 미숙한 프로그래머를, 심지어 프로그래머가 아닌 사용자까지도 도울 수 있다고 제안했다. "현재 유니박은 대학교 2학년 학생과 동일한 수학 교육을 받았다. 유니박은 잊어버리지도 실수하지도 않는다."[7] 언제나 선생이었던 그레이스가 썼다. "유니박이 학부 과정을 조속히 마치고 대학원생으로 받아들여지길 희망한다."

처음부터 일일이 손으로 코딩하는 대신 서브루틴을 컴파일링하는 것은 프로그래밍에서 사람의 실수가 발생할 여지를 줄였다. 서브루틴은 이미 검증을 마치고 디버깅되어 언제든 사용할 준비가 되어 있는 코드였다. 컴파일러가 적절한 서브루틴들을 이어 붙이기만 하면 프로그램은 몇 주가 아니라 몇 시간 만에도 완성될 수 있다. 그레이스의 아이디어는 앞으로 몇 년간 많은 사람들에 의해 줄곧 다듬어지면서 프로그래밍과 관련된 고된 단순 노동을 자동화해 프로그래머들이 보다 창조적인 일에 전념하고 좀 더 수준 높은 시스템 지향적 사고에 집중하게 할 터였다. 그리고 마침내 컴퓨터 과학을 하나의 학문 분야로 발전시킬 것이다. 더욱 중요한 점은, 그녀의 발상이 개념적으로 매우 혁신적이라는 사실이다. "프로그램이 자기 자신을 작성한다." 이것은 과거에 베티 홀버튼이 뛰어난 정렬 병합 생성기로 빛을 밝혀놓은 길이었다. 이 아이디어는 컴퓨터 제조사뿐 아니라 마케팅 담당자에게도 어필했다. 1955년에 레밍턴 랜드는 다음과 같은 문구가 새겨진 광고를 인쇄했다.[8] **이제 … 유니박은 제 할 일을 알아서 합니다!**

그레이스의 논문은 컴퓨팅계에 불을 지폈지만, 여전히 해야 할 일이 남아 있었다. 그녀가 처음 만든 컴파일러 A-0는 아직 초보적인 수준에 머물렀다. "아주 미련했죠. 제가 한 일은 저 자신이 프로그램을 조립하는 모습을 되짚어 보고 그걸 컴퓨터가 그대로 따라하게 만든 것에 불과했어요."[9] 18배나 빠른 속도로 기존의 프로그래밍 기술을 박살 냈지만, A-0가 만들어낸 기계어—컴퓨터가 실제로 실행하는 기초적인 이진수 명령어 집합—는 여전히 비효율적이었다. 오늘날 프로그래밍 코드의 정확도와 간결함은 예술적 경지에 이르렀지만, 1950년대 초에는 어설픈 기계어로 컴퓨터 작동 시간을 추가로 소모하는 것보다 프로그래머에게 프로그램 오류를 수작업으로 확인시키는 게 훨씬 싸게 먹혔다. 그레이스와 그녀의 프로그래밍 팀은 1년 만에 조금 덜 번거로운 A-1 컴파일러를 작성했고, 1953년 봄에는 A-2를 완성했다. 컴파일러는 매번 더 정교하고 더욱 사용자 친화적으로 발전했다. A-2에는 그레이스가 "의사 코드pseudo-code"라고 부른 것이 도입되었는데, 일종의 중간 언어로서 컴퓨터보다는 인간 쪽에 더 가까웠다. 현대의 프로그래머들에게는 의사 코드가 특별히 친근하게 느껴지지 않겠지만, 이 약어 체계는 비전문가도 사용할 수 있는 프로그래밍 언어를 향한 첫 번째 발걸음이었다. 이것이 바로 그레이스 호퍼의 유산이다.

자동 프로그래밍 프로젝트에 착수한 것은 그 자체로 커다란 성과였지만 완전히 새로운 문제를 낳았다. 컴파일러와 의사 코드를 설계하는 일은 새로운 언어를 발명하는 것과 다름없었고 그 과정은 과학보다 예술에 가까웠다. 새로운 구문은 컴파일러가 잘 작동하게 하면서도 사용자에게 일관성이 있어야 했다. 결국 언어란 사용자가 얼마나 유창하게 사용할 수 있느냐에 따라 유용성이 결정되기 때문이다. 그레이스는 우후죽순 생겨나는 컴파일러와 의사 코드들을 잠재적인 바벨탑+의 상황으로 보았다.[10] 그것들은 서로 경쟁하고 피차간에 이해하지 못하는 언어를 쓰며 상대를 몰아내려 할 것이다. 그녀는 몇 가지 해결책을 제시했다. 그레이스의 영향력 있는 상업용 컴파일러 매스매틱은 전 세계에서 통용되는 '수학'이라는 언어를 공통어로 사용했다. 그 후속작인 플로매틱은 흔히 쓰이는 단어와 구절에 수학 변수를 배치했다. 일상 언어로 이루어진 이 명령어들은 명령과 동시에 기록이라는 이중의 임무를 수행했고, 비교적 이해하기 쉬운 덕분에 전문성이 없는 프로젝트 관리자도 완료된 작업을 평가할 수 있었다. 그러나 더 큰 문제가 남아 있었다. 지구에 있는 *모든* 컴퓨터가 똑같이 이해할 수 있는 하나의 언어를 만들 수는 없을까?

이 문제에 대한 최초의 논의는 과거에 레밍턴 랜드에서 그레이스 호퍼와 함께 플로매틱을 개발한 동료 메리 호스가 촉발했다. 메리가 샌프란시스코에서 열린 한 학회에서 유명한 컴퓨터 과학자 솔 고른 박사를 붙잡고 "지금이 상업용 공통 프로그래밍 언어를 만들어야 할 때라고 생각하지 않는지" 물으면서 논의가 시작되었다.[11] 1959년 4월, 그레이스는 자신이 겸임 교수로 있는 펜실베이니아 대학에서 2차 미팅을 소집했다. 참석한 사람들은 모두 메리의 의견에 동의했다. 모두에게 공유되고 비즈니스 지향적이며 하드웨어와 독립된 프로그래밍 언어가 필요한 시점이 도래했다. 고비용 데이터 설치가 밀려 있는 회사는 레밍턴 랜드만이 아니었

✚ 구약성서에 나오는 탑. 인간이 하늘에 닿는 탑을 쌓으려 하자 야훼가 사람들이 서로 말을 알아듣지 못하게 해 건설이 중단되었다.

다. 그레이스가 발족한 비공식 위원회는 IBM이나 미국 라디오 회사처럼 똑같은 어려움을 겪고 있는 경쟁 업체들로 꽉 찼다. 그러나 이 사업에는 중립적인 동시에 영향력도 갖춘 후원자가 필요했다. 그레이스는 해군 인맥을 이용해 국방부와 접촉했다. 당시 국방부에는 225대의 컴퓨터가 설치되어 있었고, 더 많은 장비를 들여올 계획이었다.

펜실베이니아 대학에서 논의가 시작된 지 한 달 만에 국방부는 펜타곤에서 데이터 시스템 언어 회의Conference on Data Systems and Language, 줄여서 코다실CODASYL의 첫 번째 미팅을 주최했다. 모든 주요 컴퓨터 제조사들이 대표를 파견해 정부의 고위 간부 및 민간 산업 대표자들과 접촉했다.[12] 공동의 목적은, 진보적이고 사용하기 쉬우며 가급적 간단한 영어로 되어 있고 기계의 종류와 상관없는 언어를 개발하는 것이었다. 단기, 중기, 장기 계획을 담당하는 세 개의 위원회가 꾸려졌다. 단기 위원회는 그레이스 호퍼의 플로매틱, 포트란, 그리고 공군이 개발한 AIMACO 같은 기존 컴파일러를 조사해 어떤 부분이 효과적이고 어떤 부분이 효과적이지 않은지를 확인한다.[13] 분석이 끝나면 임시로 사용될 언어의 사양을 작성한다. 중기 위원회는 언어 구문과, 비즈니스 언어의 사용 경향을 조사해 첫 번째 그룹의 결과를 보충한다. 마지막으로 장기 위원회는 첫 번째와 두 번째 그룹의 연구 결과를 모두 모아, 이를 바탕으로 범용 비즈니스 언어를 만든다. 각 단계에서 산출된 결과물로 엄격하게 층을 쌓아가는 이 과정은, 솔직히 말해 컴퓨터 프로그래머들만 생각해낼 수 있는 계획이었다.

그러나 위원회는 이내 혼돈에 빠졌다. 임시 언어 같은 것은 없었다. 언어를 바꾸는 일은 시간이 지나치게 많이 소요되고 비용도 많이 들었던 것이다. 그레이스는 레밍턴 랜드에서 새로운 컴파일러를 실행하는 데만 94만 5,000달러와 45.5인년man-year—이 시기에는 킬로걸 시간 단위가 사람들이 사용하는 어휘에서 사라진 지 오래였다—이 필요하다고 추정했다. 단기 위원회가 만든 임시 언어가 무엇이든 간에 그것이 곧 최종 언어가 되어야 했다.

"이 언어가 그저 임시적인 해결책으로 쓰이고 말지는 않을 거라는 걸 알았어요." 그레이스의 오랜 EMCC 동료 베티 홀버튼이 결론지었다. 그녀는 단기 위원회 소속으로 당시 해군 응용수학 연구실에서 고급 프로그래밍을 감독하고 있었다. "이 언어가 바로 '그것'이 될 수밖에 없었죠."[14] 이 말은 세 명의 여성—홀버튼과 메리 호스 외에도 실베이니아 일렉트릭 프로덕츠에서 온 진 E. 세멧이 있었는데, 그녀 또한 호퍼의 후배였다—을 포함하는 단기 위원회가 3개월 안에 새로운 사무용 언어를 만들어내야 한다는 뜻이었다.[15] 머리글자 약어를 좋아하는 프로그래머들은 이 그룹을 PDQ 위원회라고 불렀는데, 산더미처럼 쌓인 코드를 '미친 듯이 빨리Pretty Damn Quick' 옮겨야 했기 때문이다.[16] 1959년 12월, PDQ는 이름에 걸맞게 재빨리 새로운 사무용 공통 언어Common Business

Oriented Language, 줄여서 코볼COBOL에 대한 연구 결과를 내놓았고, 이듬해 1월에 코볼의 사양이 인쇄되었다. 장기 위원회는 아예 꾸려지지도 않았다.

코볼은 세상을 바꾸었다. 국방부는 모든 컴퓨터 장비를 코볼로 운영했고 기기 공급처에 코볼을 지원하는 하드웨어만 납품하도록 지정해 향후 10년간 컴퓨팅 산업이 나아갈 방향을 지시했다. 구현된 지 10년 만에 코볼은 산업계에서 가장 많이 쓰이는 프로그래밍 언어가 되었고, 밀레니엄이 바뀌는 시점에는 *지구 상에* 있는 모든 코드의 80퍼센트가 코볼로 쓰였다(이는 700억 줄의 코드에 해당한다). 이는 결과적으로 심각한 문제를 일으켰다. 1950년대 컴퓨터의 제한된 메모리 용량 때문에 코다실이 년도를 두 자리 수로 표시하기로 한 게 원인이었다. 2000년이 되어 "99"에서 "00"으로 바뀔 때 "Y2K 버그"에 의해 세상이 혼돈에 빠질 것이라는 과장된 공포가 확산됐다. 기계 속에 들어간 마지막이자 가장 위험한 나방을 뭉개버리기 위해, 은퇴한 수많은 코볼 프로그래머들이 복귀했다. 이는 그레이스 호퍼의 노력이 주효했음을 방증한다. 표준 규격이 절실했던 소프트웨어 산업계 전체가 코볼로 뛰어들었다는 뜻이기 때문이다. 그러나 프로그래밍의 미래를 구하기 위해 만들긴 했어도, 코볼의 설계자들은 그것이 얼마나 오래 갈지 예상하지 못했다.

코볼은 다양한 집단의 이익을 충족하기 위해 개발되었으므로 가독성을 위해 우아함을, 하드웨어에서 독립하기 위해 효율성을 희생했다. 또한 장황하고 난해하고 골치 아프다는 평판을 얻었다. 많은 프로그래머가 노골적으로 코볼을 싫어했다.[17] 코볼을 아예 다루지 않는 교과서도 여럿이었다. 코볼의 설계에 참여를 요청받지 못한 컴퓨터 과학계에서는 코볼과 연관되는 것 자체를 거부했다. 네덜란드의 컴퓨터 과학자 에츠허르 데이크스트라가 코볼이 "정신을 좀먹는다"라고 하면서 "그러므로 코볼을 가르치는 것은 범죄 행위로 간주되어야 한다"라고 쓴 것은 잘 알려진 얘기다.[18] 자곤 파일은 1970년대 중반부터 다양한 공용 컴퓨터 네트워크를 통해 컴퓨터 속어와 은어를 모아놓은 해커용 백과사전으로, 1983년에 『해커 백과사전』으로 처음 출간되었는데, 코볼에 대해 가장 처참한 정의를 실어놓았다.

> COBOL: //Koh'Bol/, 명사.[19]
>
> [사무용 공통 언어]('악마'와 동의어)
>
> **약해빠지고 장황하고 맥없는 언어로, 코드 분쇄기+들이 공용**

+ 자곤 파일의 정의: 특정 해커를 지칭하는 단어로, 그 사람의 창의력에 대한 몹시 심각한 비방임. 원시적인 처리 방법, 규칙에 얽매이는 경향, 억지 부리기, 상상력의 고갈 등으로 특징지어지는 설계 스타일을 암시함. 〔출처: http://www.catb.org/~esr/jargon/html/C/code-grinder.html〕

메인프레임을 가지고 생각 없이 지루한 일을 하는 데 사용됨. 해커들은 코볼 프로그래머들이 모두 정장✚ 또는 코드 분쇄기라고 믿고 있음. 자존심이 있는 해커라면 이 언어를 배운 적이 있다고 절대로 인정하지 않을 것임. 의례적으로 혐오나 공포를 표현할 때가 아니고서는 거의 사용되지 않는 용어임.

코볼의 창조자들은 이를 "속물들의 반응"이라며 상대할 가치도 없다고 보았다.[20] 코다실 위원회의 위원장 중 한 명이자 그레이스 호퍼의 열렬한 숭배자인 진 세멧은 "유용성과 우아함이 꼭 같아야 할 필요는 없다"라고 지적했다. 그녀는 이 과제의 기념비적인 성격을 기억한다. 코볼은 경쟁자들이 모여 각자의 이익을 뒤로 한 채 참여자 모두에게 혜택이 돌아가는 무언가를 만들어내려는 시도였다. 많은 이들이 기존의 비즈니스용, 또는 상업용 소프트웨어 언어 프로젝트를 포기하는 희생을 감수했다. 코볼을 설계한 것은 코볼 위원회였지만, 이 언어는 기술적 휴전이자 예술을 위한 정전의 상징이었다.

진 세멧의 평가에 따르면, 그레이스는 "기술적인 관점은 물론이고 행정 및 관리 차원에서 이 구상을 홍보하기 위해 누구 못

✚ 자곤 파일의 정의: 습관적으로 정장을 입는 사람을 가리킴. 진짜 전문가나 해커와 구분됨. 〔출처: http://www.catb.org/~esr/jargon/html/S/suit.html〕

지않게 노력을 기울였다."[21] 이런 이유로 그레이스는 코볼의 할머니로 기억된다. 손주를 사랑하는 할머니처럼, 그녀는 코볼을 직접 낳지는 않았으나 관심을 갖고 보살폈다. 그레이스의 외교술은 경쟁자, 프로그래머, 전문 기관, 군, 고객을 모두 하나로 모았다. 이 정표가 시장 점유를 위한 경쟁이 아닌 협력을 통해 세워져야 한다는 그녀의 고집은 시대를 30년이나 앞섰다. 다음 세대 프로그래머들은 코볼의 거추장스러운 문법을 비웃었을지 몰라도, 이후에 많은 사람들이 비슷한 분산형 혁신 모델을 채택할 것이다. 그레이스의 전기 작가가 주목했듯이, 그레이스가 자신이 동원한 프로그래머 자원자들의 네트워크와 협력적 개발을 강조했다는 사실은 오픈 소스 소프트웨어 운동✚을 40년이나 앞선 것이다. 더 나아가 파란만장한 하드웨어 변천사 속에서 여전히 변함없는 공용 언어를 만든다는 것은 컴퓨팅 분야의 발전에 필수적이라는 점이 증명될 터였다. 만약 프로그래머가 새 컴퓨터가 출시될 때마다 매번 처음부터 다시 시작해야 한다면, 그들은 영원히 따라잡기 놀이만 하다 끝날 것이다. 그러나 자동 프로그래밍—그리고 그것의 밑바탕이 된 효율성, 접근성, 기계로부터의 독립—은 프로그래밍이 기능적 예술의 한 형태로 발전할 가능성을 확실히 다져놓았다.

✚ 오픈 소스 사용권의 적용을 지지하는 운동. 소스 코드가 공개되어 자유롭게 사용, 복제, 배포, 수정할 수 있는 소프트웨어의 라이선스를 오픈 소스 사용권이라 함.

그레이스 외에도 많은 여성이 자동 프로그래밍 개발에 관여했다. (그 산업의 인구 통계로 보았을 때조차도 굉장히 많은 수치이다.) 정렬 병합 생성기를 만든 베티 홀버튼처럼 많은 이들이 컴파일러와 생성기를 개발했다. EMCC에서 유니박 프로그래머였던 아델 밀드러드 코스는 레밍턴 랜드에서 편집 생성기를 만들었는데, 이 생성기는 파일의 사양을 읽고 그것을 다른 포맷으로 자동 변환하는 프로그램을 생성했다. 이 발상은 그레이스의 A-2 컴파일러를 실행한 최초의 사람들 가운데 한 명이자 미국 육군 측지부대 프로그래머 출신인 노라 모저에 의해 다듬어졌다. 모저는 또한 세 명의 다른 여성, 실베이니아사의 데버라 데이빗슨, 허니웰사의 수 냅, 그리고 IBM사의 거트루드 티어니와 함께 PDQ 위원회를 도왔다.[22] 코볼의 사양을 개발한 최종 6인 위원회에는 두 명의 여성 거트루드 티어니와 진 세멧이 들어갔는데, 이들은 미국에서 최초로—최초의 여성임은 말할 것도 없고—대학원 수준의 컴퓨터 프로그래밍을 가르쳤다.

물론 프로그래밍 표준 위원회의 관료적 노동과 컴파일러 설계라는 고난도 기술적 작업을 극적으로 보이게 하기는 어렵지만, 이 많은 여성들에게 자동 프로그래밍의 발전은 특히 하드웨어 엔지니어와 비교해 자신들의 중요성을 내세울 기회를 제공했다. 노라 모저가 지적한 것처럼, 컴파일러는 코드로만 이루어진 "유사 컴퓨터pseudocomputer" 같았고, 그레이스 호퍼는 그것이 기계 자체의 작업을 뛰어넘어 반복해서 사용될 수 있고 우편으로 보낼 수 있을 만큼 가벼운 "제2단계"의 조작을 이룬다는 사실을 깨달았다.[23] 이것은 프로그래머를 엔지니어와 동급으로 승격시켰다. 납땜용 전선 대신 기호로 연결을 구축하면서.

그레이스처럼, 이 여성들도 과중한 업무를 수행했다. 고용주들은 컴퓨터 코드를 쓰고 검사하고 디버깅하는 것 이외에 고객 지원까지 기대했다. 폭발적으로 성장하는 산업 속에서 그것은 거의 불가능했고, 많은 경우에 역효과를 낳았다. 그러나 그들은 "어떻게 해서든 해결책을 생각해내는 전문성, 프로그래밍을 전문가와 초보자 모두에게 똑같이 쉽게 만들려는 동기"를 갖고 참된 변화를 가져올 수 있는 독자적인 위치에 있었고, 또 그렇게 했다.[24] 자동 프로그래밍이든 아니든, 프로그래밍의 힘을 믿은 여성은 그레이스 호퍼가 처음이 아니었다. 또한 그레이스의 많은 여성 동료들은 초기 컴퓨터 산업을 변화시킬 프로그래밍 전략을 개발하고 표준화하기 위해 쉬지 않고 일했다. 100년 전에 에이다 러브레이스가 하드웨어에서 소프트웨어로 정신적 도약을 시도했던 것처럼 말이다. 비록 차분기관은 완성되지 못했고 해석기관은 상상 속에서만 머물러 있었지만, 에이다도 그레이스처럼 알고 있었다. 한 가지 일만 하는 컴퓨터는 진정한 컴퓨터가 아니라는 걸.

그것은 한낱 기계일 뿐이다.

5장 컴퓨터 걸스

1967년, 〈코스모폴리탄〉 4월 호에 프로그래밍에 관한 기사가 실렸다. 제목은 "컴퓨터 걸스."[1] 기사는 다음과 같이 보도했다. "컴퓨터 걸스는 … 거대하고 현란한 컴퓨터 [시대에] 이 기적 같은 기계에게 무슨 일을 어떻게 해야 할지 [가르치는] 완전히 새로운 종류의 일을 한다." 기사의 작성자는 20년 전 여성이 교육, 간호, 비서 업무를 중심으로 직장을 선택했던 것처럼, 이제는 컴퓨터 프로그래밍 업종을 고려할 것이라고 넌지시 암시했다. 기사와 함께 실린 사진에 IBM 시스템 기술자 앤 리처드슨이 천공카드를 들고 스위치를 올리면서 컴퓨터에 "정보를 입력하는" 모습이 찍혀 있다. 줄무늬 민소매 블라우스에 머리를 올린 세련된 차림의 그녀는, 모두 똑같은 양복을 입은 얼굴 없는 남성들에게 둘러싸여 있고, 그 남성들은 환히 웃는 그녀를 내려다보고 있다. 메인프레임 속 미니스커트다.

당시 60대 초반이었던 그레이스 호퍼는 해군으로 복귀해 해군정보시스템 기획부에서 프로그래밍 언어 팀을 이끌었다. 〈코스모폴리탄〉 기사에 인용된 것처럼, 그레이스는 프로그램을 작성하는 일을 저녁 만찬 준비와 비교하면서 여성과 프로그래밍에 관해 자신이 가장 좋아하는 비유를 들었다. "필요할 때 바로 사용할 수 있도록 미리 계획하고 모든 일정을 짜두어야 한다."[2] 이후 함대 규모의 핵잠수함 전술 시스템까지 개발하게 될 사람의 지나친 겸손처럼 들리지만, 이것이 그레이스의 방식이었다. 그녀에게는 현실적인 적용이 가장 중요한 일이었고, 따라서 언제나 컴퓨터를 살아 숨 쉬는 일상생활과 연결했다. 그러나 〈코스모폴리탄〉 기사의 마지막 문장은 남성 프로그래머의 말이다. "'당연히 여자들이 주위에 있으면 좋죠.' 그가 단언했다. '우리보다 예쁘니까요.'"[3]

그레이스 호퍼와 동료들이 은퇴하고 다음 세대 프로그래머들이 활동할 무렵, 세상은 달라져 있었다. 〈코스모폴리탄〉 기사는 여성들에게 비서직 대신 프로그래밍 분야로 진출하라고 장려했지만, 이 분야는 불과 10년 전과 비교해도 이미 여성을 훨씬 덜 환영했다. 1960년대 전반에 걸쳐 여성 프로그래머가 전체 노동 인구의 30~60퍼센트를 차지한다는 조사 결과도 있지만[4], 그들은 부서를 운영하고 기술을 개발하는 대신 "직업군의 최하위 구역"으로 몰려들었고, 천공기 조작 같은 사회적 지위가 낮은 직무를 맡아 온종일 종이 카드에 구멍을 뚫었다.

한편 기술 분야 전문 논객들은 컴퓨팅 산업을 괴롭히는 "소프트웨어 위기"에 관해 자주 열정을 다해 펜을 휘둘렀다. 숙련된 프로그래머가 부족해 소프트웨어 프로젝트가 지연되고, 필요한 사양을 충족하지 못하거나 프로그램이 버그로 가득 찼다. 이로 인해 공공 분야에서 심각한 실패의 사례들이 등장하기 시작했다.[5] 1960년대 초반에 IBM은 1년이나 늦게 OS/360 운영체제를 발표했고 예산도 네 배나 초과했다. 단순 프로그램 오류 때문에, 미국 항공우주국은 금성의 신비를 캐러 가던 매리너 I 탐사선을 잃었다.

프로그램 작성은 저녁 만찬을 계획하는 일과 비슷할지 모르지만, 지금껏 인간이 수행한 어떤 과제와도 비교할 수 없는 완벽함을 요구한다. 잘못 찍은 쉼표 하나가 로켓을 추락하게 할 수도 있기 때문이다. "주문을 외울 때 글자 하나라도 틀리면 마법은 작동하지 않는다."[6] IBM에서 재앙의 OS/360 운영체제를 관리한 프레더릭 브룩스가 한 말이다. 이러한 문제는 프로그래밍을 배우기 어렵게 했고, 초창기에 컴퓨터 하드웨어 사업의 성장을 촉진할 대량 생산을 주춤하게 한 원인이 되었다. 소프트웨어를 작성하는 일은 오차 없는 수식의 정확도로 시를 쓰는 것과 같고, 전례 없는 규모로 인간의 삶에 영향을 미치는 실질적인 힘을 지녔다.

일부 역사학자들은 "소프트웨어 위기"를 하드웨어와 소프트웨어가 불균형하게 발전한 탓으로 돌렸다. 더 빠르고 튼튼한 컴퓨터가 프로그래머들이 미처 따라잡을 수 없는 속도로 출시되었기 때문이라는 것이다. 프로그래머들과—여성이 아니라면, 독보적으로 창의적이고 까다롭고 때때로 오만한 남성들—이들의 예의범절을 따지는 산업 및 정부 담당자들 사이의 성격 차이 때문이라는 학자도 있었다.[7] 그러나 컴퓨터 산업 전반에서 높은 직책에 있는 여성 프로그래머의 감소 추세와 소프트웨어 위기가 일치한다고 보는 세 번째 관점이 있다.

1960년대 후반에 〈코스모폴리탄〉이 사무실에서 전화받는 일을 대신할 꽤 괜찮은 직종으로 프로그래밍을 밀고 있을 때조차 컴퓨팅 분야의 여성들은 남성 동료보다 훨씬 적은 돈을 받았다. 이는 인간 계산실이 돈을 절약하기 위해 여성을 고용했던 19세기부터 이어진 전통으로, 여성 프로그래머들은 같은 일을 하는 남성이 1년에 평균 1만 1,193달러를 받을 때 불과 7,763달러의 급여를 받았다. 이러한 임금 차별은 육아 공간을 제공할 의무에 대한 컴퓨터 회사들의 비협조적 태도와 함께 컴퓨팅 산업에서 여성들을 몰아냈다.[8] 그사이 소프트웨어 위기는 더욱더 심각해졌다. 북대서양조약 기구NATO가 문제를 해결하기 위해 1968년에 국제회의를 소집할 정도였다. 그러나 이 회의에 여성들은 아무도 초대받지 못했다.

회의는 독일 바이에른의 스키 리조트 도시인 가르미슈에서 열렸다. 추크슈피체산 산자락에서 남성 참석자들은 컴퓨팅 산업을 괴롭히는 문제를 해결할 수 있기를 바라며 프로그래밍에 대한 새로운 접근법을 내놓았다. 그들이 일으킨 가장 중요한 변화는 의미에 있었다. 그들은 다음과 같이 결정했다. 이제부터 *프로그래밍*은 *소프트웨어 공학*으로 불릴 것이다. 자기 중심적이고 자기 주도적인 부적응자나 여자들이 제멋대로 헤집고 다니는 야생화 들판이 아닌 공학의 한 갈래로 취급될 것이다. 공학자는 확실한 자격증을 가진 직업이지, 그림자 같은 사제직이 아니다. 이러한 변화는 1960년대와 1970년대 전반에 걸쳐 전문 저널과 학회, 고용 관행, 자격증 프로그램을 통해 컴퓨팅의 전문적인 지위가 더 폭넓게 재협상될 것이라는 신호였다. 컴퓨팅 세계는 전문화될수록 은연중에 더 남성화되었다. 예를 들어 프로그래밍 관련 직종에 종사하기 위한 전제 조건으로 학력을 도입하면서, 독학 프로그래머들이 직장을 찾기가 더 어렵게 되었다.[9] 이는 무엇보다 여성들, 특히 아이를 키우기 위해 휴학했을지도 모르는 여성 지원자들에게 불이익을 주는 변화였다. 역사학자 네이선 엔스멩거에 따르면, 컴퓨터 프로그래밍은 "여성의 일로 시작했더라도, 결국엔 남성적으로 *만들어져야* 했다."[10]

*프로그래머*에서 *소프트웨어 공학자*로의 전환은 여성 프로그래머들이 얼마든지 쉽게 해석할 수 있는 신호였다. 미묘해 보일지 몰라도, 이 새로운 패러다임은 "어떤 성별이 프로그래밍의 관행

을 유지하고 격을 높일 수 있는지를 암시했다"라고 컴퓨터 과학자 재닛 아바테이가 썼다.[11] 그녀는 이러한 상징적 배제가 임금 차별, 육아 시설 부족, 적절한 멘토링과 지원의 결핍 등 보다 구체적인 요소와 함께, 심지어 컴퓨팅 산업 전반이 인재 부족으로 고군분투하고 있을 때조차 여성들에게 컴퓨팅 산업에 접근하지 말라는 신호를 보냈다고 주장한다. 이는 상처에 뿌리는 소금과 같았다. 여성 프로그래머들이 제공한 기술들이야말로 "소프트웨어 공학"이 절실히 필요로 하는 것이었기 때문이다.

그렇지만 소프트웨어 위기는 예상할 수 있는 결과였다. 프로젝트가 만성적으로 지연되고 예산이 초과된 이유는 그것이 불안정한 기대 위에 세워졌기 때문이다. 소프트웨어 성장을 위한 초기 전제 조건을 제대로 다져놓으려면 고객의 소리에 귀를 기울이고, 현실 세계의 복잡한 문제를 실행 가능한 프로그램으로 분석하고, 비전문적인 사용자의 요구를 예측할 수 있어야 한다. 내성적인 완벽주의자들의 세계라는 대중적인 인식에도 불구하고 프로그래밍에는 사회성이 필수적으로 요구된다. 이 점을 잘 알았던 그레이스 호퍼는 젊어서 기술과 관련 없는 다양한 분야에서 독학한 것이 그녀를 그토록 유능한 프로그래머로 만든 밑바탕이었다는 사실을 이해했다. 그녀가 1968년에 한 역사학자에게 말했듯, 소위 "컴퓨터 하는 사람들"을 바깥세상의 고객, 문제, 무궁무진한 활용 방안과 연결하려면 "더 많은 어휘를 가진 사람이 필요하다."[12]

그 어휘들이 본질적으로 여성의 것은 아니지만, 원활한 의사소통 기술은 확실히 여성의 가치로 사회화되었다. 소프트웨어 위기가 진행되던 시기에 "의사소통 및 개인 간의 상호교류라는 전형적인 여성의 능력"에 의존하는 소프트웨어 설계의 여러 측면들은 남성 프로그래머들에 의해 무시되어 "가치가 폄하되고 방치되었을" 뿐만 아니라 소프트웨어 공학 커리큘럼에서도 누락되었다.[13] 그 결과, 컴퓨터 산업은 고통을 겪었고 아마 여전히 그럴 것이다.

최초의 컴퓨터는 작동도 하기 전에 구식이 되었다. 마크 I은 마크 II, 그리고 마크 III로 이어졌다. 에니악의 설계를 마치고 제작에 착수하자마자 존 모클리와 J. 프레스퍼 에커트는 후속 제품 개발에 들어갔다. 이 초기 컴퓨터들은 몇 년을 겨우 버티고 좀 더 작고 빠르고 똑똑한 다음 타자에게 자리를 넘겨주었다. 똑같은 패턴이 오늘날까지 위험할 정도로 빠르게 이어졌다. 사정은 프로그래밍에서도 마찬가지였다. 프로그래밍은 불과 10년 만에 단조로운 보충 작업에서 예술의 형태로 도약했다. 1950년에 지구 상에서 가장 유능한 덧셈 기계가 건물의 층 하나를 통째로 요구했을 때 IBM은 세계 시장의 컴퓨터 수요를 다섯 대로 예측했다. 그러니까, 다 합쳐서 말이다. 그러나 1960년대에 들어서서는 전 세계적으로 2,000대의 컴퓨터가 사용되었다. 내가 마침내 온라인 세계로 진입한 1990년대에 IBM은 일주일에 4만 대의 컴퓨터 시스템을 판매하고 있었다.[14] 코드가 언어가 되면서 천공카드는 자기 테이프가 되었고, 트랜지스터는 집적회로에, 그리고 다시 마이크로프로세서에 자리를 내주었다. 네모 상자에 화면과 키보드의 싹이 트고 크기가 기하급수적으로 축소되면서, 컴퓨터는 가전제품이 되었고 동시에 일터이자 놀이터이자 만남의 장이 되었다.

집단 조직 속에서 숫자들이 적힌 표를 꼼꼼히 살피는 최초의 여성 컴퓨터들을 떠올릴 때면 나는 그 안에 숨어 있는 촉매를 감지한다. 이는 오늘날 걷잡을 수 없는 기술 발달로 이어진 일련의 사건에 불을 붙인 것처럼 보인다. 여성들은 금속과 정신을 연결하는 매개체로 일하며 프로그래밍을 발명했고, 또 우리가 사람에게 하듯 컴퓨터에게 말을 걸게 해준 언어의 우아한 추상화를 그렸다. 이들이 일으킨 혁신은 컴퓨터의 크기를 줄이고 그것을 정교하게 다듬은 혁신보다 이해하기 어려운 것이 사실이다. 에니악은 40개의 유닛으로 조각조각 분해되어 전국 박물관에 흩어져 있지만 여전히 하나의 *사물*로서 자신의 존재를 증명한다. 그러나 에니악 프로그램은 시간 속에서 수행된 작업이다. 하나로 연결된 패치 케이블들의 데이지 체인을 통해 전기가 흐르는 바로 그 찰나에, 플러그를 뽑아 몇 번이고 재배열하기 전까지만 존재한다.

저 덧없는 배열의 건축가들—킬로걸, 컴퓨터 걸, 오퍼레이터, 프로그래머, 그들을 뭐라고 부르든 간에—이 세상을 바꾸었다. 문화 이론가 새디 플랜트의 우아한 표현대로, "과거에 컴퓨터가 달래고 구슬려야만 작동하는 트랜지스터와 밸브로 이루어진 방대한 시스템이었을 때, 그것을 작동한 것은 여성이었다. 컴퓨터가 실리콘 칩의 소형 회로가 되었을 때, 그것을 조립한 것은 여성이었다. … 컴퓨터가 사람에서 진짜 기계가 되었을 때, 그것이 실행하는 소프트웨어를 작성한 것은 여성이었다. 그리고 컴퓨터가 살과 피가 있는 노동자를 가리키는 말이었을 때, 그 몸은 여성이었다."[15]

20세기의 뇌를 가진 우리 모두는 에이다 러브레이스, 하버드 컴퓨터들, 또는 펜실베이니아 대학의 전시 탄도 계산기들처럼 영리해질 기회가 있다. 그러나 우리가 자신의 한계에 도달하기 전에 먼저 부딪히는 것은 모든 인류에 드리운 유리천장이다. 내가 지금 쓰는 기계, 최신식 맥북 프로는 이 글이 잉크로 인쇄될 무렵이면 구식이 될 것이다. 언젠가는 스스로 자신을 쓰게 되리라 그레이스 호퍼가 꿈꿨던 기계어는 이제 세계를 움직이는 엔진이 되었다. 그것은 내가 이 책에서 만날 여성들을 찾고, 그들에게 난데없이 이메일을 보내고, 픽셀화된 그들의 얼굴에 손을 흔들어 인사하게 하고, 그들의 거실에서 함께 설명서를 읽고 사진을 보고 녹차를 마시는 결말을 계획하게 했다. 세계를 변화시키는 기술도 그런 것이다.

그것이 무엇이 될지, 그것이 당신을 어디로 데려갈지 예측하기란 결코 쉽지 않은 일이다.

2부

세상을 연결하는 여행

Broad Band:

The Untold Story of the Women Who Made the Internet

6장 세상에서 가장 긴 동굴

세상에서 가장 긴 동굴이 켄터키주 한복판에 있다. 그 위에 자란 고대 히커리 숲의 뿌리처럼 석회암 통로가 복잡하게 꼬불거리며 땅속에서 640킬로미터를 뻗어 있다. 그 내부에서 동굴 탐험가들이 바닥없는 구덩이를 에돌고 주황색 돌의 분수를 지나 깊고 차가운 지하의 강을 발견한다. 햇빛이 비치는 세상과 깊은 구덩이 사이에서 하얀 안개가 유령의 숨결처럼 발목을 휘감으며 소용돌이 친다.

켄터키 사람들은 매머드 동굴의 비밀로 들어가는 입구를 장악하기 위해 필사적으로 싸웠다. 20세기 초, 생계가 힘들었던 지역 주민들은 관광객들을 꼬드겨 제 땅의 싱크홀로 데려갔고, 이는 '동굴 전쟁'을 촉발했다. 이 전쟁은 국립공원관리국이 토지 소유주들을 모두 내쫓고 계단, 지하 화장실, 심지어 땅속 80미터 아래에 스노우볼 모양 석고 수정이 천장을 두껍게 감싼 식당을 설치할 때까지 계속되었다. 오늘날 전문적인 동굴 탐험가들은 공원관리소에서 열쇠를 받아 잠긴 창살을 열고 매머드의 야생으로 진입한다. 이들은 체온을 유지하고 어둠을 밝히기 위해 소형 카바이드 헤드램프를 쓰고 간다.

맨 처음 매머드 동굴의 지도를 만든 사람들은 토지 소유자들의 노예였고, 그들은 지하에서 관광객들을 인솔했다. 최초의 가이드 스티븐 비숍은 특색 있는 동굴 구조물마다 스틱스강, 스노우볼 방, 작은 박쥐 거리와 같은 이름을 붙였고, 깊은 물속에서 헤엄치는 눈이 없는 하얀 물고기를 발견했다.[1] 비숍이 동굴과 함께 루이빌의 한 의사에게 팔렸을 때, 새 주인은 그에게 기억나는 대로 지도를 그리라고 시켰다. 동굴 지도라는 게 다 그렇지만 그가 그린 지도는 "바닥에 쏟아진 스파게티 한 사발" 같았다.[2] 그러나 이 지도는 비숍이 발견한 약 16킬로미터의 동굴 통로를 자세히 묘사했고, 이후 50년 넘게 매머드 동굴의 가장 상세한 지도로 남았다. 이 지도에서 지하의 "에코강"으로 갈라지는 이름 없는 국수 가닥 하나가 동굴 탐험사에서 대단히 중요한 루트가 되었다.[3] 비숍이 동굴의 가장 큰 입구 가까이, 오직 삼나무 한 그루만으로 표시된 무덤에 묻히고 100년이 지난 뒤였다.

비숍이 살아 있던 시기에 켄터키 중부의 모든 토지 소유주들은 동굴 입구를 확보하려고 애썼다. 자연적으로 생성된 싱크홀이 없다면 갈라진 바위틈에 다이너마이트를 터트려 인위적으로 입구를 만들었다. 비숍은 이 모든 파편들이 하나의 거대한 동굴 시스템으로 연결된다고 믿었고, 수 세대에 걸쳐 켄터키의 동굴 탐험가들은 그의 본능을 공유했다. 동굴은 통로에서 제일 멀리 떨어진 곳, 그 막다른 끝에서 *숨을 쉰다*. 지표 아래로 수 킬로미터 떨어진 곳에서조차 차가운 공기가 속삭이고, 지구의 더 깊은 곳으로 물이 스며든다.

매머드 주변의 모든 동굴이 하나로 연결되어 있다는 비숍의 가설을 증명하는 것이 동굴연구재단의 존재 이유였다. 동굴연구재단은 열정적인 동굴 탐험가들의 모임으로, 매머드와 이웃한 동굴들을 하나의 플린트 리지 동굴계[+]로 연결하는 데 얼추 20년이나 되는 세월을 보낸 터였다. 이것은 집안 대대로 이어지는 일종의 가업이었다. 판자로 만든 재단 숙소는 숲속에 있었는데, 그 숲에서 놀던 아이들은 성장한 뒤에 엄마 아빠가 조사한 곳의 가장 끝 지점에서 시작해 더 안쪽으로 밀고 들어갔다. 1972년까지 동굴연구재단은 지렁이 같은 터널을 10시간 동안이나 포복해가며 플린트 리지에서 이어지는 거의 모든 구역을 조사했다. 최후의 연결 시점이 목전에 있었다.

[+] 켄터키주 중서부 지역에 위치한 동굴계.

동굴 탐험가들은 동굴 입구로부터 수 킬로미터 떨어진 돌출부 Q-87 조사 지점에서 길을 가로막고 있는 사암 바위덩어리를 지나면 플린트 리지와 매머드가 만난다고 믿었지만, 금속 파이프만으로 이 바위를 움직이기는 불가능했다. 한 탐험대가 좁은 수직 틈새를 통과하는 대안 경로를 모색하기 시작했다. 그 틈새는 "타이트 스폿(난처한 입장)"이라 불렸다. 이처럼 동굴 유머에는 허무주의적인 면이 있다. 타이트 스폿은 어둡고 비좁은 구멍으로 크기가 너무 작아서 일행 가운데 체구가 가장 작은 한 명만 들어갈 수 있었다. 몸무게가 52킬로그램밖에 안되고 몸매가 호리호리한 퍼트리샤 크라우더라는 컴퓨터 프로그래머였다.

퍼트리샤는 타이트 스폿의 틈새에 몸을 끼워 넣고 진흙 둑이 있는 반대편 끝까지 전진했다. 그리고 차가운 카바이드 불빛 속에서 과거의 방문객이 남긴 흔적을 발견했다. 벽에 새겨진 "P. H."라는 이니셜. 퍼트리샤는 다시 돌아와 일행에게 자신이 본 것을 말했고 탐험대는 이 발견을 비밀에 부쳤다. 이 지역에 익숙한 사람이라면 남북전쟁 이전에 매머드 동굴을 탐험했던 피트 핸슨의 전설을 모를 리가 없었다. 저 아래에 새겨진 것은 그의 이니셜이 분명했다. 그렇다면 이것이 뜻하는 바는 단 하나다. 플린트 리지와 매머드는 550킬로미터에 이르는 땅굴을 통해 하나로 연결되어 있다. 이후 이 기념비적인 발견은 동굴학계의 에베레스트 정복으로 알려졌다.

열흘 뒤, 퍼트리샤는 두 동굴의 접점을 찾기 위해 돌아왔다. "퍼트리샤, 이번 탐험은 네가 이끄는 거야." 다른 동굴 탐험가들이 그녀에게 말했다. 탐험대는 타이트 스폿 너머로, 가슴까지 차오르는 진흙탕을 헤치고 들어갔고, 물이 떨어지는 동굴 천장과 지하의 강 사이의 공기 층이 불과 30센티미터 높이로 줄어들 때까지 나아갔다. "초콜릿을 입힌 케이크처럼" 온몸이 진흙으로 뒤덮인 채 헤드램프에 물이 들어가지 않게 하려고 무던 애를 썼다.[4] 눈이 없는 가재가 허리춤을 맴돌았다. 마침내 통로가 열리며 넓은 홀이 나왔고 얼핏 난간의 끝이 보였다. 매머드 동굴 한가운데에 위치한 관광 코스였다. 드디어 연결이 이루어졌다. 불과 몇 분 전까지만 해도 그 어떤 동굴 탐험가들보다 매머드에서 멀리 떨어져 있었지만 이제 이들은 매머드의 공중화장실로부터 겨우 몇 걸음 떨어진 물속에서 눈물을 흘리며 서로를 얼싸안았다.

공원 관리원이 운전하는 트럭 짐칸에 몸을 싣고 베이스캠프로 가면서 그들은 밝게 빛나는 여름밤의 별들을 올려다보았다. "트럭에 누운 채로, 머리 위로 늘어선 나무 꼭대기들이 어둠 속으로 사라지는 모습을 보면서" 아무 말 없이 자신들이 해낸 일을 곱씹었다.[5] 캠프로 돌아가는 오랜 드라이브는 동굴의 규모를 다시 한번 확인해주었다. 정말로 지하에서 11킬로미터나 이동한 것인가? 그들은 타이트 스폿을 통과하고 나중에 "핸슨의 잃어버린 강"으로 알려지게 될 강을 건너, 마침내 스티븐 비숍의 지도—1839년에 손으로 그린—에는 표시되지 않은 선을 이었다. 동틀 무렵에 햄버거와 샴페인을 먹고 마신 그들은 이내 잠이 들었다.

"플린트 리지에서 매머드 동굴로 들어간 최초의 사람이 되었다는 사실이 믿기지 않았다. 마치 아기를 낳은 것 같았다. 나 자신에게 '이건 진짜다. 어제까지만 해도 이 세상에 존재하지 않던 생명을 데려온 것이다'라고 계속해서 일깨워 주어야 했다. 온 세상이 새로워 보였다. 목요일 아침에 일어나서는 고든 라이트풋의 음반을 들었다. 음악이 너무 아름다워서 눈물이 났다."[6] 퍼트리샤가 여행 일지에 썼다.

퍼트리샤가 자신이 세상에 불러왔다고 느낀 생명체는 오랜 지질 시대의 어둠 속에 잠든 채 늘 거기에 있었다. 그날 그녀가 낳은 것은 동굴이 아닌 동굴의 지도였고, 사물이 아닌 사물에 대한 기술記述이었다. 자신의 육신을 타이트 스폿에 끼워 넣고 등불로 어둠 속을 비추며 이 땅의 한 장소를 상징적인 좌표평면 위로 옮겨놓았던 것이다. 아니면, 탐험대의 지도 제작자로서 그렇게 느낀 것인지도 모른다.

매사추세츠에 있는 집으로 돌아온 퍼트리샤와 남편 윌은 그간 동굴연구재단의 수많은 원정이 훑은 지역의 지도 데이터를 추적해 "지도 공장"을 돌렸다.[7] 둘 다 프로그래머였던 덕분에 상당히 정교한 기술로 지도를 제작할 수 있었다. 퍼트리샤가 말했듯이, 이 부부는 "흙투성이의 작은 책자"에 적힌 조사 자료를 거실에 있는 텔레타이프사 단말기에 입력했다. 이 단말기는 윌의 직장에 있는 PDP-1 메인프레임 컴퓨터에 연결되어 있었다. 퍼트리샤 부부는 그들의 데이터를 바탕으로, 윌이 작성한 프로그램을 사용해 "커다란 종이테이프 위에 플로팅(제도) 명령어"를 만들었고—퍼트리샤 또한 최종 지도에 숫자와 문자를 추가하는 서브루틴을 제작했다—"[그 명령어를] 실행해 미래에 아파넷 IMP가 될 허니웰 316에 부착된 캘콤프사 원통형 플로터로 그래프를 그렸다."[8]

크라우더 부부의 지도는 선으로 그려진 단순한 그래프였지만 동굴 전산화의 초기 시도였다. 그들이 사용한 하드웨어—PDP-1 메인프레임과 16비트 소형 컴퓨터 허니웰 316으로, 둘 다 보급용 컴퓨터의 수준을 훨씬 뛰어넘었다—덕분에 가능했던, 기술적 정교함의 도약이었다. 윌 크라우더는 매사추세츠의 첨단연구 전문 회사인 볼트 베라넥 앤드 뉴먼, 줄여서 BBN에서 일했다. 1969년, BBN은 미 정부와 계약을 맺고 오늘날의 인터넷을 낳은 군사 및 학술 패킷 교환 네트워크, 즉 아파넷을 구축하는 데 협력했다.[9] 크라우더 부부가 허니웰 316 소형 컴퓨터로 동굴 지도를 그리고 몇 년이 지난 뒤 이 소형 컴퓨터는 용도가 바뀌고 내구성이 향상되어 인터페이스 메시지 프로세서IMP가 되었다. 지금 우리는 이 장치를 라우터+라고 부른다. 그때나 지금이나 인터넷의 중

+ 독립된 네트워크들을 연결해주는 장치.

요한 구성 요소인 라우터는 아파넷 내에서 더 작은 컴퓨터들의 하위 네트워크를 형성해 기본 노드+ 사이에서 데이터를 이리저리 섞고 옮겼다.

윌 크라우더는 BBN에서 제일 실력 있는 프로그래머 가운데 한 명이었고, 간결하게 압축된 코드에는 그의 꼼꼼한 성향이 그대로 드러났다. 평생 산을 탔던 그는 뉴욕의 샤완겅크산에서 퍼트리샤에게 암벽 등반을 가르쳤고, 깊은 생각에 잠길 때면 사무실 문틀에 손가락을 걸고 매달려 있는 걸로 유명했다.[10] 윌은 동굴 탐험가이기도 했다. 크라우더 부부는 휴가 내내 깊은 지하에서 시간을 보내곤 했다. "윌과 함께 있지 않으면 몸이 추워진다."[11] 퍼트리샤가 동굴 탐사 일지에 썼다. "여기에는 상당한 외풍이 분다. 동굴이 숨 쉬고 있다."

윌은 매머드 동굴을 잇는 마지막 원정에 함께하지 못했다. 그는 초기 조사 단계 때 퍼트리샤의 곁에 서서 지하의 황야에서 자신의 한계까지 밀어붙였다. 그러나 공교롭게도 마지막 탐사가 각각 여덟 살, 여섯 살인 딸 샌디와 로라가 개학하는 9월 초로 결정되었다. 둘 중 한 사람은 집에 있으면서 아이들에게 학용품과 옷을 사주고 치과에 데려가고 학교에 등록도 해야 했다. 윌은 이 탐험이 퍼트리샤에게 얼마나 큰 의미가 있는지 알았다. 그녀는 마침

+ 응용 프로그램이 실행되는 노드. 노드란 네트워크를 구성하는 각각의 개체를 말함.

내 동굴 탐험가들이 "고잉 케이브going cave"라고 부르는 실마리를 찾아냈고, 그걸 보고 싶어 죽을 지경이었다. 윌은 퍼트리샤에게 어서 가보라고 말했다. 그가 딸들을 돌볼 테니.

퍼트리샤가 생명을 낳는 경험에 깊이 감동하여 돌아왔을 때, 윌은 그녀를 기다리고 있었다. 그들은 밤늦게까지 서로 붙들고 앉아 동굴이 이어지던 순간에 대해 이야기했다.[12] 윌이 잠들자 퍼트리샤는 거실의 텔레타이프 단말기로 기어가 켄터키에서 조사한 방위를 최대한 조용히 입력했다. 좌표 프로그램을 실행하니 데이터가 긴 종이테이프의 형태로 그녀의 손에 둘둘 감겼다. 다음 날 아침 퍼트리샤와 윌은 테이프를 그의 사무실로 가져갔고, 그녀는 자신이 땅 밑의 방대하고 외로운 두 장소 사이를 이어 만든 연결고리를 BBN 컴퓨터가 좌표로 그려내는 모습을 지켜보았다. 그녀가 적어놓기를, "그제야 잠에 들 수 있었다."[13]

동굴 탐사는 자비가 없다. 1960년대 후반까지 매머드에 들어가는 사람은 누구나 유리 뚜껑으로 된 플로이드 콜린스의 관을 지나야 했다. 그는 시골의 동굴 탐험가였는데, 탐사 중 바위에 몸이 눌려 사망했다. 동굴 탐험가들은 온몸이 대지로 둘러싸인다. 동작 하나하나가 바위 벽과 천장에 의해 제한된다. 그들은 탐험 중에 거의 먹지 않는다. 사탕이나 통조림 고기가 고작이다. 지상으로 올라올 때는 자신의 모든 배설물을 가져온다. 동굴 속에서는 시간 감각이 없다. 그래서 동굴 밖으로 나와 달을 보고는 깜짝 놀라곤

한다. 크라우더 부부의 친구인 로저 브루커와 리처드 왓슨이 저서 『세상에서 가장 긴 동굴』에서 그들의 연결 여행에 대해 썼듯이, "이 길에서는 머릿속에서 상상하는 것 외에 아무것도 시야에 들어오지 않는다. 아무것도 나타나지 않는다. 진전은 없다. 앞으로 나아갈 때마다 달라지는 장소의 변화만 있을 뿐."[14]

동굴 속 경로를 눈에 보이게 만드는 것은 전문 동굴 탐험가들이 가장 절실히 추구하는 목표다. 동굴연구재단에는 나름의 신조가 있었다. *조사를 마치기 전에는 탐험하지 말 것.*[15] 지도는 동굴을 하나의 전체로 조망하는 유일한 방법이며, 동굴의 지도를 그리는 것은 동굴 탐험가들에게 산을 정복하는 것과 같다. 지도는 또한 생존 도구이기도 하다. 동굴 안에서 안전하게 머무르기 위해 동굴 탐험가들은 앞으로 나아가는 동안 "길의 위치를 합리적이고 체계적으로 추론하면서" 지도를 그린다.[16] 컴퓨터 프로그래머들이 이런 취미에 끌리는 것도 놀랍지 않다. 코드는 꼼꼼한 사람들이 사는 나라다. 프로그래머들과 마찬가지로 동굴 탐험가도 집단으로 활동할 수 있지만 결국엔 혼자서 도전과 마주한다.

마지막 매머드 탐험 이후 얼마 지나지 않아 퍼트리샤와 윌의 결혼 생활이 나빠졌다. 1976년, 그들은 윌을 "여러 방식으로 떼어놓은" 별거를 마치고 끝내 이혼했다.[17] 동굴연구재단이라는 소규모 공동체에서 양쪽 모두의 친구였던 사람들에게 퍼트리샤가 없는 동굴 탐사는 어딘가 "어색했다." 매머드 동굴 베드퀼트 구역—

1974년 여름에 두 사람이 함께 집중적으로 조사했던—이 포함된 지도들에 둘러싸인 채, 윌은 게임 〈던전 앤 드래곤〉+의 캠페인에 몰입하거나 늦은 밤까지 코딩을 하면서 홀로 자신을 위로했다. 샌디와 로라가 아빠를 만나러 가면 대개 윌이 길고 우아한 구조의 포트란 코드를 가지고 열심히 일하는 모습을 보곤 했다. 아빠는 딸들에게 지금 컴퓨터 게임을 만드는 중이고 완성되면 플레이하게 해주겠다고 말했다.

소설가 리처드 파워스가 "소프트웨어는 사물에 대한, 서술의 최종 승리"라고 쓴 적이 있다.[18] 소프트웨어는 특수한 조건 속에서 현실을 공들여 묘사하는데, 이때 그 특수성은 더 깊은 질서를 향해 다가가거나 심지어 그것에 접촉하기도 한다. 이것이 아마 윌 크라우더가 마지막으로 지도를 제작할 수밖에 없었던 이유일 것이다. 그것은 아내의 진흙투성이 공책이 아니라 그 자신의 기억을 되짚어 그린 지도였다. 그의 기억은 700줄짜리 포트란 코드로 변환되어 초창기 컴퓨터 게임 가운데 하나인 〈콜로설 케이브 어드벤처〉로 재탄생했다. 이것은 매머드 동굴을 충실히 본떠 만든 게임으로, 앞으로 인터넷의 근간이 될 컴퓨터로 제작되었다.

이제는 〈어드벤처〉로 더 잘 알려진 이 게임은 현대적 의미의

+ 1974년에 판타지 세계관을 배경으로 만들어진 테이블탑 롤플레잉 게임. 플레이어들은 안내서, 주사위, 종이, 펜을 준비해서 탁상에 둘러앉아 게임을 진행한다.

게임과는 많이 다르다. 이미지나 애니메이션도, 조이스틱이나 컨트롤러도 없다. 그 대신 다음과 같은 텍스트 블록이 플레이어를 2인칭으로 지칭하며 동굴의 구역을 묘사한다.

당신은 9미터 높이의 화려한 동굴 방 안에 있다. 벽은 얼어붙은 주황색 돌로 이루어졌다. 방의 동쪽과 서쪽으로 위태로운 협곡과 안전한 통로가 이어진다. 작은 새 한 마리가 앉아서 즐겁게 노래한다.

동굴과 소통하려면 GO WEST(서쪽으로 가시오) 또는 GET BIRD(새를 잡으시오)와 같은 간단한 명령어를 입력하면 되는데, 그러면 참신하게도 또 다른 긴 서술문이 달려든다. 〈어드벤처〉의 퍼즐은 끊임없이 뒤섞인 마법 아이템들로 이루어져 있다. "산왕의 궁전"에 똬리를 튼 뱀을 지나가려면 새장에서 새를 풀어줘야 하는데, 검은 막대를 지닌 상태로는 GET BIRD를 실행할 수 없다. 새가 막대를 무서워하기 때문이다. 반면 크리스털 다리는 막대를 휘젓지 않으면 나타나지 않는다. 작은 통로가 꼬불꼬불하게 얽힌 미로 속에서 헤맬 때는 모든 것이 낯설고 다 똑같아 보인다.

퇴근 후 가끔씩 〈던전 앤 드래곤〉 게임을 하던 윌의 동료들에게는 익숙한 일이었을 것이다. 이기고 차지해야 할 목표가 없는 〈던전 앤 드래곤〉에서는, 신에 해당하는 "던전 마스터"가 장면을 자세히 묘사해가며 실행 가능한 결정을 내리도록 플레이어들을 유도한다. 그러나 〈어드벤처〉는 윌이 자신의 어린 딸들을 위해 만든 게임이었다. 부부가 이혼한 뒤, 샌디와 로라는 아빠를 보러 오면 컴퓨터 게임을 할 수 있다고 기대하게 되었다. 한 연구자가 동굴연구재단 회원들을 인터뷰한 내용에 따르면, "1975년 여름의 탐험에서 크라우더 부부와 함께했던 한 동굴 탐험가는 〈어드벤처〉가 윌이 상실의 경험을 달래기 위해 시도한 카타르시스적 행위였다는 걸 단번에 알아차릴 수 있었다고 말했다."[19]

코딩을 마친 윌은 컴파일된 버전의 게임을 BBN 컴퓨터에 저장하고 한 달간 휴가를 떠났다. 그의 회사는 새로운 컴퓨터 네트워크를 구축하는 데 일조했는데, 만약 그 네트워크에 윌의 컴퓨터가 연결되어 있지 않았다면, 이 게임은 크라우더 소녀들 외에는 아무도 손을 대거나 기억하지 못한 채 영원히 묻혔을지도 모른다. 윌의 휴가가 끝날 무렵, 〈어드벤처〉는 아파넷을 통해 이곳저곳에서 사람들에게 발견되었다. 퍼트리샤가 동굴을 연결한 지점에서 윌은 노드를 연결했고, 그들이 함께 떠났던 장대한 탐험의 정신적 지도인 〈어드벤처〉는 그 연결 고리가 이어진 곳이면 어디든 여행했다.

〈어드벤처〉는 하나의 현상이 되었다. 이 게임은 실제 동굴 탐사만큼이나 힘들었다. 게임을 해본 어느 작가가 "그리스도의 지옥 정복Harrowing of Hell"을 요청했을 만큼 게임 속 동굴을 탐험하는 일은 사람을 미치게 했고, 또 그만큼 중독성이 있었다.[20] 컴퓨터 과학 연구실의 생산 능력은 〈어드벤처〉가 단말기(터미널)에 착륙할 때마다 일시 정지되었다. 〈어드벤처〉의 숭배자인 스탠퍼드 대학의 돈 우즈는 코드를 수정하여 크라우더의 간소한 서술에 지하 화산, 배터리 자판기와 같은 판타지 요소를 첨가했다. 땅속으로 들어가는 〈어드벤처〉의 여행은 오늘날 컴퓨터 문화의 토대를 이루는 텍스트로 여겨진다. 수백 명, 더 나아가 수천 명의 플레이어들이 〈어드벤처〉를 즐겼고, 저마다 윌이 묘사한 지하 세계의 지도를 직접 그렸다.

퍼트리샤에게는 이 게임이 낯설었을 것이다. 1976년이나 1977년쯤 보스턴에서 열린 동굴연구재단 회합에서 〈어드벤처〉를 직접 보았을 무렵, 그녀는 1972년의 탐험을 주도한 리더와 결혼하여 이름이 퍼트리샤 윌콕스로 바뀐 상태였다.[21] 윌의 컴퓨터 게임은 그들 모임의 경험 많은 동굴 탐험가들과, 매머드 동굴에 익숙한 사람들 모두에게 묘한 즐거움을 주었다. 보스턴에서 동굴연구재단 사람들은 회합 대부분을 〈어드벤처〉를 플레이하는 시간으로 채웠다. 그들은 돈 우즈가 동굴 내부를 장식하고 보완한 더 인기 있는 버전으로 게임을 했기 때문에 퍼트리샤는 게임 속 동굴을 바로 알아보지 못했다. 2002년에 그녀가 한 연구원에게 말했던 것처럼, "진짜 동굴과는 완전히 달랐다."[22]

하지만 사실은 그렇지 않았다. 〈어드벤처〉에 들어간 매머드 동굴 탐험가들에게는 지도가 필요 없었다. 게임 속 동굴 구조가 어찌나 똑같은지, 기억만으로도 얼마든지 돌아다닐 수 있었기 때문이다. 이와 반대로, 게임이 널리 퍼지면서 진짜 매머드 동굴로 성지순례를 떠난 〈어드벤처〉 플레이어들은 게임 속 지도를 되짚으며 현실 속 동굴의 꼬불꼬불한 통로를 재빨리 이동할 수 있었다. 1985년, 과거에 윌 크라우더와 함께 일했던 한 동료는 BBN 컴퓨터에 저장된 지형 데이터를 떠올리며 다음과 같이 언급했다. "〈어드벤처〉의 거대한 동굴은 적어도 어느 한 지점까지는 켄터키의 매머드 동굴과 완전히 똑같고, 특히 처음 몇 단계의 묘사와 지질학적 특징이 일관되고 정확하다."[23] 그의 말은 결국 증명되었다. 2005년, 게임의 실제 배경인 매머드의 베드퀼트 구역을 방문한 일단의 연구자들은 동굴의 지질학적 특징과 크라우더의 묘사가 서로 정확히 대응한다고 기록했다.

동굴학자들이 지하 하천의 경로를 추적할 때 사용하는 플루오레세인 염료처럼, 〈어드벤처〉 버전의 동굴 문화는 네트워크 전체를 물들였다. 동굴 탐험가들은 연결을 추구한다. 체계적인 조사, 공동의 노력, 어둠 속을 주저 없이 나아가는 의지를 통해 연결 지점을 발견한다. 막다른 곳에 이른다면, 그곳이 작은 공간이거나 바람만 통과할 수 있을 만큼 비좁은 바위의 틈이 될지도 모른다는 것을 그들은 너무나 잘 알고 있다. 이 게임은 매머드 동굴을 재창조하는 명령어 집합이다. 이 명령어들은 연필처럼 가는 통로, 곁방, 구덩이로 둔갑한다. 돌아오는 길을 아는 사람만이 동굴에서 살아남는 것처럼, 〈어드벤처〉는 지도가 있어야 정복할 수 있다. 저널리스트 스티븐 레비는 컴퓨터 문화사에 관해 쓰면서 〈어드벤처〉를 프로그래밍 기법 자체와 비교했다. "〈어드벤처〉 세상에서 당신이 탐험한 깊은 땅속은 기계의 근본적이고 가장 모호한 수준과 유사하다.[24] 어셈블리어*를 파헤치면서 기계 속을 여행하는 것과 같다. 〈어드벤처〉와 코딩 모두 자신이 어디에 있었는지 기억하려다가는 현기증이 올 수 있다."

지금 나는 매머드 동굴, 즉 스티븐 비숍, 퍼트리샤 크라우더, 그리고 코드를 통해 자신들의 모험을 기념하면서 가슴 아파했을 윌의 이야기를 하고 있다. 지도이든 컴퓨터 게임이든, 모든 기술적 사물은 동시에 인간의 유물이라는 사실을 상기시키기 위해서다. 유물의 고고학은 언제나 유물의 인류학으로 이어진다. 실제로, 매머드 동굴을 연구한 고고학자 가운데 가장 유명한 패티 조 왓슨은 동굴의 일정한 온도와 습도 덕분에 보존된 사체를 연구했는데, 그 사체에서 나온 소화된 곡물을 보고 농업 경제 전체를 추론했다. 인간을 이해하려면 그들이 어떻게 먹었는지 알아야 한다. 프로그램을 이해하려면 그 제작자를 알아야 한다. 어떻게 코딩했는지뿐만 아니라, 누구를 위해, 왜 썼는지도.

* 명령어가 기계어와 일대일로 대응하는 프로그래밍 언어.

방향 전환 키를 여섯 번 입력하면 동굴 벽에 마법의 단어가 나타난다. 실제 매머드 동굴에도 벽에 메시지가 많이 새겨져 있고, 퍼트리샤가 발견한 중요한 단서도 그중 하나다. 그러나 〈어드벤처〉에 등장하는 그 단어, "XYZZY"는 윌의 창작이다. 윌은 자신이 이혼한 뒤 함께 머물던 여동생 베티 블룸을 위해 이 명령어를 추가했다. 그녀는 〈어드벤처〉의 원조 테스터였는데, 성격이 몹시 급하고 참을성이 부족했다. XYZZY라고 입력하면, 이 마법의 단어는 플레이어를 게임 내의 다른 장소로 즉시 옮겨 지루한 단계들을 건너뛰게 했다. 블룸에 따르면 XYZZY는—윌은 그것을 "지지"라고 발음했다—가족의 암호였다. 그는 딸들에게 길을 잃거나 신원을 밝혀야 할 때면 그것을 사용하라고 일러주었다.[25] XYZZY는 최초의 치트키+다.

〈어드벤처〉를 처음으로 진지하게 연구한 학자는 여성, 메리앤 버클스였다. 그녀는 이 게임을 민간 설화, 기사도 문학, 그리고 초창기 영화와 비교하면서, 〈어드벤처〉가 대표하는 컴퓨터 기술의 증폭된 문화적 중요성이 "인쇄술의 보급으로 가능해진 독서의 민주화와 유사하게" 컴퓨터 사용의 민주화를 이끌 것이라고 주장했다.[26] 문학 평론가 에스펜 오르샤트는 〈어드벤처〉가 촉진한 디지털 문학 장르에 관해 이야기하면서 〈어드벤처〉를 "어디에나 있

+ 비디오게임 안에 숨겨진 암호로, 입력했을 때 특별한 효과를 일으킨다.

고 어디에도 없는, 신화의 원전"이라고 불렀다.[27] 〈어드벤처〉는 어드벤처 게임이라는 장르를 창조했고, 이 장르는 이후 텍스트 인터페이스에서 비주얼 인터페이스로 변화했다. 크라우더의 신비스러우면서도 매력적인 2인칭 서술(당신 근처에 눈 부신 청동 램프가 있다)과 단호한 명령어(램프를 가져오시오)는 유지하면서 말이다. 이것은 초기 인터넷 가상 공간 전체에 걸쳐 사용된 텍스트 물리학으로 발전했다. 이윽고 동굴 탐사에 대해 전혀 알지 못하는 사람들까지도 〈어드벤처〉를 화제에 올리게 되었다.

〈어드벤처〉는 기억되고 기념되고 칭송받고 풍자되어왔다. 다른 게임은 더 만들지 않았던 크라우더는 오늘날 인터랙티브 픽션+ 계의 J. D. 샐린저로 평가된다. 사실 〈어드벤처〉가 탄생한 배경에는 한 가족의 탐험의 역사가 있다. 윌 크라우더는 〈어드벤처〉 속 동굴 지도를 함께 그린 여성과 이혼한 후 코드를 작성했다. 그의 여동생이 게임을 테스트했고, 윌은 동생을 위해 "마법의 단어"를 고안했다. 〈어드벤처〉는 그가 주말이나 공휴일에만 볼 수 있던 딸들을 위해 만든 것이다. 그리고 그가 퍼트리샤를 그리워했기 때문에, 아니면 적어도 그녀가 어둠에 대한 사랑을 그의 마음속에 심어놓았기 때문에 이 게임이 탄생했다.

퍼트리샤 크라우더는 MIT를 졸업하고 헤이스택 천문대에서

+ 텍스트 명령어로 캐릭터를 조작하는 게임.

포트란 프로그래머로 일했다. 당시 많은 기술직 여성이 그랬듯이 그녀는 아이들을 양육하기 위해 컴퓨팅 업계를 떠났다. 그리고 자연스럽게, 동굴로 들어갔다. 1970년대 말, 그녀가 다시 일터로 돌아왔을 때는 모든 것이 변해 있었다. 퍼트리샤는 학교로 돌아가 펜실베이니아 인디애나 대학이 제공하는 컴퓨터 과학 학부 강좌를 모조리 수강했고 마침내 강사로 취직했다. 주로 수백 명이 듣는 수업을 맡으면서 그녀는 많은 여학생들을 보았다고 기억했지만 이들은 다수의 여성이 이 분야에 진입한 마지막 세대였다. 그레이스 호퍼와 그녀의 동료들이 활약했던 시대가 끝날 무렵 진행된 "소프트웨어 공학"의 전문화는 컴퓨팅 분야의 남녀 비율에 엄청난 변화를 가져왔다. 1984년 무렵 미국에서 컴퓨터 과학을 전공하는 여성의 수가 추락하기 시작했고 오늘날까지 계속 급락하고 있다.[28] 다른 어떤 전문 분야와도 비교할 수 없을 정도의 감소 추세다.

윌의 직장에 있던 소형 컴퓨터 허니웰 316은 초기 인터넷 라우터가 되었다는 것 말고도 유명해진 이유가 하나 더 있었다. 허니웰사가 여성을 위한 모델을 출시했던 것이다. 받침대와 도마가 갖춰진 상품으로, 1969년 니먼 마커스 백화점 크리스마스 카탈로그를 통해 허니웰 "키친 컴퓨터"라는 제품명으로 팔렸다. 이 1만 달러짜리 컴퓨터에는 앞치마가 딸려왔고, 작동법을 배우려면 2주간의 프로그래밍 수업을 들어야 했다. 그러나 카탈로그에 수록된 사진에는 긴 꽃무늬 드레스를 입고 컴퓨터가 연장된 부엌 조리대라도 되는 양 그 위에 장바구니를 풀어놓는 여성의 모습이 찍혀 있다. "허니웰이 계산할 수 있는 만큼만 그녀가 요리할 수 있다면"[29]이라는 광고 문구는 컴퓨터가 "*여성 사용자보다* 더 많은 권위와 힘과 지능"을 갖고 있다는 메시지를 넌지시 전한다.[30] 그것도 그녀의 홈그라운드에서 말이다.

퍼트리샤의 전남편이 만든 게임이 인기를 끌면서 네트워크에 연결된 단말기에 모여들어 밤늦게까지 게임을 플레이한 사람들은 남자였다. 모니터 스크린의 불빛에 의지해 메모지에 동굴 지도를 휘갈겨 그린 것도 남자였다. 굴속에서 한참 기어 다니다 햇빛을 보고 현기증을 느낀 것도 남자였다. 퍼트리샤가 성취한 그 모든 것에도 불구하고, 수없이 구전된 〈어드벤처〉 이야기에서 그녀는 배경 인물일 뿐이다. 그녀는 윌이 게임으로 대중화한 지하세계의 지도와 도표를 만들고 존재조차 아는 사람이 거의 없는 미지의 세계로 물리적 도약을 했지만, 그녀의 존재는 유령의 그림자에 불과하다. 그녀는 눈에 잘 띄지 않는 곳에 숨어 있었다. 초기 네트워크 시대에 활동한 많은 여성들이 이와 같을지도 모른다.

네트워크로 연결된 한 세기가 겪은 최초의 집단 경험이 〈어드벤처〉였다는 주장은 합당하다. 이것은 인간이 소프트웨어에 얼마나 직접적이고 폭넓은 영향을 미칠 수 있는지에 관한 이야기다. 동굴은 언제나 가상의 세계였다. 동굴은 우리가 존재론적 육체 이

탈을 처음으로 경험한 곳이다. 오늘날 우리는 자신을 화면 속에 투영함으로써 그것을 경험한다. 깜빡거리는 불빛이나 CRT 모니터의 떨림을 통해 우리는 현실 너머를 본다. 화강암에, 캔버스에, 코드에 적용된 기호들. 그 모든 것이 어둠을 밝힌다.

동굴에 램프가 있다. 무엇을 해야 할까?

램프를 가져오시오

좋다. 이제 이 램프를 꽉 붙들어라. 우리는 그것을 함께 가져가야 한다. 그 램프를 들고 길고 꼬불꼬불한 통로를 통과하면 마침내 맞은편에서 넓은 공간이 열리고 누군가 100년 전 벽에 써놓은 글씨가 나타날지도 모른다. 희미한 카바이드 불빛 아래에서 간신히 읽히는 이 글자들. 그것이 우리의 마법의 단어이자 우리의 치트키이고 밤을 가로지르는 우리의 점프컷[+]이다.

여성이 보이지 않는다고 해서 그들이 거기 없었다는 뜻은 아니다.

[+] 영화에서 장면의 흐름을 의도적으로 끊듯 편집하는 기법.

7장 리소스 원

캘리포니아에 비가 온다. 제방에 쏟아지는 폭우에 가뭄으로 멀리 떨어졌던 연인들이 만나듯 물이 땅으로 밀려 들어온다. 샌프란시스코 북쪽에 위치한 마린 헤드랜즈에서 염분 섞인 갯벌이 약동하고, 왜가리가 풀밭에서 꺽꺽거리며 날아다닌다. 나는 물이 들어찬 버스 정류장에서 누군가를 기다렸다. 안경에 빗방울이 떨어졌다. 이때 셰리 레종이 낡은 캠리를 길가에 세우고 곱슬머리가 삐져나올 정도로만 운전석 쪽 문을 열어 손을 흔들었다.

셰리는 나를 집으로 데리고 갔다. 그녀의 집은 바람에 부식된 청회색 방갈로였다. 가는 길에 셰리는 오늘 모임에 대해 신나게 브리핑했다. 사람들이 식탁에 둘러앉아 스펀지 같은 페타 치즈, 누에콩, 원목 그릇에 담긴 시금치 샐러드를 먹고 있었다. 젖은 겉

옷을 벗자 대화를 나누던 사람들이 밝은 얼굴로 나를 쳐다보았다. 그들은 지난 세월을 따라잡고 있었다. 최근에서야 다시 서로 연락하게 되었지만, 40년 전에는 100명 남짓 되는 몽상가, 히피, 우상파괴자와 함께 샌프란시스코에서 프로젝트 원이라는 기술 공동체를 이루고 살았다.

프로젝트 원은 사우스 오브 마켓에 있는 겨자색 창고였다. 프로젝트 원 주민들은 8,000제곱미터의 서로 연결된 거주지 안에서 생활하며 손수 지은 30미터 너비의 개인 공간에서 잠을 자고 5층에 모여 거주자 회의를 열었다. 회의는 그날그날 고성이 오가는 싸움과 눈물, 음악과 웃음으로 끝나곤 했다. 회벽으로 만든 문들은 모자이크 패턴으로 장식되었고 공동으로 사용하는 온수 욕조가 있었다. 합판과 석고보드를 네일건으로 고정해 인형의 집을 만들고는 그곳에서 사는 사람도 있었다. 수염을 30센티미터나 기른 전직 해병대 출신이 아이들을 몰고 도시 주위를 행진하며 불교의 주지 스님, 티베트 불교의 린포체, 시크교의 구루, 도교의 행자에게 그들을 소개했다.

작가 찰스 레이쉬는 프로젝트 원을 "도시 속 푸에블로"라고 불렀다.[1] 푸에블로는 지구의 껍질을 벗기고 경계의 끝과 끝이 만날 때까지 안으로 돌아 들어가는 원주민 마을이다. "옥상에서 주민 50명이 햇볕을 쬐며 바비큐를 했다. … 칠면조 일곱 마리, 밴드 네 팀, 덤스터 장미로 장식된 볼링장 레인 크기의 파티 테이블로 이루어진 성대한 파티였다."

셰리의 집에서 나는 과거에 프로젝트 원 주민이었던 네 사람을 만났다. 이들은 오늘의 모임을 위해 샌프란시스코 베이 에어리어 곳곳에서 모였다. 셰리 말고도 패멀라 하르트 잉글리시, 마야 숀, 크리스 메이시가 참여했다. 프로젝트 원에서 패멀라의 개인 공간은 공기를 채운 붉은색 반투명 플라스틱 이중벽으로 둘러싸인 2층 침대였다. 전업 혁명가가 되겠다는 꿈 하나로 등에 옷 보따리 하나 덜렁 지고 뉴욕에서 온 마야는 나무판자 위에서 잠을 잤다. 셰리는 하얀 계단과 현관문이 있는 작은 집을 물려받았다. 그들은 전기 열판으로 요리하고 욕실을 공유하고 우리집이라고 부르는 같은 건물에서 일했다. 정치 단체, 예술가 스튜디오, 각종 제작 시설이 그곳에 빼곡히 들어서 있었다. 그러나 다큐멘터리 영화 제작자와 사회 낙오자가 가득한 창고에서도, 냉장고 10대 크기의 메인프레임 컴퓨터—렉산 폴리카보네이트 시트로 된 투명한 상자로 둘러싼—가 한복판에 떡하니 자리 잡은 그들의 사무실이 가장 낯설었다.

이 컴퓨터는 SDS-940이었고, 지구 상에 단 57대밖에 없는 기종이었다. 누가 보아도 건물에서 가장 값나가는 것이었고, 이 히피족들에게 절대적인 보물이었다. 패멀라, 셰리, 크리스, 마야는 컴퓨터를 교대로 지키는 경호원이자, 그들이 리소스 원이라고 부른 커뮤니티 컴퓨터 센터의 후원자들 가운데 극히 일부에 불과했다.

허니웰 316과 마찬가지로 SDS-940은 중요한 하드웨어였고 초기 인터넷의 중추 역할을 톡톡히 했다. 1969년, 그것이 돈으로 살 수 있는 최고의 컴퓨터였을 때 스탠퍼드 대학의 SDS-940은 초창기 아파넷 호스트 중 하나였다. 1972년에 프로젝트 원이 그 컴퓨터를 들여올 무렵 SDS-940은 썬더버드보다는 모델 T에 더 가까웠지만*, 여전히 15만 달러짜리 메인프레임이었다. 버려진 사탕 공장에서 살기 위해 1제곱피트당 5센트를 지불하는 20대 청년들에게는 꿈같은 장비였다. 그러나 어쨌든 그것은 잘 배선된 상태로 거기에 있었다. 임시로 마련한 깨끗한 방까지, 독학 전기공들이 산업용 송전선의 "굵은 국수 가닥"을 끌어왔던 것이다.[2] 모두 패멀라 덕분이었다.

패멀라 하르트 잉글리시는 진중하고 목소리가 부드러운 흑갈색 머리의 백인으로, 어딘가 숨겨진 비밀이 있을 것 같은 학구적인 분위기의 여성이다. 그녀는 반전 운동과 자유 언론 운동의 화약고였던 UC 버클리에서 활약했다. 패멀라는 당시를 이렇게 기억했다. "학교는 대부분 동맹휴학 중이었죠."[3] 1972년에는 한 다큐멘터리 작가에게 이렇게 말했다. 심지어 컴퓨터학과도 운동을 조직했고 미국이 캄보디아를 폭격했을 때에는 "모든 컴퓨터 전

* 둘 다 포드사의 자동차. 모델 T는 국민차로 불릴 정도로 대량 보급되었다.

문가들이 모였어요. … 이렇게 많은 사람들이 한 가지 일에 관여하는 건 처음이었어요. 정말 흥미진진했죠. 이들 사이에서 통신 네트워크를 구축하자는 얘기가 나왔어요."[4] 1970년 여름, 그녀는 두 명의 버클리 컴퓨터학과 학생 크리스 메이시와 크리스 뉴스트럽과 함께 학교를 중퇴하고 프로젝트 원으로 이주했다. 그들은 반체제문화 단체들을 연결하는 것을 사명으로 삼았다.

어떤 의미에서 이들은 이미 연결되어 있었다. 샌프란시스코 베이 에어리어는 앞마당에 무료 나눔 상자와 게시판이 놓여 있는 집과 지하신문으로 넘쳐났다. 지하신문 〈버클리 바브〉는 저항 단체를 위한 광고를 실었고, 심지어 1960년대 말 헤이트 애시베리 스위치보드라는 단체는 상세한 전화 연락망을 구축해 인간 "스위치보드(교환대)"들을 서로 이어줌으로써 방황하는 히피 아이들을 찾아다니느라 제정신이 아닌 가족들을 도왔다. 이 전화망은 베이 에어리어에서 각종 주제별 스위치보드의 비공식적인 네트워크로 성장했는데, 그중 하나인 샌프란시스코 스위치보드가 프로젝트 원에 사무실을 두고 있었다. 샌프란시스코 스위치보드는 고작 전화 몇 대와 색인 카드 몇 박스를 가지고 광범위한 단체행동을 조직해 1971년 샌프란시스코만 기름 유출 사고처럼 신속한 대응이 필요한 사고에 대처했다. 이는 오늘날 소셜 미디어에서 아주 쉽게 형성되는 조직화의 초기 형태로 볼 수 있다.

리소스 원은 이러한 노력이 중단된 시점에서 그 뜻을 이어나갔고 심지어 샌프란시스코 스위치보드의 공동체 구조까지 넘겨 받았다. 패멀라와 두 크리스가 창고에 입주했을 때, 그들의 계획은 도시 내 기존 스위치보드 단체들을 대상으로 공용 정보검색 시스템을 설계해 다양한 리소스를 서로 연결한 데이터베이스를 구축하고 서버를 빌려 운영하는 것이었다. "우리의 비전은 사람들이 기술에 접근할 수 있게 하는 거였어요. 열정이 넘치는 시간이었죠. 뭐든지 할 수 있다고 믿었어요."[5] 패멀라가 설명했다. 하지만 시분할+ 방식으로 외부 서버를 빌려 데이터베이스를 운영하는 데에는 제약이 많았다. 사람들을 위해 정치 신념이 깃든 컴퓨터 시스템을 만들고자 한다면 밑바닥부터 제대로 지어야 했다. 그들에게는 그들만의 기계가 필요했다.

알다시피 이때는 개인용 컴퓨터가 확산되기 훨씬 이전의 시대였고, 심지어 마이크로컴퓨터가 등장하기도 전이었다. 따라서 리소스 원은 메인프레임을 겨냥했다. 이 시스템은 그레이스 호퍼나 베티 홀버튼 같은 초창기 상업계 프로그래머들의 노력으로 진화한 대형 장비로, 전문가의 관리가 필요했다. 패멀라는 여분의 메인프레임이 빈둥거리고 있을 거라 예상되는 기관과 회사의 목록을 만들었다. 그리고 집요한 통화와 수많은 회의 끝에 결국 트랜스아메리카 리스 회사와 계약했다. 회사 창고에 먼지가 쌓여가

+ time-sharing. 다수의 사용자들이 컴퓨터를 공유하는 방법 중 하나.

는 SDS-940 재고품이 몇 대 있었는데, 그중 스탠퍼드 대학에서 3년간 격무에 시달리다 은퇴한 것이 적당해 보였다. 패멀라는 어디서나 공통되는 관심사, 즉 돈의 언어로 회사를 설득했다. "창고에서 썩히느니 기부해서 세금 공제라도 받는 게 더 낫지 않겠습니까." 그렇게 1972년 4월, 피플스 컴퓨터People's Computer가 세미트레일러를 타고 프로젝트 원으로 배달되었다.

그해 여름, 프로젝트 원의 다른 주민들이 건물에 설치된 6미터짜리 온수 욕조에 배관을 연결하는 동안, 리소스 원은 캐비닛 선반과 원통형 기억장치를 설치했다. 모두 이런 일에는 근처에도 가본 적이 없는 사람들이었다. 심지어 설치를 주도했던 전기기사조차 배우면서 작업했고, 소프트웨어도 처음부터 다시 작성해 운영체제 수준에서부터 반체제문화의 가치를 코딩해나갔다. 이렇게 해커 에프렘 립킨이 만든 리소스 원 일반 정보검색 시스템Resource One Generalized Information Retrieval System, ROGIRS은 비밀 스위치보드 단체들을 위해 설계되어 대안 경제의 매물을 관리했다. 시스템이 운영되기 시작하면, 이 컴퓨터는 북캘리포니아의 반체제 자유 접속 네트워크의 중추가 되어 사람들이 인터넷이란 말을 들어보기도 전에 인터넷 문화의 핵심과 중요성을 맛보는 계기가 될 터였다.

"살다 보면 그때그때 중요하다고 생각되는 것들이 달라지죠." 패멀라가 내게 말했다. 프로젝트 원에서의 삶은 즐겁고 정신없이 흘러갔고 이데올로기 그 자체였지만, 안락과는 거리가 멀었다. 패멀라는 임대료를 내기 위해 밤마다 임상병리실에서 비커를 닦았다. 집에 돌아오면 늘 추웠다. 콘크리트 바닥과 높은 천장 사이에서 따뜻하게 지낸다는 건 불가능했다. 얼음장 같은 물침대에서 불편하게 잠을 청했고 고작 몇 시간밖에 자지 못했다. 금욕주의는 공동체 문화의 일부이자 건물의 집단적인 목표를 위한 희생이었다. "한번은 일자리를 구하지 못한 남동생이 같이 살려고 왔어요. 그런데 바로 다시 대학원에 복학하면서 이러더라고요. '이렇게 어떻게 살아. 다른 사람이 쓴 화장실을 청소하고 밤에는 얼어 죽을 것 같은데!' 하지만 전 괜찮았어요. 그만큼 제가 하는 일에 몰두해 있었죠."[6]

패멀라가 트랜스아메리카에서 SDS-940을 조달했다는 사실은 여전히 놀랍다. 1972년에 잡지 〈롤링 스톤〉의 인물 소개란은, 패멀라는 나긋나긋한 목소리로 말하는 것 같지만 순무에서도 피를 뽑을 수 있는 사람이라고 주장한 어떤 리소스 원 회원의 말을 인용하면서, 이 사건을 "현대 역사상 최고의 사기"라고 불렀다.[7] 잡지에는 애니 리버비츠가 찍은 사진이 함께 실렸는데, 사진 속에서 패멀라는 커다란 안경을 삐딱하게 걸치고 전선이 뒤엉킨 채로 노출된 SDS-940 콘솔 받침에 기대어 환하게 웃고 있다. 샌프란시스코는 물론이고 그 어디에서도 이처럼 강력한 하드웨어를 실행은커녕 손에 넣을 수 있는 단체는 없었을 것이다. "패멀라는 투지가 넘쳤어요." 컴퓨터를 좇아 리소스 원으로 들어간 또 다른 중퇴자 리 펠센스타인이 회상했다. "속이 탈 때면 얼굴을 찌푸리고 아랫입술을 씹으면서 내면의 긴장을 그대로 보여주었죠."[8]

프로젝트 원에 오랫동안 거주했던 제인 스파이서는 이렇게 썼다. "패멀라는 프로젝트를 완수하기 위해 53개의 연락처 목록을 만들고 자리에 앉아서 처음부터 끝까지 빠짐없이 연락을 돌렸다. 망설임 없이 전화를 돌리고 편지를 보내고 약속을 잡아 사람들을 만났다. 3개월 동안 다른 일은 하나도 하지 못했다. 이렇게 할 수 있는 사람은 패멀라밖에 없을 것이다. 정말 대단한 결단력이다. 반문화 괴짜들을 위한 컴퓨터(게다가 설치하고 유지하는 비용까지)를 구할 수 있는 다른 방법은 없었다."[9]

컴퓨터를 확보한 뒤에도 3년 동안 패멀라는 컴퓨터가 계속 돌아갈 수 있도록 자금을 조달하는 데 대부분의 시간을 보냈다. 컴퓨터가 녹아버리지 않게 계속해서 열을 식히는 20톤짜리 에어컨 때문에 어마어마한 전기요금 고지서가 날아왔다. 직원들도 생계를 유지해야 했고, 추가로 구입하고 유지·관리해야 할 하드웨어는 항상 대기 중이었다. 아이러니하게도 리소스 원의 자금은 대부분 기성 체제에서 왔다. 당시 미국의 금융기업 뱅크 오브 아메리카는 현실 전복을 꿈꾸는 젊은이들과 좋은 관계를 유지하고자—누구에게 묻느냐에 따라 감시라고도 볼 수 있겠지만—이 프로젝트를 지원했다. 샌프란시스코의 아날로그 반체제문화를 디지털화하려는 패멀라의 비전은 결코 값싸게 이루어지지 않았다. 그녀는 도시 전체의 서점과 도서관, 그리고 프로젝트 원이 자체 보유한 것까지 포함해서, 모든 스위치보드 전화실에 있는 텔레타이프사 단말기가 데이지 체인 방식으로 묶여 리소스 및 지역 정보 공유 분산형 네트워크를 이루는 미래를 상상했다. "필요한 게 있을 땐, 자판을 치면 얻을 것이다. 도움이 필요하거나 차를 공유하고 싶거나 자원이 필요하다면, 역시 자판을 쳐서 얻을 수 있을 것이다."[10]

기본적으로 그녀가 상상한 것은 인터넷이었다.

사이버공간으로 가는 문

컴퓨터 과학에는 이런 표현이 있다. "쓰레기를 넣으면 쓰레기가 나온다." 전혀 말이 되지 않는 명령을 내려도 기계는 판단하지 않고 들은 그대로 정확하게 명령을 실행한다는 말이다. 그건 진실을 넣어도 마찬가지다. 컴퓨터는 신호의 본질을 신경 쓰지 않는다. 의미를 신경 쓰는 건 *우리*의 몫이다. 컴퓨터는 우리 자신을 그대로 비춰주는 거울이다. 누가 통제하든, 컴퓨터는 그 사람이 지닌 이미지대로 세상을 형성한다. 바로 이것이 반문화 잡지 〈홀 어스 카탈로그〉가 모든 호 표지에 똑같은 문구를 새겨 넣은 이유일 것이다. *도구에의 접근*Access to tools.

리소스 원이 자체적으로 컴퓨터를 설치한 해에 〈홀 어스 카탈로그〉의 편집자 스튜어트 브랜드는 "컴퓨터 과학의 절반 이상이 두뇌다"라고 선언했다.[11] 대학 지하실에서 몇 시간 동안 일한 뒤 다시 모여서 게임을 하는 해커 집단, 베이 에어리어의 미래지향적 연구실, 그리고 리소스 원에서 전개된 장면들에서 영감을 얻은 브랜드는 컴퓨터 과학이 신비주의자, 현자, 괴짜, 또는 그의 표현대로 "각자 비행기를 타고 최첨단 기술을 찾아 정찰하는 뛰어난 남성들"의 영역이라 논했다.[12] 이와 같은 표현과 함께 컴퓨터 사용자의 원형이 될 새로운 이미지가 세상에 소개되었다. 그레이스처럼 학구적인 여성 프로그래머도, 정장에 넥타이를 맨 소프트웨어 공학자도 아닌, 엉뚱하고 야수처럼 헝클어진 머리를 하고 돌아다니는 해커였다. 그리고 언제나 남자였다.

기증받은 컴퓨터를 설치하고 마침내 작동에 성공한 후—패멀라가 모은 기금 덕분에 결함이 있던 원통형 기억장치를 자그마치 2만 달러짜리 장치로 교체했다—리소스 원은 베이 에어리어 스위치보드 운영자들을 모아 총회를 열었다. 그들은 흩어진 스위치보드 단체들의 네트워크를 만들고 모든 정보를 색인화하여 텔레타이프 단말기를 가진 사람이면 누구나 그 정보를 사용할 수 있게 한다는 장대한 계획을 홍보했지만, 전혀 먹히지 않았다. 한 마디로 이 계획은 현실적이지 못했다. 텔레타이프 단말기는 대여비만 한 달에 150달러로 비쌌다. 게다가 쉴 새 없이 딸깍대고 윙윙거려 너무 *시끄러웠다*. 기존의 스위치보드는 조직 활동이 필요할 때마다 그때그때 구성되는 인간 시스템이었다. 히피 운영자들은 각자 알아서 상자에 물건을 넣고 벽에 메모를 붙였다. 더군다나 중앙을 중심으로 조직되는 위계적 마스터 시스템이라는 발상 자체도 그것이 실용적이든 이념적이든 간에 전혀 호소력이 없었다.

그렇다면 리소스 원은 책 없는 도서관을 지은 것이나 다름없었다. 에프렘 립킨은 스위치보드를 포기하고 다른 곳에 그들만의 텔레타이프 단말기를 설치하자고 제안했다. 일단 사람들의 손이 닿는 곳에 있으면, 그다음은 그들이 알아서 파고들 것이다. 1973년 8월, 리소스 원은 버클리 대학 학생이 소유한 레오폴드라는 레코드 가게에 전초기지를 세웠다. 레오폴드는 예술가, 음악가, 혁명가의 소굴이었다. 에프렘과 펠센스타인은 폐기된 텔레타이프사의 모델 33 ASR 전신타자기를 어렵사리 구했다. 그 지역의 시분할 회사에서 쓸 만큼 쓰고 내친 낡은 기계였다. 단말기가 새로운 환경과 잘 뒤섞일 수 있도록 펠센스타인은 골판지 상자 안에 단말기를 넣고 우레탄을 덧대어 윙윙거리는 소음을 줄였다. 그리고 상자 옆에 "커뮤니티 메모리"라고 적어놓았다.

그들은 스위치보드 운영자들이 그랬던 것처럼 버클리의 평화주의자 대부분이 이런 종류의 하드웨어를 회의적으로 생각하리라 예상했다. 여전히 그들은 수년간 사용해온 뒷벽의 아날로그 게시판을 선택할 거라고 말이다. 컴퓨터는 깨끗한 방과 실험복이 어울리는 물건이었고, "반체제문화 일원들에게 공포와 혐오"를 조장할 우려가 있는 "조직화된 엄격한 질서"의 토템이었다.[13] 커뮤니티 메모리를 사람들에게 다가가게 하는 문화 사업은 주드 밀혼이 거의 전담했다. 주드는 악명 높은 여성 해커이자 나중에 "사이퍼펑크"의 후원자인 성聖 주드로 알려진 작가였다. 사이퍼펑크는 암호화와 저작권 문제 해결에 전념한 컴퓨터 하위문화다. 1980년대와 1990년대를 걸쳐 주드는 영향력 있는 테크놀로지 잡지 〈몬도 2000〉을 공동으로 편집했다. 그녀는 에프렘의 여자친구였고, 〈버클리 바브〉에 섹스 광고를 냈다가 리 펠센스타인을 만났다(이때는 1970년대였음을 감안하자). 주드, 에프렘, 리 3인방은 잘 어울려 다녔다.

주드는 사용자들을 컴퓨터 스크린으로 유인하기 위해 커뮤니티 메모리 데이터베이스에 도발의 씨를 뿌렸다. 그녀는 다음과 같이 크라우드소싱의 원조격인 질문을 올렸다. 베이 에어리어(콕 집어 버클리)에서 베이글 맛있게 하는 집이 어딘가요? / 아시는 곳 있으면 여기 컴퓨터에 정보를 남겨주세요. 테이블 아래에서 전화 수화기로 거는 모뎀이 단말기를 베이 건너편에 있는 리소스 원의 컴퓨터 데이터베이스와 연결했다. 종이에 메모를 남기는 메시지 보드가 구식이 되는 데는 많은 시간이 걸리지 않았다. 한 사람이 주드의 베이글 질문에 답을 달았다. 기어리에 있는 베이글 하우스에서 신선한 베이글을 팔아요. 그리고 또 다른 사람이 답을 달았다. 세 번째 사람은 이 지역에서 베이글을 만드는 법을 가르쳐주는 사람의 연락처까지 알려줬다. 커뮤니티 메모리는 누구에게나 열려 있는 광고판이 되었다. 어느새 카풀, 룸메이트, 체스 게임 상대를 찾는 글이 올라왔고, 동시에 시인과 신비주의자들이 물건을 팔기 시작했다.

커뮤니티 메모리는 예상치 못한 방식으로도 활용되었다. 익명의 장광설부터 익살스러운 유혹과 록밴드 그레이트풀 데드의 어록까지 저마다 개성 있는 글이 올라왔다. 윌리엄 버로스의 소설 『네이키드 런치』에 나오는 등장인물의 이름을 따서 자신을 벤웨이 박사라고 부른 한 남성은 서비스를 대체 현실 속 즉흥 연설장으로 사용했다. 박사—이 비옥한 데이터베이스 모래벌판에 온 당일치기 여행객—의 추종자가 늘어났다. 주드와 사람들은 그와 함께 댓글놀이를 시작했다. 웹이 나타나기 훨씬 이전에 커뮤니티 메모리는 네트워크로 연결된 컴퓨터가 어떻게 지역 연대를 강화하고 독자적인 문화를 창조할 수 있는지를 보여주었다. 사람, 베이글, 웃기는 이야기를 연결함으로써 커뮤니티 메모리는 10년이나 앞서 온라인 커뮤니티의 특징인 엉뚱한 기발함의 전조가 되었다. "우리는 사이버공간으로 가는 문을 열었고, 그곳이 호의적인 영역임을 보았다"라고 펠센스타인은 선언했다.[14] 이것과 관련해서 커뮤니티 메모리는 지금까지 충분히 기념되어왔다. 샌프란시스코의 컴퓨터 역사박물관에는 그때 사용한 단말기가 있고 리 펠센스타인의 논문도 보관되어 있다. 그리고 이 시대를 연구한 여러 역사가들은 커뮤니티 메모리를 "살아 있는 은유" "컴퓨터 테크놀로지가 관료주의에 대항하는 이들의 게릴라 전술로 사용될 수 있다는 증거"라고 말하며 극찬을 아끼지 않았다.[15] 여기에 나는 두 가지 사실을 덧붙이고자 한다. 만약 패멀라 하르트 잉글리시가 모든 난관을 헤치고 SDS-940을 반체제문화의 수중으로 가져오지 않았다면 이 모든 것은 절대 실행될 수 없었을 것이다.

또한 내가 쏟아지는 폭우를 뚫고 밀 밸리로 간 이유는 그것 때문이 아니었다.

사회복지 서비스 명부

다시 셰리의 집으로 돌아가자. 우리는 낮은 소파가 베이지색 구석에 포근하게 자리 잡은 거실로 이동했다. 나는 셰리가 나에게 잘 맞을 거라고 일러준 안락의자 발판에 걸터앉았다. 모두 자리를 잡는 동안 차가 식어갔다. 셰리가 나에게 줄 음식을 만들고 있었다. 이런 자리에서 뭘 먹는다는 게 프로답지 않은 느낌이 들었지만, 그녀가 식사를 대접하겠다고 고집했고 나를 위해 모임을 주선했기에 두말 않고 질문 사이사이에 파프리카와 무無글루텐 쌀과자를 조금씩 집어 먹었다. 셰리가 내게 나누기로 약속한 그들의 기억도 덩달아 더 믿음이 갔다.

프로젝트 원에서 셰리의 생활 공간은 그녀가 창고 공동체에서 가장 친한 친구들이라고 생각한 여자들의 비공식적인 아지트가 되었다. 그녀는 모두를 위해 음식을 만들었고, 전부 함께 그녀의 물침대 위에 누워 건물에서 끝없이 일어나는 로맨스, 거주자 회의에서의 권력 투쟁, 그리고 혁명에 대해 이야기했다. 그들은 모두 자신의 일부를 창고에 바쳤고, 함께 꾸었던 꿈의 사랑스러운 혼돈 속으로 빠져들었다. 차를 마시며 내게 설명한 바로 그 꿈 속으로. "프로젝트 원에 있을 때는 한 번도 두렵다고 느낀 적이 없었어요."[16] 나를 의식하며 패멀라가 말했다. "혼자 걸어도 아무도 괴롭히지 않았죠. 하지만 그곳을 떠났을 때는 모두가 나를 해칠 것만 같았어요. 나를 보호해주는 건 없었죠. 프로젝트 원을 떠나기 전에는 그런 두려움을 경험하지 못했어요."

패멀라는 1975년에 창고를 떠났다. 그녀는 자신이 할 수 있는 모든 것을 했다고 느꼈다. SDS-940은 무사히 설치되어 자리를 잡았다. 커뮤니티 메모리 단말기는 버클리 시내에 있는 한 가게로 이전되었고, 샌프란시스코 공공 도서관의 미션 지점에도 하나가 더 생겼다. 그러나 패멀라가 떠난 이유는 일을 마무리했다는 감정 이상의 것이었을지도 모른다. 원조 리소스 원의 실질적인 여성 리더로서, "패멀라는 자기도 모르는 사이에 자신이 '여왕벌' 역할을 하고 있다는 것을 깨달았죠. 사람들은 자신의 감정 노동을 그녀에게 떠넘기려고 했어요."[17] 리 펠센스타인이 이메일을 통해 내게 말해주었다. "그게 패멀라가 돌연 그룹에서 탈퇴한 가장 큰 요인이었을 겁니다. 우리의 어머니가 되어주길 바라는 사람들의 바람이 쌓여서 생긴 부담감이라고나 할까요."

나머지 여성들이 바통을 넘겨받았다. 마야, 셰리, 그리고 그들의 친구 메리 재노위츠. 재노위츠는 에코스(셰리의 설명에 따르면 "건물에서 정부 기관에 가장 가까운 조직")라는 또 다른 프로젝트 원 단체에서 일했다.[18] 그들은 자원을 그러모아 새로운 프로젝트에서 함께 작업했다. 이 프로젝트는 리소스 원 컴퓨터가 공동체의 실험 단계를 넘어 사회의 선을 향해 나아가게 했다. 셋 중 누구도 자신을 엔지니어라고 생각하지 않았다. 메리는 바너드 대학 사회학과 학생이었을 때 천공카드 데이터 입력을 해본 적이 있는데, 끔찍하게 따분하다고 생각했다. 기술에 대한 마야의 열정은 딱 비디오 예술까지만 확장되었다. 버클리 컴퓨터학과 출신인 패멀라와 달리, 아무도 프로그래밍을 공부하지 않았다. 그러나 그들은 컴퓨터가 가치 있는 물건이며 아직 채워지지 않은 공동체의 필요를 해결할 수 있다는 걸 깨달았다. 이제 그들에게 필요한 건 해결해야 할 문제였다.

나중에 모두가 문 앞에서 작별 인사를 주고받을 때 크리스가 방수 코트의 지퍼를 올리며 따뜻하게 말했다. "처음에는 남자들뿐이었어요. 플라워걸* 여자친구가 있는 히피들이었죠. 그런데 2년이 지나자 그 여자들이 전부 지배했어요."[19] 이러한 변화는 부분적으로 리소스 원 여성들의 노력 덕분이었다. 패멀라의 기금 조성과 프로젝트 운영, 그리고 그녀가 떠난 뒤에 남은 여성들이 문제를 해결하느라 고군분투했던 것까지 말이다.

그들은 건물 주변에서 어슬렁대던 조직책 찰리 볼튼을 통해 리소스 원 컴퓨터를 응용할 수 있는 완벽한 대상을 찾았다. 볼튼은 베이 에어리어의 사회복지기관들이 도시 전체의 사회복지 서비스 정보에 대한 데이터베이스를 공유하지 못하고 있다고 말했다. 그는 서로 다른 기관에 있는 사회복지사들이 자체 색인 파일 Rolodex에만 의존해서 일하는 걸 보았다. 그들이 소개하는 복지 서비스의 질은 도시 내에서도 각양각색이었고, 서비스가 존재하더라도 항상 사람들이 필요로 하는 쪽으로 연계되는 건 아니었다. 패멀라와 함께 리소스 원을 설립하고 그녀가 떠난 후에도 남았던 크리스 메이시는 프로젝트를 위해 새로운 정보검색 시스템을 프로그래밍했고, 다른 여성들은 샌프란시스코 전역의 사회복지사들에게 전화를 걸기 시작했다. 그리고 자기들이 서비스 정보 데이터베이스를 계속해서 업데이트한다면 이용해볼 생각이 있냐고 물었다. 대답은 "그렇다"였다. 리소스 원의 여성들은 자신의 존재 이유를 찾았다. 컴퓨터를 사용해 도시에서 가장 혜택받지 못한 사람들

✚ 1960년대 중반에 평화와 사랑의 상징으로 꽃을 나눠주거나 꽃으로 치장한 젊은 샌프란시스코 히피들 중에서 여성을 부르는 말.

이 서비스에 접근하도록 돕는 것이다.

그들의 사회복지 서비스 명부는 베이 에어리어의 스위치보드 단체를 서로 연계하려는 시도가 실패한 지점에서 성공했다. 그 이유는 간단했다. 사용자를 고려했기 때문이다. 사회복지사들은 스위치보드를 운영하던 히피들에 비해 컴퓨터 단말기나 텔레타이프 기계에 접근하기가 쉽지 않았다. 그래서 데이터베이스는 서류로 배포되었다. 가입 기관들은 명목상 최소한의 요금만 지불하고 우편으로 서류 봉투를 받았다. 그 안에 들어 있는 3공 바인더 속지에 명부가 알파벳 순으로 정리되어 있었고, 봉투를 받은 사회복지사는 그 서비스 목록을 각자의 새빨간 사회복지 바인더에 추가했다. 중앙 데이터베이스는 마야—나중에는 메리—에 의해 SDS-940에서 유지되었고, 셰리가 지역 기관에 직접 전화해서 모은 데이터가 그곳에 입력되었다. 각각의 목록에는 사용 언어, 서비스 지역, 제공되는 서비스와 같은 필수적인 정보가 포함되었다. "우리는 사회복지사들이 더 나은 일을 할 수 있기를 바랐어요."[20] 셰리가 설명했다.

재니스 조플린+의 머리를 하고 무릎에 구멍이 난 작업복을 입고 나타난 열일곱 살 히피족 조안 레프코위츠는 여성으로만 이루어진 이 팀에서 마야가 떠난 자리를 메꿨다. 조안은 산타바버라

+ 미국의 여성 블루스 가수.

의 어느 건강식 식당에서 만난 낯선 사람이 나중에 샌프란시스코에 가면 창고의 창문을 두드리면서 "제러마야 스카이가 보냈다"라고 하라는 말을 듣고 무작정 프로젝트 원을 찾아왔다. 그녀가 명부 작업을 맡은 이유는 그 일이 전자기기에 대한 그녀의 사랑과 진보적인 활동을 결합해주었기 때문이다. 셰리처럼 그녀도 하루종일 전화를 돌려 샌프란시스코 사회복지사, 자살 방지 핫라인, 노숙자 쉼터, 노인 센터, 지역사회단체, 그리고 스위치보드 단체들을 확인했다. "사람들에게 필요한 봉사를 하기 위해 적절한 자리에 적절한 도구를 갖다 놓는 기분이 들었어요." 조안은 어깨에 고양이 한 마리를 얹은 채 스카이프를 통해 나에게 말했다. "사람들의 삶에 실제로 좋은 영향을 미치도록 기술을 사용하는 법을 찾아낸 거죠. 정말 적절했고 쿨했어요."[21]

명부를 정확하게 유지하기 위해 여성들은 하루에도 수십 통씩 전화를 걸었고, 서류를 바닥에 늘어놓고 알파벳 순서대로 쌓아 올리며 일일이 수작업으로 분류했다. 그들에게는 한 달에 한 번, 하나하나 손으로 주소를 쓴 수백 개의 서류 봉투를 가지고 우체국으로 가는 일이 제일 두려웠다. 조안의 말대로, "우리 여자들은 직접 프로그래밍을 하지는 않았어요. 하지만 그거 빼고는 다 했어요."[22] 이 명부는 샌프란시스코 사회복지기관들이 지금껏 봐온 자료 가운데 가장 유용했다. 업데이트된 목록은 다달이 늘어갔고, 마침내 명부는 베이 에어리어 전역을 포괄하는 8센티미터 두께의 바인더 두 개 분량이 되었다. 사회복지부와 마찬가지로 시의 모든 도서관은 각 사무실마다 명부 사본을 한 부씩 보관했다. 셰리, 메리, 마야는 마침내 프로젝트 원으로부터 독립해 인생의 다음 단계로 나아가면서 그들의 명부를 비영리단체인 유나이티드 웨이에 넘겼다. 명부는 최종적으로 샌프란시스코 공공 도서관까지 갔고, 도서관 카탈로그에 실려 2009년까지 보관되었다.

비록 사회복지 서비스 명부는 해커와 히피가 함께 모여 미래를 창조한 샌프란시스코 신화에 포함되지 않았지만 좀 더 실질적인 의미가 있었다. 이 명부는 21세기에 들어설 때까지 사회복지사와 어려운 가정이라는 기술 사각지대를 연결했다. 〈홀 어스 카탈로그〉의 스튜어트 브랜드가 그토록 열렬히 칭송했던 해커와 사회부적응자, 그리고 "뛰어난 남성들"이 과연 사회복지 서비스 명부처럼 화려하지도 않고 고된 노동이 필요한 지역사회 봉사에 착안하고 적극적으로 달려들었을지는 알 수 없다. 명부의 인터페이스가 텔레타이프 단말기가 아닌 3공 바인더였기 때문에 디지털 객체로서의 그 진정한 본성은 명부를 관리한 사람들을 제외한 나머지 세상에는 보이지 않았다. 그것이 "도구에의 접근"을 가지지 않은 사람들의 이익을 위해 출력되었음에도 말이다.

오늘날, 과거에 사우스 오브 마켓 창고 자리에 있던 건물들은 여전히 내일의 비전을 위해 열심히 일하는 젊은이들로 가득하다. 그들은 이제 이곳을 소마SoMa라고 부른다. 지금은 아무도 차를 얻어 타지 않고, 심지어 차가 스스로 운전한다. 프로젝트 원 출신이라면 누구나 또렷이 기억할 그 컴퓨터, 옥상 보일러에 버금가는 수톤짜리 메인프레임 대신 건물 구석구석에 책상마다 컴퓨터가 있고 심지어 리소스 원 컴퓨터보다 더 똑똑한 전구가 있을 정도다. 컴퓨터 분야에서 가장 명석한 사람들—가장 큰 특권을 지닌 사람들인지도 모르겠지만—이 여전히 이곳에 있다. 그러나 지금 그들은 네트워크상에서 상품과 서비스를 판매하기 위해 알고리즘을 다듬고 있다. 이는 나눔 상자를 들먹인 장발의 선조들이(그들은 이것이 전자 게시판이었고, 우리의 혁명을 도왔다고 말한다) 상상으로밖에 하지 못했던 일이다. 만약 도시 기술 문화의 근간이 된 신화, 세상에 그토록 큰 영향을 미친 이 신화에 사회복지 서비스 명부 같은 것이 포함되었더라면 혁명은 좀 더 다른 모습으로 진행되었을지도 모른다.

매주 건물 전체를 대상으로 열리는 회의에서 리소스 원 여성들은 자신의 말이 중간에 잘리는 것에 익숙했다. 셰리와 메리는 건물에 총을 두자고 했던 남자와, 거부권을 행사하며 뻗대던 인간들 때문에 한없이 늘어졌던 논쟁을 기억했다. "100명이 넘는 사람들이 만장일치로 결정을 내린다는 것—그중에 일부는 꽤나 괴짜들인데—은 정말 피곤한 일이었어요"라고 조안이 말했다. 리소스 원 여성들은 나름의 묘안을 생각해냈다. 그들 중 한 사람의 발언이 끊길 때마다 다른 사람이 끼어들어 돕는 것이다. 그들은 미리 전략을 짜놓았는데, 틀림없이 셰리의 침대에서 긴 대화를 나누는 동안 생각해냈을 것이다. "그럼 이렇게 말하는 거예요. '잠시만요, 아무개가 하던 이야기를 다 못 들었는데요.' 아니면, '잠깐만요, 좀 끝까지 들어봅시다.' 우리는 서로에게 그렇게 해주었어요." 셰리가 회상했다. "우리는 타인을 지배하려는 행동에 맞섰어요. 그렇게 하기 위해 필요한 건, 누군가를 깨우는 것이죠."[23]

사회복지 서비스 명부는 컴퓨터를 사회적 선에 적용하기 위한 초창기 노력 가운데 하나이며, 기술 설계와 구현 과정이 보다 다양한 집단의 사람들에게 열려 있을 때 어떤 일이 일어나는지 보여준다. 리소스 원의 여성들—급진주의자, 페미니스트, 조직책 등—이 기계에 공동의 가치를 심었을 때, 그 결과물은 지역사회에 더욱 유익한 것이 되었다. 그들은 남성 해커들이 세상을 바꾸는 도구라고 선전하는 것들을 가져다 지역사회에 적용했고, 필요한 때에 필요한 곳에서 좋은 일을 하게 했다. 이것은 지금도 여전히 급진적인 발상이지만, 여성이 기술의 사용에 이처럼 강한 관심을 보인 것은 처음이 아니었다. 프로그래밍 언어를 다듬고 체계화하기 위해 노력한 그레이스 호퍼와 베티 홀버튼과 같은 선구자들은 자신이 가진 기술과 재주에 더 많은 대중이 접근할 수 있게 했고, 그들 덕분에 프로그래머가 아닌 사람들도 컴퓨터로 무엇을 할 수 있는지를 알게 되었다. 그리고 이후 컴퓨터가 서로 연결되어 네트워크가 형성되면서 여성들에게 신생 분야를 개척할 수 있는 기회가 제공되었을 때, 그것은 다시, 또 다시, 그리고 또 다시 일어날 것이다. 이렇게 이들은 모두가 정보화 시대를 이해하도록 도울 것이다.

마린에서 공항버스를 기다리고 있는데 비가 그칠 기미가 보이지 않는다. 리소스 원과 SDS-940에 대한 생각이 계속 떠오른다. 우리 집에 그런 컴퓨터가 있으면 어떨지 상상해본다. 겨우 64k짜리 메모리. 지금 내 주머니 속에 있는 휴대폰—내가 수시로 바닥에 떨어뜨리고 심지어 세탁기에 넣고 돌린 적도 있는—과 비교해도 용량이 몇 자리수나 차이 난다. 그런데도 나는 리소스 원이 정말 부럽다. 그들은 오늘날만큼 복잡하지는 않은 컴퓨터를 가졌었다. SDS-940은 베이 에어리어에서 불과 몇 개의 단말기에만 연결된 채 단독으로 서 있었다. 장식품이라기보다는 붙박이 가구 같다고나 할까. 샌프란시스코에서 로스앤젤레스 집으로 가는 비행기 안에서 나는 감사한 마음으로 핸드폰을 비행기 모드로 전환하고 끊임없이 울려대는 알람에서 한 시간 동안 해방되었다.

컴퓨터는 1960년대 말에 서로 연결되기 시작했지만, 1970년대 초반 리소스 원 여성들이 베이 에어리어 전역에 사회복지 서비스 명부를 배포하고 커뮤니티 메모리 단말기가 장발족들에게 전자 게시판의 즐거움을 소개할 무렵이 되어서야, 오늘날 우리가 아는 인터넷의 골격이 형성되기 시작했다. 미국에서는 10여 개의 지역에서—그중의 절반은 캘리포니아였는데—SDS-940과 같은 냉장고 크기의 메인프레임들이 전화선과 라우터에 연결되어 리소스를 공유하고 시간을 나누며 통신하는 데 사용됐다. 미국 방위고등연구계획국은 인터넷의 원조격인 이 아파넷을 구축하는 데 연구비를 지원했다. 전자 메일이 등장하기 전까지 아파넷은 사교적인 용도가 아니라 리소스 공유를 목적으로 운영되었다. 아파넷 이전에는 컴퓨터에서 컴퓨터로 데이터를 전송하기 위해 사람이 천공카드 또는 자기 테이프를 한 무더기씩 들고 다녀야 했다. 이때만 해도 데이터보다 사람의 기동성이 더 좋았다. 컴퓨터 원격 접속이 가능해지기 이전 시절 어느 역사가의 말처럼, "먼 곳에 있는 컴퓨터를 사용해야 하는 과학자는 그곳까지 몸소 날아가는 게 더 쉬웠다."[1] 아파넷은 "먼 곳에 있는 컴퓨터"들을 서로 연결함으로써 모든 것을 변화시켰다. 네트워크에 접속하면, 그 기계가 있는 방 안에서 직접 키보드를 두들기는 것처럼, 매사추세츠 공대에 있는 과학자가 캘리포니아에 있는 컴퓨터 프로그램을 쉽게 돌릴 수 있었다.

아파넷은 오늘날의 인터넷처럼 패킷 교환 네트워크였다. 아파넷은 정보를 바이트 사이즈의 '패킷'으로 쪼개고 네트워크를 가로질러 정확한 시간 간격을 두고 패킷을 전송했는데, 이는 시스템 차원의 장애가 일어났을 때 자체적인 해결을 보장하는 방안이었다. 만약 네트워크의 특정 노드에 문제가 생기더라도 패킷은 도착해서 재조립되기 전에 스스로 경로를 쉽게 바꿀 수 있다. 아파넷의 최초 사용자들은 아파넷 제작자들이었다. 퍼트리샤 크라우더가 동굴 지도를 인쇄하고 윌 크라우더가 라우터 코드를 썼던 BBN이나, MIT, 카네기 멜런, UCLA, 그리고 북캘리포니아의 버클리 대학, 스탠퍼드 대학, 멘로 파크의 스탠퍼드 연구소에 있는 여러 수학자, 컴퓨터 과학자, 공학자들이 아파넷의 유저였다. 이들은 모두 새로운 프로토콜을 제안하고 버그를 수정하거나 기능을 추가해 초기 인터넷을 설계하는 데 기여했다. 군대와 컴퓨터 과학계의 최고 집단은 대부분 남성이 지배했기 때문에, 초기의 인터넷 사용자들이 모두 대학 교육을 받은 남성인 것은 자연스러운 일이었다.

물론 그들이 전부는 아니었다.

제이크라는 이름의 소녀

출근 첫날, 그녀는 왼쪽 끝에서 가르마를 타고 곱게 머리를 벗어 넘겼고 말쑥한 정장을 골라 입었다. 신경 써서 힐까지 신었다. 그러나 스탠퍼드 연구소의 증강연구센터로 걸어 들어갔을 때 그녀는 여전히 눈에 띄었다. 때는 1972년이었고, 그곳에는 실로 굉장한 남성들이 있었다. 그들은 엉클어진 수염만큼이나 길고 야성적인 머리를 하고 "정돈되지 않은 침대처럼 보이는" 콩주머니 소파에 기대어 앉아 있었다.[2] 사무용 의자에 앉아 있는 사람들도, 그들이 불펜+이라 부르는 확 트인 사무실의 맨바닥에서 의자를 핀볼처럼 시끄럽게 굴리고 다니며 직책의 구분 없이 서로 의견을 나누었다. 그녀의 이름은 엘리자베스 파인러였지만 웨스트버지니아주의 고향 집에서는 모두 그녀를 제이크라고 불렀다.

제이크는 자신이 도대체 어디에 온 건지 알 수 없었다.

제이크는 가족 중에서 처음으로 대학을 졸업했다. 퍼듀 대학에서 대학원에 다니는 동안, 너무 가난했던 그녀는 남자친구가 잡아 온 야생 청설모를 요리하거나 식품학과 실험실에서 폐기 처분하는 닭을 한 마리당 5센트에 사서 먹었다.[3] 제이크는 먼 길을 돌아서 스탠퍼드까지 오게 되었다. 화학을 전공한 그녀는 오하이오주 콜럼버스의 화학초록서비스에 정보 화학자로 취직했고 과학 논문과 특허를 분류해 화학 정보 저장소에 보관하는 일을 했다. 그 정보 저장소는 세계에서 가장 큰 데이터 창고 가운데 하나였

\+ 야구 경기 중에 투수가 연습을 하는 장소.

다. 제이크는 그곳에 보관된 어마어마한 정보량에 매료되었다. 이 정보를 유용한 데이터베이스로 정리하는 일은 그녀에게 시시포스의 운명처럼 끝낼 수 없는 과제로 보였다. 자신이 화학보다 정보 자체에 더 관심이 있다는 것을 깨달은 제이크는 스탠퍼드 대학에 취직해 논문을 모으고 도서관에서 책을 뒤지며 학자들이 연구하는 데 필요한 자료를 색인 카드에 요약하는 일을 시작했다.[4] 오늘날 검색엔진이 하는 일과 같았다.

제이크는 지하에 있는 연구실에서 일했는데, 언제부턴가 위층의 더글러스 엥겔바트가 그녀의 사무실로 찾아와 정리와 조직에 대한 조언을 받기 시작했다. 엥겔바트는 1960년대 후반에 온라인 시스템oNLine System, NLS이라는 컴퓨터 시스템을 발명했는데, 이것은 형식과 철학 양쪽 모두에서 현대 개인용 컴퓨터의 전신이자 마우스와 키보드를 설계에 통합한 최초의 시스템이었다. NLS는 너무나 꿈같은 현실이라 맨 처음 엥겔바트가 대중에게 공개한 이후 기술의 역사에서 "모든 시연Demo의 어머니"로 알려졌다.[5] 제이크의 스탠퍼드 사무실 바로 위층의 증강연구센터에서 엥겔바트 팀의 공학자와 컴퓨터 과학자들은 미래를 상상하느라 바빴다. "그는 내 사무실에 내려와 이렇게 말을 걸곤 했어요. '뭐 하고 있어요?' 그러면 나는, '저 위층에 있는 사람들은 도대체 하루종일 텔레비전만 쳐다보면서 뭘 하는 거죠?'라고 되물었죠."[6]

그것이 무엇이건 간에 이제 그녀는 자신이 하는 일이 지루하게 느껴졌다. 하루는 엥겔바트가 내려오자 제이크는 그와 일하고 싶다고 말했다. 그는 자리가 없다고 답했지만 잊지 않고 있다가 6개월 뒤에 돌아와 통보했다. "이제 자리가 생겼어요." 그건 색인 카드와는 전혀 상관없는 일이었다. 더글러스 엥겔바트는 제이크 파인러에게 네트워크 컴퓨팅이라는 새로운 야생의 세계를 소개했다. 그녀의 삶은 결코 이전과 같지 않을 터였다.

1969년 가을, 아파넷상에서 두 개의 호스트 컴퓨터가 최초로 전송을 시도한 역사적인 순간에 엥겔바트의 컴퓨터는 수신하는 쪽에 있었다. 중간에 연결이 끊어지는 바람에 최초의 인터넷 메시지는 LOGIN에서 잘려 다소 좀 더 예언적인 LO✚가 되었다.[7] 1972년에 제이크가 엥겔바트 팀에 합류했을 때, 스탠퍼드는 전국적으로 30개 이상으로 늘어난 아파넷 노드 가운데 하나였고, 아파넷 업무를 담당하는 네트워크 정보센터Network Information Center, NIC의 본부였다. 당시 아파넷 관련자들은 모두 이 센터를 마치 명성 있는 오랜 친구의 이름처럼 "더 닉the Nick"이라고 불렀다. 엥겔바트는 제이크에게 닉의 자리를 제안하면서 국방부 관계자 앞에서 있을 중요한 시연에 맞추어 아파넷용 리소스 안내서를 만들어야 한다고 말했다. "제가 '리소스 안내서가 뭐예요?'라고 물었더니, 그가 이렇게 대답하더라고요. '솔직히 나도 잘 몰라요. 하지만 6주 안에 하

✚ "자, 보시라!" 또는 "세상에 웬일인가" 등의 감탄사로 쓰이는 "Lo and behold"라는 관형어구를 뜻한다.

나 만들어내야 해요.'"[8]

안내서의 정체는 제이크가 알아냈다. 아파넷은 애초에 과학자들을 위한 리소스 공유 네트워크로 구축되었기 때문에, 안내서에는 네트워크에 연결된 다양한 사이트에서 어떤 기기, 프로그램, 인력을 사용할 수 있는지가 나열되어 있어야 했다. "제가 할 일은 분명했죠."[9] 안내서에 필요한 정보를 취합하기 위해 제이크는 신생 인터넷의 모든 개별 호스트 사이트와 접촉했고—전국의 기술 담당자와 관리자에게 전화해서—그들이 제공하는 이용 가능한 것들을 구체적으로 문서화했다. 호스트 사이트의 성격은 다 달랐다. 대학은 온갖 종류의 업무에 호스트 컴퓨터를 사용했다. 어떤 이들에게는 그들의 기기가 '온라인' 상태인 것이 부수적인 조건이었지만, 다른 이들에게는 대단히 중요했다. 호스트 컴퓨터가 늘 안정적인 것도 아니었다. MIT에서는 "애들이 기계를 갖고 놀더라고요."[10] 제이크가 회상했다. "동네에서 제일 좋은 놀잇감"에 빠삭한 학부생들이 종종 밤에 몰래 들어와 네트워크를 엉망으로 만들어 놓곤 했다. 이런 어려움에도 불구하고 제이크의 사무실에서 제작한 리소스 안내서는 아파넷을 실행하는 모든 노드와 기관과 인력 정보를 실은 천 페이지가량의 문서로, 인터넷의 기술 인프라를 최초로 문서화한 사례가 되었다.[11]

리소스 안내서를 작성하면서 제이크는 단숨에 아파넷 권위자가 되었다. 그리고 마침내 네트워크 정보센터를 두 명이 운영하는 사무실에서 1100만 달러 규모에 이르는 프로젝트로 키웠고, 점차 성장하는 네트워크의 주요 조직 관리 책임을 맡았다. 대부분 여성이었던 직원들과 함께 그녀는 리소스 안내서와 더불어 초기 인터넷의 '전자식 전화번호부'인 아파넷 디렉터리를 제작했다. 또한 모든 새로운 호스트의 등록을 관리하고 네트워크상의 중요한 대화를 색인화했으며 닉의 안내데스크(1년 365일 전화벨이 울리는 인터넷 핫라인)를 운영하고 오늘날까지 인터넷의 핵심 유틸리티로 남아 있는 프로토콜+을 제안했다.

이 모든 일이 한꺼번에 일어난 것은 아니었다. 제이크가 스탠퍼드에서 경력을 쌓기 시작했을 때 아파넷은 여전히 비교적 소규모였다. "한동안은 뒤에서 서두르지 않고 따라갈 수 있었어요. 그러다 네트워크가 갑자기 미친 듯이 확장됐죠." 아파넷의 규모가 커지면서 제이크 팀은 아파넷을 조직적으로 관리할 필요가 있었다. 1974년에는 닉이 아파넷 기록 대장인 "호스트 테이블"의 관리를 맡게 되었다. 새로운 기관이 네트워크 가입을 원하면 우선 제이크의 사무실에 연락해 등록할 호스트 이름이 중복되지는 않는지, 그들의 하드웨어가 네트워크 지침을 충족하는지 확인해야 했다. 닉의 호스트 테이블은 인터넷이 원활히 작동하게 유지했다. 그리고 오늘날 도메인 등록 기관인 고대디나 네트워크 솔루션스

+ 네트워크상에서 정보의 원활한 교환을 위해 정한 통신 규약.

네트워크 정보센터 사무실에서 일하고 있는 제이크 파인러

같은 영리 기업이 인터넷 주소 관리를 장악하기 전까지, 화학과 출신에 가지런히 머리를 빗어 넘긴 웨스트버지니아 출신 제이크는 자신과는 어울리지 않는 히피나 해커와 어울리며 항공 교통 관제사, 도서관 수석 사서, 인터넷 관리자라는 1인 3역을 수행했다.

제이크는 아파넷에 관여한 몇 안 되는 여성 가운데 한 명이었다. 군에서 자금을 지원하고 최고 수준 연구기관의 공학자들이 제작에 참여한 터라 네트워크의 기술적 측면은 남성이 지배했다. 대신 여성들은 측면에서 치고 들어왔다. 제이크가 일을 시작하기 전에도 정보 과학을 통해 컴퓨터 네트워크 분야에 진입한 몇몇 여성들이 있었다. 아파넷의 첫 번째 라우터를 설계한 매사추세츠 기업 BBN의 전 직원 엘런 웨스트하이머는 호스트 테이블의 초기 버전을 출판했고, 매사추세츠 베드퍼드 소재의 기업 MITRE의 페기 카프는 처음으로 호스트 테이블의 표준화를 제안했다.[12] 닉에서 제이크와 함께 근무한 여성 동료들은 모두 다양한 분야에서 왔다. 나중에 제이크의 이복동생과 결혼하게 될 웨스트버지니아 출신 메리 스탈은 초창기에 연구원으로 와서 일했지만 원래 미술을 전공했고 과거에는 아이들에게 그림을 가르쳤다. 닉의 남성 프로그래머인 켄 하렌스타인은 청각 장애가 있어 수어 통역사들이 동행했는데, 대부분 여성이었던 그들은 닉의 데이터베이스에 데이터를 입력하는 이중 업무를 수행했다. 통역사들 가운데 기술적인 배경을 가진 사람은 아무도 없었고, 모두 그때그때 배우면서 일했다. 네트워크 구축에 대한 그들의 기여는 기술적인 측면보다는 조직적인 측면의 것이었다. "그 시대에는 여성 프로그래머가 많지 않았어요. 네트워크 분야 종사자 대부분이 공학 학위가 있었고 전기공학이나 물리학을 배우고 들어왔어요."[13] 제이크가 말했다. "하지만 여성은 정보를 다루는 데 능숙해요. 왜냐하면 여자는 디테일에 강하니까요."

여전히 그들은 아웃사이더였다. 제이크는 군 고위층이 동석한 회의에서 커피를 타오라는 얘기를 듣기도 했다. 또 처음 연구실에 들어와 작업을 하려고 NLS 단말기 앞에 앉았을 때에는 한소리를 들었다. "누군가 오더니 '비서는 함부로 기계를 만지면 안됩니다'라고 소리를 치더라고요."[14] 이런 경험은 그녀의 자존감을 무너뜨렸다. "하늘에 내가 만지기만 하면 망가지는 커다란 플러그가 있는 것 같았어요." 하지만 이윽고 그녀는 자신만의 전략을 세웠다. 커피를 타오라는 말을 들으면 입심 좋게 대응했다. "좋아요, 이번에는 기꺼이 타드리죠. 하지만 다음번에는 직접 타셔야겠죠?" 기계를 망가뜨릴지도 모른다는 두려움에 대해 말하자면, 제이크는 마침내 엥겔바트의 복잡한 시스템이 일개 비서나 키보드 사용에 익숙한 여성보다 국방부 간부들에게 더 위압적이라는 사실을 깨달았다. "장성들은 기계에 손을 대는 걸 더 꺼려 했어요. 바보처럼 보일까 봐 걱정했으니까요."[15]

과거의 인간 컴퓨터 세대가 협력하여 미래의 네트워크를 구현한 것처럼, 초기 인터넷 시대의 여성 정보 과학자들은 결국엔 시스템이 넘겨받게 될 또 다른 기능을 구현했다. 바로 검색이다. 지금 우리가 당연히 여기는 검색 엔진이 생겨나기 훨씬 전에, 닉은 그 시대의 구글이었고 제이크는 구글의 인간 알고리즘이었다. 제이크는 모든 것이 어디에 보관되었는지 정확히 알았다. 닉의 서비스가 없으면 아파넷을 탐색하는 것이 거의 불가능했다. 호스트 사이트들은 자기네 리소스를 따로 공시하지 않았는데, 기계 자체나 네트워크 구성이 변할 때마다 수시로 바뀌었으므로 그로 인해 새로운 사용자들이 어려움을 겪으면 관리의 부담을 제이크의 사무실이 떠안았다. "어디로 가야 할지 모르면 다들 닉으로 왔어요."[16] 전화가 20년 동안 쉴 새 없이 울렸고, 이메일이 네트워크에 편입되자 그녀는 그 안에 빠져버렸다. 제이크는 홍수처럼 쏟아지는 이메일 속에서 중요한 것을 잃어버리는 악몽을 꾸곤 했다. "이메일이 아주 끝도 없이 왔어요. 제가 짊어져야 할 십자가였죠."[17]

제이크는 금지된 것이 아니라면 뭐든지 집어 들어—그녀의 친구들은 제이크가 좋아하지 않는 종이를 본 적이 없다고 농담을 했다—닉으로 들고 와 보관하고 참조했다. 그 결과 그녀의 사무실은 책과 종이로 가득했고, 그녀의 책상은 바인더 속지 뭉치들이 어수선하게 널려 있었다. 한번은 제이크의 부하 직원이 청소 도우미를 고용해 정리를 하려고 했는데, "이때 처음이자 마지막으로 다른 직원에게 화를 냈어요. 제가 말했어요. '당신 사무실은 마음대로 청소해도 되지만, 제 것은 건들지 말아요.'"[18] 제이크의 서류 뭉치들은 겉으로는 정신없어 보일지 모르지만 하나하나가 인터넷과 관련된 사건 전체의 정신적 색인이었으며, 제이크는 그것들의 수석 큐레이터이자 관리인이었다.

아파넷의 정보 흐름을 관리하는 닉의 역할은 아파넷 개발자들에 비해 간과되기 쉽다. 정보가 문제없이 원활하게 흐를 때는 공기처럼 자연스럽게 느껴지기 때문이다. 그러나 닉과 네트워크가 제대로 작동하고 유지되려면 엄청난 노동이 필요했다. 제이크는 내게 사무실 사람들끼리 주고받았던 조 스미스 농담을 말해주었다. 조 스미스는 아주 평범한 사람으로 모두가 조 스미스를 안다. 이 사람도 조를 알고, 저 사람도 조를 안다. 심지어 대통령도 그를 안다. 하루는 조 스미스가 바티칸에 있는데 군중 속에서 한 사람이 말했다. "저기 있는 저 사람이 누구요?" 누군가 대답했다. "*빨간 빵떡모자를 쓰고 있는 사람*[+]*은 누군지 모르겠지만, 다른 사람은 조 스미스요.*" 제이크가 바로 인터넷의 조 스미스였다. 철저히 익명인 동시에 어디에나 있는 존재. 언젠가부터 그녀는 서신에 자신의 이름을 쓰지 않았다.[19] 어차피 "의미가 없었기" 때문이다. 나는 그녀에게 감당할 수 없을 정도로 인터넷이 너무 방대해질 것이라고 언제 처음 생각하게 됐는지 물었다. 그녀는 주저하지 않고

[+] 주케토를 쓴 추기경을 뜻함.

답했다. "거의 처음부터 그랬어요. 그래서 이런 생각이 들곤 했죠. '내가 이걸 왜 하고 있지?'"[20]

증강연구센터 연구실은 밤낮으로 돌아갔다. 컴퓨터 용량은 덩치에 비해 보잘것없었고, 특히 네트워크가 시분할 사용자들로 가득 찰 때면 프로그램을 컴파일링하는 데만 몇 시간씩 걸렸다. 작업 속도를 높이기 위해 연구자들은 24시간 교대로 일하면서 한밤중에 주요 데이터베이스를 업데이트하고 커피, 콜라, 마운틴듀를 들이부으며 동이 틀 때까지 버텼다. "우리는 해야 할 일을 하려고 애쓴 것뿐이에요. 기계가 너무 붐벼서 낮에는 작업을 할 수 없었거든요. 그래서 업무를 수행하기 위해 밤에 작업하는 핵심 그룹이 있었죠."[21] 그들은 책상에서 단말기 위에 엎어져 잠이 들기도 했다. 그러나 제이크를 비롯한 닉의 여성 직원들은 여자 화장실에서 휴식을 취했다. 대기실에 "소파가 있었어요. 당시에는 화장실 대기실에 여성을 위한 소파를 의무적으로 비치해야 했거든요."[22]

제2차 세계대전 당시 그레이스 호퍼가 하워드 에이킨의 하버드 연구실에서 압박 속에 최고의 성과를 이루어낸 것처럼 제이크는 밤샘 작업에서 최고의 것을 끌어냈다. "가끔 밤새워서 일하고 다시 출근해서 또 온종일 일한 적도 있어요. 새벽 5시쯤 되면 좀 힘들었죠." 닉의 전화선은 동부에서 걸려오는 전화를 받기 위해 새벽 5시에 열렸고 자정까지 살아 있었다. 제이크가 처음 왔을 때에는 전화가 한 대밖에 없었지만, 1989년에 그녀가 떠날 무렵 닉에는 여섯 대의 전화기가 전국에서 걸려오는 문의 전화로 쉴 새 없이 벨을 울려댔다. 이 전화들은 인터넷상의 중앙 핫라인이었다. 전화가 걸려오면 제이크의 안내 데스크 직원은 문의에 가장 잘 대답할 수 있는 사람에게 연결해주거나, 자주 묻는 질문 목록에서 답변을 찾아 읽어주고 계속 늘어나는 닉의 문서 라이브러리에서 정보를 찾아 알려주었다. 그래도 수요를 따라잡기에는 역부족이었다.

제이크는 네트워크 비즈니스에서 최고의 자리를 유지하기 위해 아파넷 자체를 이용했다. 네트워크에 연결된 단말기를 사용해 그녀는 "링킹"이라는 화면 기반 채팅을 개설하고 연구실과 전국 각지의 동료들과 연락했다. 그리고 종종 자신이 한 번도 만나본 적 없는 사람들과도 대화를 나누었다. 그녀는 아파넷 전역의 연구원들이 공동으로 만든 "부서 간 대화 기록**Request for Comments**[+], **RFC**"상에서 전문적인 대화에 참여했다. 최초의 RFC는 인쇄된 메모였지만 닉이 대화 내용을 온라인에 올려놓으면서 게시판과 비슷한 공동 아지트가 되었다. RFC의 중요성이 명확해짐에 따라 제이크와 그녀의 동료 조이스 레이놀즈, 그리고 자칭 "네트워크 작업 그룹" 소속 연구원들은 그 내용을 편집해 인터넷의 공식적인 연구 노트로 만듦으로써 오늘날에도 여전히 사용되는 관행을 세

+ "답글을 기다린다"라는 뜻.

웠다. RFC는 인터넷이 아직 온라인상의 모든 사람이 하나의 대화에 참여할 수 있을 정도로 소규모였던 시대의 유물이다. 물론 이것은 순식간에 불가능해졌지만, 감당하기 힘들 만큼 정보와 연결과 사람이 폭발적으로 확장하는 데 제이크가 크게 기여했다.

이 모든 업무로 제이크는 다른 일을 할 시간이 없었다. 특히 닉의 업무가 늘어나고 워싱턴과 전국의 주요 호스트 사이트 간에 아파넷 활동을 조정하느라 논스톱으로 출장을 다니면서 업무 외 친구들과 연락을 유지하는 데 어려움을 겪었다. 당시 컴퓨터 분야에 종사한 많은 여성들처럼 제이크가 개인 생활과 직장 사이에서 균형을 맞추려고 노력했다는 점은 의심할 여지가 없다. "저는 항상 결혼하려고 했었어요."[23] 그녀가 말했다. "결국은 못 했지만." 그래도 연구실에서 오랜 시간을 보내고 새벽 5시에 팬케이크를 먹으러 나가거나, 해커 무리와 중국 식당으로 몰려가 누가 제일 맛있는 군만두를 먹어봤는지 논쟁하는 것만큼 즐거운 일은 없었다. 2012년에 인터넷 명예의 전당에 입성했을 때, 제이크는 자신의 집념과 행운이 어떻게 이토록 중요한 역사적인 순간에 자신을 특별한 곳으로 데리고 갔는지 깨달았다. "인터넷은 원숭이 한 트럭보다 재미있었어요. 인터넷 역사의 초기 단계를 겪으면서, 생각했던 것보다 훨씬 즐겁게 보냈습니다."[24] 네트워크 역사의 이정표—호스트 수가 100을 넘었을 때와 한 프로토콜에서 다른 프로토콜로 성공적으로 이전했을 때—를 기념할 때마다 그들은 회의실에서 파티를 열었다. 한번은 봄이 한창일 때 제이크가 게와 신선한 아스파라거스를 가져와 닉의 전 직원과 나누어 먹었다. "제이크는 꽃게 파티를 열고 싶어 했어요."[25] 메리 스탈이 웃으며 말했다.

"다들 제 가족 같았으니까요."[26] 제이크가 회상했다.

후이즈 제이크 파인러?

제이크가 닉에서 주도한 프로젝트는 꼭 필요한 것이 될 수밖에 없었다. 모두 제각기 관리하는 전국 호스트들의 주소를 모아놓은 것에 불과했던 초기 아파넷에서 닉의 리소스 안내서는 실질적으로 탐색을 위한 유일한 도구였고, 비록 종이 인쇄물이긴 했어도 최초의 인터넷 브라우저였다. 그리고 제이크가 만든 인터넷 '전화번호부' 아파넷 디렉터리는 우리 시대의 검색 가능한 온라인 연락망보다 수십 년이나 앞선 것이다. 이 단순하고 미래지향적인 두 유틸리티는 머지않아 닉의 역할을 네트워크 자체에 끼워 넣으며 아파넷의 일부가 될 터였다. 그레이스 호퍼가 자동 프로그래밍으로 자신을 대체했듯이, 제이크는 기계로 자신을 대체했다.

아파넷 디렉터리가 네트워크와 함께 성장하면서 제이크는 관리의 측면에서 몇 가지 중요한 결정을 내려야 했다. 하나는 철학적인 것이었다. 초기 인터넷 커뮤니티는 군 관계자, 컴퓨터 과학자, 때로는 학부생 침입자까지 뒤섞인 독특한 집단이었기 때문에 제이크는 디렉터리에 공식적인 직함이 아닌 이름만 넣어야 한다고 주장했다. 군대 계급을 틀리지 않게 유지하는 건 골치 아픈 일이었다. 무엇보다 1970년대는 프로젝트 원 주민들이 피플스 컴퓨터를 요구한 격동의 시대였다. 아파넷에서 "어린 해커가 노벨상 수상자와 이야기하고, 베트남 전쟁 반대 '시위자'가 전쟁터에서 방금 돌아온 군인과 이야기했다."[27] 아파넷 디렉터리에서 소속을 빼버리자는 결정은 모든 사람의 신분을 평준화하여 앞으로 인터넷에서 수십 년 동안 지속될 우호적인 평등주의 정신을 확립하고 거리에 제한이 없는 커뮤니티의 발전을 가능하게 했다.

종이 디렉터리가 너무 커져서 업데이트를 할 수 없게 되자 제이크는 네트워크 자체에 사람을 찾는 검색기를 만들기로 했다. 그녀는 닉에 후이즈WHOIS라는 새로운 서버를 구축했다. "후이즈는 아마 우리가 가진 서버 중에서 가장 컸을 거예요. 우리는 디렉터리 발행을 중단했어요. 그건 기본적으로 네트워크 전화번호부였는데요, 대신 모든 정보를 후이즈 아래에 두었어요. 그래서 'WHOIS Jake Feinler'라고 치면 컴퓨터가 제 이름과 주소, 이메일 주소, 넷상에서의 소속 등등을 알려주었어요."[28] 이것은 최초의 사용자 프로필이었다. 닉 직원들은 후이즈 데이터베이스를 늘 최신 정보로 유지해 사람들이 온라인에서 서로를 찾을 수 있게 했다.

후이즈는 지금도 존재한다. 지난 40년 동안 진화했지만, 여전히 '누가WHOIS' 어떤 도메인과 사이트와 서비스를 책임지는지 추적하는 핵심 인터넷 프로그램으로 살아 있다. 후이즈를 통해 온라인에서 누가 어떤 리소스를 제어하는지 감시할 수 있다. 정보의 출처가 점차 고의적인 모호함으로 퇴화하면서 오히려 그 중요성이 커지고 있는 유틸리티다. 어떤 정책 전문가의 지적처럼, 후이즈는 인터넷의 민주화를 유지하는 장치와 다름없다.[29]

호스트 테이블에도 같은 일이 일어났다. 1974년에 제이크의 사무실이 아파넷의 중요 기록을 유지하고 관리하는 업무를 담당하고 있을 당시, 호스트 테이블은 아파넷상의 모든 기계의 이름과 숫자로 된 주소를 나열한 아스키ASCII 기반의 단조로운 문서로서, 호스트들이 닉에서 직접 다운로드해서 사용하는 간단한 텍스트 파일에 불과했다. 그러나 네트워크가 성장하면서 호스트의 수는 호스트 테이블에서 할당한 공간을 초과할 정도로 늘어났고, 파일 자체도 일부 소규모 호스트들이 다루기에는 용량이 너무 커져버렸다. 모든 사이트가 닉에 정확한 정보를 제출하는 것도 아니었으므로, 연구 보조원으로 시작해 호스트 마스터까지 승진한 제이크의 동료 메리 스탈은 일주일에 두 번씩 수백 개의 호스트 테이블 주소를 수작업으로 확인하고 편집하면서 "번아웃"되곤 했다.[30] 아무도 보상하거나 칭찬하지 않는 작업이었다. "누구도 '오, 정말 잘했어요. 아주 훌륭한 호스트 테이블이군요'라고 말하지 않았어요. 항상 뭐가 문제냐고 물었죠." 스탈이 웃으며 말했다. 1980년대 초에는 중앙 집중식 호스트 테이블을 유지하는 "복잡하고 번거롭고 비효율적인" 시스템이 결코 개선될 기미가 보이지 않았다.[31]

RFC는 네트워크상의 호스트 전체를 추적하는 대체 시스템에 대한 논의로 시끌벅적했다. 대부분 새로운 시스템이 계층적이어야 한다는 것에 동의했다. 분산형으로 성장하는 것이 인터넷의 본성이긴 하지만 이름과 주소를 지정하는 합리적인 시스템이 있어야 인터넷이 혼돈에 빠지지 않을 거라는 사실은 모두에게 분명했다. RFC 커뮤니티는 일종의 국민국가 체제로 가자고 합의를 보고 호스트를 분리된 몇 개의 영역, 즉 "도메인"으로 나누었다. 각 도메인 내에서 개별 호스트의 조직 방식은 표준 주소 지정 형식을 준수하는 한 자체적으로 결정한다. 이것이 오늘날 온라인상에서 모두에게 익숙한 주소 형식이다. 호스트 주소는 `host.domain`으로 읽힐 것이고 각 호스트의 사용자들은 자신을 `user@host.domain`으로 식별한다. 우편번호가 있는 우편 주소의 온라인 버전인 셈이다. 그렇다면 각 도메인은 뭐라고 불러야 할까? 제이크는 해당 컴퓨터가 보관된 장소에 따라 일반적인 범주로 나눌 것을 제안했다.[32] 군 기관 호스트는 `.mil`, 교육 기관 호스트는 `.edu`, 정부 기관 호스트는 `.gov`, 단체는 `.org` 등등. 당시에 상업 관련 호스트는 아직 인터넷의 일부가 아니었지만 구색을 맞추기 위해 미리 지정해두기로 했다. 제이크와 동료들은 비즈니스business의 `.bus`와 커머셜

commercial의 .com 사이에서 논쟁을 벌였다. 제이크는 .bus를 선호했지만 이미 그 단어를 사용하고 있는 하드웨어 구성 요소가 있었기에 결국 .com으로 결정됐다. 오늘날 .com이 가장 많이 쓰이는 도메인이 되었다는 것은 시간의 흐름 속에서 네트워크가 어떤 존재가 되었는지 일러준다.

제이크는 학문적 의미의 컴퓨터 과학자는 아니었지만 복잡한 시스템을 수용하는 방법을 누구보다 잘 알았다. 또한 인터넷의 무질서하고 급속한 성장 속에서 모두 함께 잘 버텨나갈 수 있도록 체계적인 구조를 마련함으로써 인터넷의 발전에 실질적으로 기여했다. 제이크는 여성 동료를 고용해 교육했고, 그들은 시간 외 근무까지 해가면서 네트워크의 핵심적인 탐색 도구인 설명서, 주소록, 지도를 모두 최신 정보로 정확하게 업데이트했다. 초기에는 네트워크를 통해 컴퓨팅 리소스를 공유하는 것이 대단히 흥분되는 일이었지만, 학계와 군의 얽히고설킨 이해관계, 사교적 목적으로 인터넷을 쓰려는 사람들의 자연스러운 성향, 그리고 새로운 시스템을 온라인 상태로 유지하는 일 자체의 순수한 복잡성과 함께 그 흥분은 아주 쉽게 끓어 넘쳤다. 제이크는 직장 생활 내내 아직 미숙한 인터넷을 정리하고 라벨을 붙이고 감독하면서 보냈다. 닉이 없었다면 인터넷은 분명 잘 작동하지 않았을 것이다.

인터넷은 재밌는 사물이다. 그때나 지금이나 그것은 *사물*이다. 헤아릴 수 없이 복잡한 중추적 기반이자 건물보다 강하게 성장한 현대 생활의 비계이며 심지어 제 무게를 견디지 못해 무너지고 있는 것처럼 보인다. 그러나 인터넷의 본질적인 물질성—라우터, 중계장치, 전선이 늘어진 전봇대, 바다를 가로지르는 광섬유—에도 불구하고 우리는 인터넷이 이제 막 생겨나기 시작한 클라우드[+]라는 믿음을 고수한다. 이 현상은 인터넷의 기원, 즉 제이크의 시대까지 거슬러 올라간다. 하드웨어는 대학과 실험실 간에 컴퓨팅 리소스를 공유하려는 목적으로 만들어졌다. 그러나 통신 매체로서의 인터넷은 컴퓨터를 계산하는 기계에서 목소리로 가득 찬 상자로 탈바꿈시키면서 사실상 하나의 존재가 *되려고 했다*. 제이크는 밀린 이메일을 처리하면서 처음부터 미래를 있는 그대로 지각할 수 있었다. 정보 시대. 그리고 정보는, 힘이다.

일각에서는 닉의 영향력을 위협적으로 보았고 이의를 제기하기까지 했다. "닉이 이런 힘을 가진 것을 못마땅해 한 사람들이 많았다고 생각해요. 우리는 데이터의 원천이었으니까요."[33] 메리 스탈이 내게 말했다. 아파넷의 전문가 커뮤니티 내에서, 네트워크의 가장 중요한 문서들을 보관하는 중앙 저장고로서의 닉에 맞서는 이들이 있었다. "그들은 닉이 요체이자 궁극적인 주체가 되는 걸 원치 않았어요. 우리는 기술자가 아니었으니까요."

그런 힘의 출현은 더욱 익숙해지고 있다. 닉이 처음에 한 일

+ 인터넷에 접속하기만 하면 언제 어디서든 자료를 이용할 수 있는 컴퓨터 환경.

은 표면상 행정적인 것이었다. 자금 제공자들의 마음에 들도록 아파넷상에 새로 편입된 컴퓨팅 리소스를 종이에 적고 그 좌표와 연락처의 기록을 관리하는, 비서의 뒤치다꺼리 같은 일이었다. 정보 자체가 그토록 엄청난 중요성을 지니게 되고, 네트워크로 연결된 세기의 실질적인 통화가 될 것이라는 사실은, 한 세대 전에 프로그래밍이라는 예술이 세상을 변화시킨 것처럼 예상치 못한 일이었다. 여기에서도 다시 한번 여성들이 복잡한 기술 작업에서 생략된 인간적 요소를 식별하여 자신의 평범한 일을 특별한 것으로 승격시켰다. 이것은 키보드를 한 번도 만져본 적 없는 군 장성들에 대해 제이크가 폭로한 것과도 비슷하다. 교환수, 사서, 비서보다 시스템을 더 잘 아는 사람은 없다. "인터넷의 주된 목적은 그물망을 가로질러 정보를 밀어내는 거예요."[34] 제이크가 말했다. "그래서 정보를 정리하는 사람이 꼭 있어야 해요." 이미 거기에 있으면서 모두가 아는 번호에 응답하는 여성들 말고 누가 또 있겠는가?

래디아

정보에는 여러 종류가 있다. 아니, 정보에 여러 단계의 특수성이 있다고 말하는 것이 더 적절하겠다. 제이크는 그중에서도 세부적인 요소, 즉 아파넷의 사람, 장소, 사물 등을 다루었다. 인터뷰가 끝날 무렵, 제이크는 젊고 미숙한 네트워크에 가장 큰 영향을 끼쳤다고 생각하는 사람들에 관해 얘기해주었다. 물론 공학자들이 있었고, 또 그녀처럼 전혀 다른 분야에서 건너와 정보를 다루던 사람들이 있었다. 그리고 "트래픽을 처리하는 최선의 프로토콜을 생각해내는 것, 다시 말해 네트워크 자체를 설계하는 일"의 중요성을 처음부터 강조한 사람들이 있었다.[35] 제이크가 이 마지막 사람들을 언급했을 때, 나는 그녀가 자신이 아는 어떤 여성을 염두에 둔 게 아닌지 궁금했다. 닉 시절 다른 아파넷 호스트를 방문할 때 만났던 여성. 나는 그녀가 래디아 펄먼을 떠올린다고 생각했다.

제이크 파인러가 은퇴를 생각하고 있을 때, 래디아 펄먼은 네트워크가 전 세계로 뻗어나갈 수 있도록 그 용량을 최고로 충전할 준비를 하고 있었다. 제이크처럼 그녀는 기능적으로 복잡한 문제에 대한 간단한 해결책, 네트워크의 성장에 맞춰 함께 커나가는 해결책을 고안했다. 래디아는 가운데 가르마를 탄 긴 회색 머리에 기쁨이 넘치는 미소를 띄고 차분하게 말하는 여성이었다. 그녀는 사람들이 자신을 "인터넷의 어머니"라고 부르는 것을 정말 싫어하는 눈치였지만 아무래도 그 별칭을 떨쳐낼 수 없을 것 같다. 래디아, "라디오 여사" 같은 것 말이다.

1970년대 초, 래디아는 MIT에서 1,000명에 가까운 동급생

가운데 고작 50명밖에 안 되는 여학생 중 한 명이었다. 남녀가 함께 쓰는 기숙사에서 그녀는 여성, 다시 말해 특이한 존재였다. 그녀는 수학 강의에서 다른 여학생을 한 번도 본 적이 없었다. 어느 날은 캠퍼스에 모여 있는 학생 속에서 얼핏 여학생을 보고 "진짜 어색해 보인다"라고 생각했고, 아마 자신도 그렇게 보였을 거라는 거라는 생각이 들었다.[36] 래디아가 프로그래머로 일한 첫 번째 직장에서 남성 동료 프로그래머들은 "친근하게 굴었고" 그녀가 일할 때면 옆에 앉아 일일이 잘못을 지적하는 등 "자신에게 강한 인상을 남기려는 듯한 행동을 하곤 했다." 그런 분위기 속에서 그녀는 세부 전공을 바꿀 정도로 남의 시선을 의식하게 되었다. 래디아는 학부 시절 촉감을 감지하는 컨트롤러와 버튼을 사용해 어린이들에게 프로그래밍을 가르치는 시스템을 설계함으로써 의도치 않게 촉각 컴퓨팅 분야를 창조했지만, 결국 그만두었다. 주변에 "귀여운 어린아이들"이 있으면 자신이 과학자로 진지하게 받아들여지지 않을까 봐 걱정했기 때문이다.

제이크 파인러는 처음 MIT에 방문했을 때 래디아를 만났다. MIT는 애들이 컴퓨터를 돌리는 아파넷 호스트 사이트였다. 비록 래디아는 학부생이었지만, 참견하기 좋아하는 남성 프로그래머들과 함께 일했던 인공지능 연구실에서 페미니스트 운동을 벌인 것 때문에 제이크의 기억에 남아 있었다. "그녀는 화장실을 해방하느라 바빴어요."[37] 제이크가 회상했다. "여자들은 화장실에 가려면 아래로 몇 층씩 내려가야 했어요. 하지만 남자 화장실은 컴퓨터와 같은 층에 있었죠. 화장실에 자유를 준다는 발상이 흥미로웠어요." 래디아는 그렇게 대단한 혁명도 아니었다고 내게 말했다. 그저 "이 화장실은 성별, 키, 그 밖의 무관한 속성에 따라 사용자를 차별하지 않는다"라는 표지판을 붙였을 뿐이라고 말이다. 연구실에 여자는 래디아 한 명뿐인데도 남성 연구원들은 그녀와 화장실을 같이 쓰길 거부하며 표지판을 떼게 했다. 여러 해가 지나 인텔의 연구위원으로 있을 당시, 그녀는 방문객들에게 자신이 전용 화장실을 갖고 있다고 말했다. 사람들은 감동했다. 그중 한 명이 래디아가 여자 화장실로 들어가는 걸 볼 때까지만 말이다. "승진할수록 여성은 더 적어요."[38]

래디아의 어머니는 천공카드 기계 시대의 컴퓨터 프로그래머였고, 정부 기관에서 일하는 동안 초기 어셈블러+ 중 하나를 만들었다. 어렸을 때 어머니가 수학과 과학 숙제를 도와주곤 했지만 래디아는 어머니의 하드웨어 사랑까지는 물려받지 못했다. "저는 컴퓨터와 얽히고 싶지 않았어요." 래디아는 논리 퍼즐과 음악을 더 좋아했고, 학교 성적이 뛰어났음에도 언젠가 어느 남자아이가 수학과 과학에서 자기를 이길 거라고 은밀히 상상했다. "제 계획은 그와 사랑에 빠져 결혼하는 거였어요." 그런 일은 일어나지 않

+ 어셈블리어를 기계어로 번역하는 프로그램.

았다. 그녀는 반에서 늘 1등이었다.

래디아는 고등학교에서 한 헌신적인 교사가 그녀를 위해 마련한 프로그래밍 과외 수업을 통해 처음으로 컴퓨터를 접했다. 그녀는 반 친구들 전체가 일곱 살 때부터 라디오를 분해했고 "입력" 같은 근사한 컴퓨터 용어를 알고 있다는 것을 알게 됐다. 그녀는 자신이 결코 그들을 따라잡지 못할 거라고 생각했다. "저는 생전 뭘 분해해본 적이 없었거든요. 망가뜨리거나 감전될까 봐 겁이 났으니까요."[39] MIT의 기초 컴퓨터 과학 강좌에서 실습 조교는 잔뜩 화가 난 메모와 함께 그녀의 첫 번째 프로그램을 돌려주었다. 래디아는 뭔가 끔찍한 잘못을 저지르거나 컴퓨터를 맛이 가게 하거나 수많은 종이를 낭비했다. 그녀는 오늘날까지 자신을 라스트 어답터+라고 부른다. 래디아는 결국엔 프로그래밍을 정복했지만 1970년대에 들어와서 포기해버렸다. 그녀는 공학자의 덕목에 대해 우리 모두가 들어온 똑같은 미신을 듣고 또 들었다. 어려서부터 전자제품을 분해하고 집중력이 뛰어나고 기술적인 세부사항에 반쯤 집착하는 성향은 좋은 공학자가 되기 위해 갖춰야 할 자질이라고 말이다. "그런 사람들이 매우 가치 있는 것은 분명해요. 그러나 그들은 나 같은 사람만 할 수 있는 일은 하지 못해요."[40]

래디아는 라우팅 알고리즘을 설계한다. 라우팅 알고리즘이란

+ 얼리 어답터의 반대말.

네트워크 전체에 걸쳐 데이터의 흐름을 좌우하는 수학 규칙을 말한다. 그녀는 대학원을 중퇴하고 BBN에 취직하면서 이 분야에 뛰어들었다. 이곳에서 래디아는 네트워크와 사랑에 빠졌지만 동료들에게 꾸준히 무시당했다. 한번은 래디아가 어떤 난해한 라우팅 문제에 대한 해결책을 발표했다. 그러고 나서 회의를 진행한 남성이 참석자들에게 아주 까다로운 문제 하나를 알려주며 모두 고민해보길 바란다고 말했다. 방금 래디아가 해결책을 제시한 문제였다. 그녀는 상처받았지만 놀라지는 않았다. 회의가 끝나자 컴퓨터 회사 DEC의 대표가 그녀에게 다가왔다. "그가 물었어요. '당신, 직장에서 행복한가요?' 저는 '그런 것 같아요'라고 대답했죠. 그러자 그가 말했어요. '방금 완전히 무시당했잖아요. 그런데도 괜찮아요?' 내 대답은 이랬어요. '네, 이런 거에 익숙하거든요. 모두 절 무시하니까요.'"[41]

그는 그 자리에서 래디아에게 일자리를 제안했다.

래디아가 DEC에서 일하던 1980년대에는 프로그래머들이 줄담배를 피우며 일하는 것이 지극히 정상이라 래디아는 3년이 지나서야 자신이 담배 연기 알레르기가 있다는 사실을 알았다. "세상에서 가장 지독한 감기를 달고 살았죠. 어딜 가든 휴지통과 큰 티슈 상자를 들고 다녀야 했고 아주 진절머리 나게 코를 풀어야 했어요. 끔찍한 재채기 소리가 건물 어디서나 들렸죠. 한번은 걸어 들어가면서 재채기를 했는데, 누가 '오, 래디아가 왔네'라고 말했어요."[42] 결국 병원에 갔다가 자신이 전혀 아프지 않다는 말을 듣고는 회사를 때려치우려고 했지만, 그들은 그녀를 달래 대학원에 보냈다. 래디아가 돌아왔을 때, DEC는 담배 문제를 해결했다. "'건물 안에서 담배를 피우지 마시오'라는 표지판을 붙였더라고요."[43] 래디아가 웃으며 말했다. 직장으로 복귀한 그녀는 프로토콜을 발명했고, 이 프로토콜은 컴퓨터 네트워크 전체의 견고함과 안정성에 지울 수 없는 영향을 미쳤다.

「알고라임」

래디아는 개념 위주로 생각했다. 그녀가 일하는 방식에 대한 설명을 듣다 보니 에니악 6총사 중에서 베티 홀버튼과 아주 비슷하다는 생각이 들었다. 베티는 레이더처럼 문제 주위에서 조금씩 움직이는 걸 좋아했다. 래디아는 이 방법을 "개별적인 실행의 복잡함에서 한 걸음 벗어나 사물을 새로운 방식으로 보는 것"이라고 불렀다.[44] 거추장스러운 세부사항들을 걷어내고 한 번에 하나씩 집중하다 보면 아무리 복잡한 문제라도 의외로 간단한 해결책을 찾을 수 있다고 한다. 그리고 초기에 프로그래밍을 하면서 겪었던 경험 때문에 그녀는 무엇보다 사용자의 편의성을 중요시했다. "저는 그냥 나 같은 사람이 쓰고 싶게 설계하려고 애써요. 그러다 보면

되더라고요. 그럼 그것에 대해 전혀 신경 쓸 필요가 없는 거죠."[45]

1985년, 래디아는 DEC에 있었다. 당시 이더넷(컴퓨터를 지역적으로, 이를테면 단일 건물 내에서 네트워킹하는 기술)이 세계적인 표준이 되어 래디아의 전문 분야인 좀 더 복잡한 프로토콜 가운데 일부가 대체될 위험에 처했다. 그러나 이더넷은 불과 100대 남짓 되는 컴퓨터까지만 제대로 지원할 수 있었고, 그 수를 초과하면 네트워크를 돌아다니는 정보 패킷이 마치 질 나쁜 다자 통화처럼 서로 충돌하고 방해했다. 이것은 이더넷의 규모가 확장될 수 없다는 뜻이었다. 하루는 팀장이 래디아에게 네트워크의 규모가 늘어나도 메모리를 추가로 차지하지 않으면서 이더넷의 한계를 해결할 "마법의 상자를 개발하라"는 임무를 주었다.[46] 그는 금요일에 이 명령을 내리고 일주일간 휴가를 떠났다. "그는 분명 제가 쉽게 해내지 못할 거라고 생각했을 거예요."[47] 하지만 바로 그날 밤, 머릿속에 해결책이 떠오른 래디아는 깜짝 놀라 잠에서 깨어났다. "저는 깨달았죠. '와, 별거 아니었어.' 전 어떻게 해야 할지 *정확히* 알았고 증명할 수도 있었어요."[48]

모든 최고의 혁신처럼, 해결책은 간단했다. 동일한 경로로 이동하는 패킷들은 서로를 밟고 다닐 수밖에 없다. 그래서 네트워크상의 모든 컴퓨터 사이에는 고유한 경로가 있어야 하고, 이 경로는 순환할 수 없다. 다시 말해 한 지점에서 다른 지점까지 왔던 길을 되돌아갈 수 없다는 뜻이다. 래디아의 알고리즘은 두 지점을 중복 없이 연결하는 일종의 수학 그래프 '신장 트리spanning tree'를 기반으로 각 패킷을 위한 경로를 자동으로 생성한다. 그녀가 제안한 알고리즘은 비단 이더넷의 문제만 해결할 뿐 아니라 무한히 확장할 수 있고 자기 치유도 가능했다. 네트워크상의 컴퓨터 하나가 다운되면—자주 일어나는 일이지만—신장 트리 프로토콜이 자동으로 패킷을 위한 새로운 경로를 결정한다. 이것이 래디아만의 전매특허였다. 그녀는 자기 구성과 자기 안정화를 통해 최소한의 개입만으로도 문제없이 돌아가는 시스템을 설계했다. 이러한 접근 방식은 인터넷 같은 대규모 컴퓨터 네트워크를 가능하게 했다. 2014년에 래디아가 말하기를, "제가 없었다면 인터넷은 입김만 불어도 넘어져 죽었을 겁니다."[49]

래디아는 신장 트리 프로토콜을 만들고 나머지 주말 동안 쉬었다. 월요일과 화요일에는 사양을 작성했다. 팀장은 휴가에서 돌아오지 않았고 이때는 아직 사람들이 수시로 이메일을 확인하는 시대가 아니었으므로, 래디아는 자신이 달성한 과업을 바로 공유할 수 없었다. 다른 일에 집중할 수 없었던 그녀는 시를 쓰기로 했다. 그리고 시의 도입부를 어머니가 좋아했던 조이스 킬머의 시구, "나는 결코 볼 수 없으리 / 나무처럼 사랑스러운 시를"에서 빌리고 싶어서 도서관에 갔다. "사서도 그 시를 어렴풋이 기억하더라고요." 그러나 그들은 백과사전에서 시의 일부밖에 찾지 못했다. 래디아는 어린 시절 수학과 과학 숙제를 도와주던 전직 프로그래머 엄마에게 전화해 시를 기억하냐고 물었다. 래디아의 어머니는 상당한 기억력의 소유자였다. "엄마가 '물론이지'라고 하더니 전화로 시를 불러주었어요."[50] 래디아는 이 시를 각색해 신장 트리 알고리즘의 시를 썼다.[51]

알고라임Algorhyme

나는 결코 볼 수 없으리
나무(트리)보다 사랑스러운 그래프를
루프 없는 연결이
핵심 중의 핵심인 나무
패킷이 모든 LAN에 닿을 수 있도록
반드시 이어져야 하는 나무
처음엔 뿌리(루트)를 선택하지
ID에 의해 선출된다네
그리고 뿌리에서 최소 비용 경로를 따라가지
나무에 이 경로가 배치되고
나 같은 사람들이 망을 만들지
그러면 다리(브리지)가 신장 트리를 찾아낸다네

주말이 지나 복귀한 팀장은 사무실 의자에 무언가 두 가지가 놓여 있는 것을 발견했다. 신장 트리 프로토콜의 사양과 한 편의 시였다. 이 시는 네트워크 기술자들 사이에서 신화로 여겨질 정도로 인기를 얻었다. 수년 뒤, 래디아의 아들이 「알고라임」에 곡을 붙였고 오페라 가수이자 바이올린 연주자인 딸은 래디아와 함께 MIT 링컨 연구소에서 이 곡을 연주했다. 신장 트리 프로토콜에 대해 말하자면, 이 알고리즘은 제한된 국지적 기술이었던 이더넷을 훨씬 방대한 네트워크를 지원하는 기술로 변화시켰고, 이제는 컴퓨터가 네트워크로 연결되는 방식의 기초가 되었다. 신장 트리 프로토콜은 그녀가 네트워크 분야에 공헌한 것들 가운데 가장 유명하지만, 그것이 유일한 업적은 아니다. 그녀가 한 일은 일반 사용자들에게는 보이지 않을지도 모른다. 그러나 이는 법칙이 보이지 않거나, 대도시의 교통 법규가 보이지 않는 것과 마찬가지다. 그것은 인식의 범위를 넘어서는 정보의 흐름을 지시한다. "내가 내 일을 제대로 했다면 당신은 그것을 볼 수 없을 것입니다."[52]

9장 커뮤니티

나는 비행기 안에서 창밖을 내다보기를 좋아한다. 하늘에서 질서정연한 세상을 내려다보면 왠지 마음이 편해진다. 크고 복잡한 도시가 이해할 수 있는 시스템으로 분해되고, 도시의 보이지 않던 규칙도 아주 잘 보이게 된다. 심지어 합리적인 격자망 하나 없는 로스앤젤레스 같은 도시조차 위에서 보면 납득이 간다. 축적된 도심이 방사형으로 거침없이 뻗어나가 스프롤[+]이라는 비난을 받을 정도로 경계를 넘어 인접 지역까지 침투한다. 건축 비평가 레이너 밴험이 지적했듯이, 로스앤젤레스식 코어 샘플—자동차나 긴 대로—은 온통 중첩되고 얽힌 채 지질학적 수준으로 성장하는

+ 도시 개발이 근접 미개발 지역으로 확산하는 현상.

놀라운 지역사회를 드러낸다. 1971년에 밴험은 "나는 로스앤젤레스를 원본으로 직접 읽어보기 위해 운전을 배웠다"라고 썼다.[1]

인터넷도 이처럼 여러 지점에서 동시다발적으로 확장하며 발달했다. 비록 맛보기 체험을 할 수 있는 유물들이 아직 남아 있긴 하지만, 인터넷의 시작을 원본으로 읽는 것은 이제 불가능하다. 아파넷 개척자들이 끝없는 논의 끝에 인터넷 규칙을 만들어낸 장소였던 RFC는 제이크가 쓰레기 더미에서 구해낸 수백 건의 문서와 함께 온라인에 보관되었다. 커뮤니티 메모리의 핵심적인 메시지들은 양면 연속용지 인쇄물로 출력되어 박물관 보관소가 보유하고 있다. 그러나 로스앤젤레스의 마을들이 즐거운 동시성 속에 뒤엉켜 있는 것처럼, 인터넷 문화의 최초 전초기지에 대해 그토록 놀라웠던 많은 부분들은 빛깔, 소음, 시간 속에서 사라졌다.

이메일은 아파넷의 킬러 애플리케이션+이었다. 원래 학술 연구를 취지로 설계된 네트워크는 인스턴트 메시지가 도입되자마자 이내 통신매체가 되었다. 리소스 공유와 군사용 응용 프로그램이라는 원래 용도가 무색해지고 오로지 친목 도모를 위해 활용되면서 어느 역사가가 지적한 대로 "탱크를 타고 즐거운 여행을 떠나는" 상황이 되었다.[2] 이것은 컴퓨터가 어디서 어떻게 연결되든 일어날 일이다. 우리는 정보를 찾기 위해 온라인에 접속하지만, 사

+ 다른 경쟁 제품을 몰아내고 시장을 재편할 정도로 인기 있는 제품으로, 원래의 용도를 뛰어넘어 사회에 변화를 가져오는 영향력을 미친다.

실 대부분은 사람을 찾기 위해서다.

1970년대 후반과 1980년대 초반에 걸쳐 아파넷은 방위고등연구계획국에서 국방정보시스템국, 그리고 마침내 미국 국립과학재단으로 주인이 바뀌었고, 1990년대 초반에 상용으로 개방될 때까지 소유자와 무관하게 덩치를 키워나갔다. 이와 동시에 개인용 컴퓨터가 도입되면서 미국 전역에서, 또 전 세계에서 다른 통신 허브들이 등장하기 시작했다. 이것들도 리소스 원의 커뮤니티 메모리 같은 전자 게시판이었지만, 동전 투입구가 있는 공공 접속 단말기는 아니었다. 그보다는 얼리 어답터들이 마이크로컴퓨터와 모뎀, 그리고 전자 게시판 시스템BBS이라는 서버 소프트웨어를 사용해 집에서 접속하는 차세대 게시판이었다.[3]

모뎀은 전화선을 통해 진폭을 변조하여 신호(반송파)를 전송하고, 반대편의 신호를 받아 다시 복조하는 장치다. 비교적 오래된 기술로—통신 기업인 AT&T가 1960년대 초반에 표준을 세웠다—레오폴드 레코드 가게의 단말기를 리소스 원에 연결한 모뎀조차 사실상 전화 수화기와 별반 다르지 않았다. 칩으로 구워진 더 빠른 모뎀이 나타났을 때, 초창기 BBS 사용자들은 직접 조립한 컴퓨터를 통해 신호를 더 가늘게 걸러 자기네 지역번호 내에 있는 전초 기지로 불러들였다. 장거리 전화 요금이 자연스럽게 담장 역할을 하는 바람에 각 BBS는, 적어도 전화 요금이 더 쉽게 쌓이는 통화량 피크 시간대에는 지역 내에서만 유지되었다. 열성적인 시스템 관리자인 "시삽"들은 원래의 코드를 개량해 초기 PC 하드웨어를 위한 인상적인 변종들을 개발해냈다. BBS는 그것의 선조격인 압정 코르크 게시판처럼 교환 시스템으로 시작됐지만, 커뮤니티 메모리처럼 자신만의 세상을 이루었다.

네트워크의 가치를 인식한 일부 지역 기반 커뮤니티들은 커뮤니티 네트워크, 즉 프리넷에 투자했다. 이 네트워크는 지역 정보를 얻고 이웃과 소통하기 위한 지역 내 인기 접속 공간이었다. 대부분 미국 서부에서 생겨났고 특정 지역에 한정됐다. 몬태나주 지방 학교들을 아우르는 BBS 네트워크인 빅 스카이 텔레그래프, 초창기 인터넷 기반 지역 정보 시스템 가운데 하나인 텔루라이드 인포존, 그리고 아직도 활동하고 있는 볼더 커뮤니티 네트워크가 프리넷에 포함된다. AT&T 시스템 엔지니어였던 매들린 곤잘러스 앨런은 콜로라도와 유타의 야생성이 "그녀의 본성을 건드린" 뒤에 회사를 그만두고 커뮤니티 네트워크를 여러 개 구축했다.[4] 그중 두 개의 네트워크는 "사람들이 함께 모여 어떻게 하면 신생 공공 인터넷을 지역사회의 이익을 위해 사용할 것인지를 [소수의 엘리트가 아닌] 우리 스스로 결정하는 커뮤니티"라는 비전에 영감을 받아 만들어진 것이다.

프리넷 같은 네트워크가 존재했어도, 1990년대 후반에 월드 와이드 웹이 널리 사용되기 전까지 사람들이 개인용 컴퓨터로 '온라인'에 접속하는 주된 방식은 지역 내에서 전화로 연결하는 BBS

였다. 아파넷이 민간에 넘어가는 긴 여정을 떠났을 때 BBS가 그 틈을 메꾸었던 것이다. BBS는 20년에 가까운 시간 동안 네트워크 문화를 대표했다. 그 기간에 15만 개의 BBS가 미국에서 활발히 활동했다. 심지어 메타 네트워크인 파이도넷이 등장해 개별 BBS를 모아 하나의 국가 커뮤니티로 연결했을 때에도 각각의 지역적 특색은 뚜렷하게 남아 있었다.

BBS 문화에 여성이 특히 잘 반영되었다는 주장은 말도 안 된다. BBS를 다룬 5부작 다큐멘터리—아마 BBS의 기원에 관해 우리가 볼 수 있는 가장 상세한 기록일 텐데—에서 내용을 압도적으로 차지하는 것은 남성이다.[5] BBS는 땜장이들의 유토피아인 CB 라디오[+] 같았다. 어떤 시삽들은 크리스마스 이후 몇 개월 동안 새로운 사용자의 게시판 가입을 막는 전통을 세웠는데, 해마다 그 시기에 신상 모뎀으로 접속해 "밴 헤일런이여, 통치하라!"를 게시하는 열두 살짜리 남자애들을 참을 수 없었기 때문이다.[6]

여성을 위한 초창기 웹사이트(Cybergrrl.com, Webgrrls.com, Femina.com)를 만든 개발자 알리자 셔먼은 그 시대에 온라인 접속이 사람들에게 어떻게 받아들여졌는지 단적으로 보여주는 에피소드를 들려준다. 때는 1987년, 알리자가 막 첫 모뎀을 사고 뉴욕시의 지역 BBS를 여기저기 찔러보고 다니던 중 화면에 이렇게 한

+ Citizen's Band radio. 주로 개인이 사용하는 단거리 무선통화체계.

줄이 떴다. 채팅하실래요? 그녀는 컴퓨터가 자기에게 말을 거는 줄 알고 깜짝 놀라 그 자리에서 펄쩍 뛰어올랐다. 흥분을 가라앉히고 나서야 그 메시지가 진짜 사람, 브루클린에 있는 열네 살짜리 아이에게서 온 것임을 알았다. "전화선 반대편에 컴퓨터뿐 아니라 사람들도 있다는 사실을 처음 깨달은" 것만큼 충격적이진 않았지만 여전히 놀라웠다.[7] 그들은 10대 남자애들이었다.

요요우

온라인에는 어른을 위한 장소도 있었다. 10년 전에 커뮤니티 메모리와 리소스 원에 활기를 불어넣었던 바로 그 베이 에어리어의 기술 이상주의가 샌프란시스코 외곽의 소살리토에서 더 웰The WELL을 탄생시켰다. 웰은 미국 웨스트코스트 지식인들을 위한 BBS로, 컴퓨터 컨퍼런싱 회사를 운영하는 전염병학자 래리 브릴리언트와 잡지 〈홀 어스 리뷰〉의 편집자인 스튜어트 브랜드가 함께 설립한 벤처 회사였다. 브랜드는 커넥터이자—반체제문화는 그가 만든 〈홀 어스 카탈로그〉를 훑으며 거의 한 세대에 걸쳐 태양열 오븐, 퇴비화 변소, 급진적인 서적을 찾아다녔다—와해성 기술*의 서기였다. 1984년에 그가 쓰기를, "소프트웨어가 하는 일은 기호를 관리하는 것이다."[8]

일반적으로 BBS는 샌님들의 영역이라는 평판이 있었지만, 웰은 달랐다. 스튜어트 브랜드와 그의 지지자들이 기꺼이 탐닉할 수준의 담론을 기대하면서, 홀 어스 시리즈 팬들은 그들이 제일 좋아하는 잡지의 작가, 편집자, 주제에 대해 이야기하기 위해 웰에 가입했다. 웰은 구독료를 내는 회원제로 운영되었고 커뮤니티에는 기술 지원팀이 있었다. 직원이 상주하며 회원들의 질문에 대답했고, 너무 복잡해서 배우려면 끈기가 필요한 웰의 텍스트 전용 인터페이스 '피코스팬 플랫폼'의 문제해결을 도왔다.

웰은 BBS 세계에서도 굉장히 독특한 축에 속했는데, 그건 웰의 직원들도 마찬가지였다. 초창기 웰에서 근무했던 낸시 라인은 스튜어트 브랜드가 "실험"을 원했다면서 "현실 세계에서 커뮤니티를 조직하는 능력이 있는 사람들이 가상 세계를 탐험하게 된다면 어떤 일이 일어나는지 보고 싶어 했죠"라고 내게 말했다.[9] 낸시 자신도 실험 대상 가운데 하나였다. 그녀는 더 팜에서 베이 에어리어로 왔다. 더 팜은 1971년에 히피들이 스쿨버스 카라반을 타고 대륙을 횡단한 끝에 테네시주의 시골에 천막을 치고 세운 공동체였다. 웰의 창립 스태프들 대부분이 더 팜 출신이었다. 이들은 10년 넘게 유지한 유기 농업, 집단 결혼, 가정 출산, 그리고 LSD✚✚를 청산하

✚ 기존 시장의 규칙을 깨는 새로운 제품이나 서비스.
✚✚ 환각제의 한 종류.

고 보따리를 싸서 서부로 향했다.

1980년대 후반에 웰 커뮤니티를 발견한 기술 홍보 전문가 나오미 피어스는 처음 가입했을 때 "말 그대로 누군가 문을 연 것 같았어요. 내가 한동안 살았던 작은 아파트에서 누군가 문을 열었는데 그 너머에 완전히 다른 세상이 있었던 거죠"라고 말했다.[10] 나오미는 당시 웰 유저라면 으레 그랬듯이 록밴드 그레이트풀 데드의 팬인 데드헤드였다. 데드헤드들은 얼리 어답터였고, 인터넷이 나오기 훨씬 전부터 비밀 네트워크상에서 해적판 테이프를 거래했다. 이러한 취향이 문화에 양념을 쳤다. 오늘날까지 웰 사용자들은 자신을 "웰빙WELLbeing"이라 부르고 다른 웰빙들에게 "빔beam"을 쏘아 정신적 지지를 보낸다.[11] 웰에는 혁명의 여운 속에 헌법을 세우는 국가, 또는 사람들이 빠르게 몰려드는 개척지의 참신함이 있었다. 웰에서 법에 가장 가까운 규칙은 스튜어트 브랜드가 물려준 공리였다. *당신은 당신이 한 말을 소유한다*You Own Your Own Words. 또는 웰빙들이 줄여 말하듯, 요요우YOYOW.

군에서 아파넷을 물려받아 더 빠른 백본+으로 재건한 미국 국립과학재단이 1990년대 초에 인터넷의 상업적 이용 제한을 폐지했을 때, 웰은 초창기 상용 인터넷 서비스 제공자 중 하나가 되었다. 낸시 라인은 한창 성장 중인 사업에 필요한 모든 일에 조금

+ 네트워크상에서 통신량의 대부분을 전송하는 주요 전송로.

씩 관여했다. 자료를 보관하고 공동으로 매뉴얼을 쓰고 전화에 응대하고 국제 사용자들을 지원했다. 그녀는 현실의 오프라인 커뮤니티를 떠나 전자 커뮤니티에 가입하면서 웰과 더 팜—여전히 자연 출산 학교로 유명한—에 큰 차이점이 있다는 사실을 알게 됐다. 웰 커뮤니티는 전 세계에서 전화를 걸어 접속했지만, 대부분 남성이었다. "웰은 전 지구 전자 링크Whole Earth 'Lectronic Link의 약자였지만, 지구 전체를 대표하지 않았어요. 정규분포 곡선은 아마 30세 백인 남성을 가리켰을 거예요."[12]

에코

모두가 서른 살의 백인 남성도 아니고, 모두가 그레이트풀 데드를 사랑하는 것도 아니다.

특히 뉴욕시의 대학원생 스테이시 혼은 절대 그런 부류가 아니었다. 1980년대 초에 그녀가 처음으로 더 웰에 접속했을 때, 그녀는 데드헤드들로부터 거리를 유지했다. 그들이 아니어도 그녀의 흥미를 끌 소재는 충분했다. 그곳에서 만날 수 있는 모든 저널리스트, 전직 히피, 아마추어 컴퓨터 프로그래머를 생각하면 더 웰로 다이얼을 돌리는 것은 장거리 전화 비용으로 캘리포니아에 방문하는 것과 같았다.[13] 그녀의 맨해튼 아파트에서 불과 타자키 하나만큼 떨어져 있는 이 밝은 눈의 이방인들한테는 웨스트코스트만의 특별한 느낌이 있었다. 그러나 짜릿함이 무뎌지고 처음 날아온 전화 요금 고지서를 보고 경악한 스테이시는 어딘가 불편한 기분이 들었다. 캘리포니아에서 휴가를 보내는 여느 뉴요커가 그렇듯 그곳의 햇살을 쬐는 일은 즐거웠지만, 그녀의 마음은 다른 곳에 있었다.

스테이시는 뉴욕 대학의 인터랙티브 텔레커뮤니케이션 프로그램 과정에 등록했다. 이 프로그램은 창의적 기술 분야를 다루는 대학원 과정으로 일부는 연구실, 일부는 싱크탱크 형태로 운영되었고 BBS에서 오후를 보내는 것이 과제 활동이었다. 스테이시는 컴퓨터를 공부했지만 적어도 온라인에서는 컴퓨터가 아닌 문학, 영화, 문화, 성생활에 관해 얘기하고 싶었다. 그녀는 시시덕거리고 뒷담화하고 논쟁할 수 있는 곳을 찾아다녔다. 도처에 여자들이 있는 곳이길 바랐고, 특히 오프라인 만남까지 가능한 친구를 원했다. 무엇보다 스테이시는 뉴욕시만의 느낌, 테크노 히피가 아닌 테크노 힙스터를 원했다. "빔을 쏴주고 싶은 사람이 없었다."[14] 1998년에 그녀가 자신의 책 『사이버빌』에서 불평했다. "그건 내 스타일이 아니다. 그러나 나는 자기혐오에 빠진 상태에서도 의사소통을 할 수 있었다."

1988년, 웰에서 만난 한 친구가 스테이시에게 언제쯤 이스트코스트를 위한 BBS를 개설할 생각인지 물었다. 그녀는 한 번도 그런 생각을 해본 적이 없었지만, 그 무렵 대학원이 주는 상대적인 안정성은 사라져갔고 그녀에게는 별다른 미래 계획이 없었다. 타자로 대답을 치는 짧은 시간 동안, 그녀는 결정했다. 뉴요커를 위한 웰을 만들자. 스테이시는 그 자리에서 이름까지 지었다. 이스트코스트 행아웃East Coast Hang Out, 줄여서 에코Echo. 스테이시는 그녀의 말처럼 "테키techie," 즉 컴퓨터 기술자가 아니었다. 물론 사업가도 아니었다. 그러나 그녀에게는 사람들과 잘 어울리는 능력이 있었고, 기술적인 문제는 배우면 됐다. 웰에서 보낸 시간이 기본적인 것들을 가르쳐주었다. 온라인 커뮤니티는 서로 같은 것을 좋아하는 두 명 이상의 사람이 만났을 때 저절로 생긴다. 사람들은 정보를 찾으러 온라인에 접속했다가 친구를 찾기 위해 머문다. 아무도 보지 않는 곳에 글을 올리는 사람은 없다. 좋든 나쁘든 함께 공유한다. 스테이시는 뉴요커들이 BBS에 들어와 이야기하기 시작하면 그곳에 머무를 것이고 심지어 그 혜택을 위해 돈을 지불할 것이라고 생각했다.

그녀는 선택과목 수강을 취소하고 대신 사업 계획서를 썼다. "내가 무슨 대단한 선지자라고 생각하진 않았어요."[15] 컴퓨터 게시판은 분명 앞으로 규모가 더 커질 터였다. 누구라도 일단 시작하기만 하면 바로 빠져들었기 때문이다. "그냥 자리에 앉아서 하면 되니까요. 그리고 이내 즐거움을 느끼죠. 재밌잖아요. 아마 바로 알 수 있을 거예요." 그러나 스테이시의 확신은 보편적이지 않았다. 1988년에는 베이 에어리어의 테크노 히피들과 BBS의 10대 폭군들을 제외하면 앉아서 게시판에 글을 올리는 사람들이 많지 *않았다*. 웹사이트는 앞으로 3년을 더 기다려야 출현할 것이었고, 1993년까지는 웹사이트를 볼 수 있는 적당한 브라우저도 없을 터였다. 인터넷 접속은 여전히 정부 기관, 정부와 협업하는 민간 기업, 그리고 대학에 한정되어 있었다.

스테이시는 사업 제안서를 은행에 가져갔다. "사람들은 *대놓고* 저를 비웃었어요. 사람들이 컴퓨터를 통해 사람을 사귀고 싶어 할 거라고 믿는 멍청이가 여기 있다는 듯 절 바라봤죠."[16] 그래도 그녀는 주눅 들지 않았다. 그 대신, 저금한 돈을 남김없이 탈탈 털어 장비를 사고 직접 거리로 나가 맨땅에서부터 에코를 세우기로 마음먹었다. 매일 밤 그녀는 도시로 향했고, 파티, 작품 전시회, 박물관, 콘서트 등 흥미로운 사람들이 모이는 곳을 찾아가거나 바에 잠입했다. 그리고 낯선 사람들에게 다가가 새로 나온 온라인 커뮤니티에 들어오라고 꼬셨다. 컴퓨터를 가진 사람들은 있었지만, 당시 모뎀 가격이 100달러가 넘었기 때문에 모뎀까지 가진 사람들은 별로 없었다. "은행에서 그랬듯이 *미친* 소리로 들리는 일을 해보라고 설득해야 했어요."[17]

비용을 떠나 기본적인 컴퓨터 사용 능력에도 문제가 있었다. 웰이 피코스팬으로 커뮤니티를 운영했다면, 스테이시는 유닉스에 기반해 에코를 구축했다. 유닉스는 그녀가 구애하던 예술가나 작가보다 프로그래머들에게 더 친숙한 운영체제였다. 그녀는 거리에서 직접 사람들을 모집한다는 해결책을 떠올렸던 것처럼 요령껏 문제를 해결했다. 에코가 얼마나 쿨한지는 말로 설명하기 힘들지만, 유닉스는 가르치면 된다. 스테이시는 특별 컴퓨터 강좌를 열고 그리니치 빌리지에 있는 자신의 아파트에 가입자들을 초대하기 시작했다. 학생들은 그녀의 지도 아래 유닉스 명령어와 파일 구조를 배웠다. 그들 바로 옆에 에코가 있었다. 거실의 빨간 알루미늄 선반에 놓인 낱장의 종이들과 고질라, 검비, 에드 그림리 피규어 옆에 높이 쌓인, 2,400보baud짜리 모뎀 더미와 서버 한 대로만 이루어진 에코가.

스테이시 자신의 기술적 능력으로 해결할 수 없는 부분은 친구들이 나서서 도왔다. 자신을 파이버 옵틱이라고 부른 한 해커는 에코의 서버를 무료로 디버깅해주었다. 나중에 그가 사이버 범죄로 수감되었을 때, 에코 유저들은 *파이버 옵틱을 석방하라*라고 새겨진 배지를 달고 일주일에 한 번씩 그를 면회했다. 에코의 서버가 다운된 적도 있었고, 어쩌다 상황이 너무 안 좋을 때는 전화벨 소리만 들려도 스테이시와 그녀의 몇 안 되는 아르바이트 직원들이 화들짝 놀라곤 했다. 그들은 전화에 대고 소리쳤다. *끊어! 그래, 우리 형편없다.*[18] 그러나 이 일은 언제나 즐거웠다. 스테이시는 미국 우정청 대변인이 와서 인터폰을 누르고 제발 그만 하라고 부탁할 때까지 "크래커 잭 과자 같은" 깜짝 선물을 쑤셔 넣은 요금 청

구서를 보냈다.[19] 그녀는 편지 분류기를 고장 내고 있었다.

에코는 마침내 셋방에서 나와 트라이베카에 있는 괜찮은 사무실로 이전했다. 과거에 "공허하고 향수를 불러일으키는, 맨해튼의 버려지고 잊힌 구역이었을 때" 스테이시가 방황하곤 했던 이웃 동네였다.[20] 1994년에 에코는 2명의 직원과 35개의 전화선으로 운영됐고, 에코의 사용자 기반은 스테이시가 바에서 일일이 모집한 흥미로운 사람들 수백 명에서 〈빌리지 보이스〉와 〈뉴욕 타임스〉를 통해 에코를 접한 수천 명으로 껑충 뛰었다. 스테이시는 다행히 너무 늦지 않게—하마터면 어려운 시절에 저축한 돈을 모두 써버릴 뻔했다—언론을 타기 시작했다.

그녀는 당시에 앨 고어 부통령이 에코를 벼랑 끝에서 끌어냈다고 믿는다. "클린턴과 고어는 어딜 가든 정보 초고속도로(초고속 정보통신망)에 대해 이야기했어요."[21] 고어는 1991년에 고성능 정보처리법을 제정하려고 로비하면서 국가 차원의 통신 기반시설을 구축하기 위해 애썼다(한 세대 전, 테네시주 출신의 미국 상원의원인 그의 아버지는 주간 고속도로 건설을 위한 법안을 후원했다). 마침내 통과된 법안은 수많은 인터넷 핵심 기술이 발전하는 바탕이 되었고, 그와 동시에 문화적으로도 커다란 영향을 미쳤다. 사람들이 함께 모여 인터넷을 이야기하게 만들었던 것이다. 스테이시의 말에 따르면, 갑자기 "사람들은 인터넷에 무언가 중요한 것이 있다는 걸 느끼기 시작했죠. 그리고 시류에 편승하지 못한다면 뒤처지게 될 거라는 것도요."[22] 좋은 기회를 놓칠지도 모른다는 전국적인 공포 덕분에 에코가 더 쉽게 팔렸다. "정보 초고속도로 소식은 들어서 알고 계시죠?" 그녀는 다음처럼 말했을 것이다. 에코는 그 길 위에 있는 정류장입니다.

에코는 온갖 사회적 기능을 비교적 사용하기 쉬운 하나의 플랫폼으로 합쳤는데, 그게 바로 오늘날 우리가 소셜 네트워크라고 부르는 것이다. 유저들은 실명으로 로그인했지만, 다양한 주제가 글타래로 연결된 "콘퍼런스conference"에는 어떤 가명으로든 글을 게시할 수 있었다. 에코는 이메일 계정도 제공했다. 실시간 채팅 프로그램인 "요스"가 인스턴트 메시지처럼 세 번의 경고음과 함께 화면에 등장했다.

에코의 최초 유저는 극작가, 배우, 작가였다. 2001년에 스테이시는 "접속한 컴퓨터 전문가들이 우리가 게임이 아닌 오페라에 관해 얘기하는 걸 보면 나가버렸어요"라고 말했다.[23] 에코의 오랜 유저인 마리사 보는 에코에 있는 사람들이 웃기고 비판적이고 똑똑했다고 기억한다. "파티 같은 곳에서는 잘 어울리지 못하는 부류의 사람들이 있어요. 하지만 온라인에서는 그들이 얼마나 멋진 사람들인지 알 수 있죠."[24] 그들은 예술가, 자유주의자, "실제로 사람들과 얘기할 수 있는" 부류의 프로그래머, 특정 성향을 가진 언론가, 그리고 대단히 비종교적인 유대인들, 다시 말해 뉴욕의 지식층이었다. 에코가 한창 잘나갈 때는 잡지 작가 롭 태넌바움과

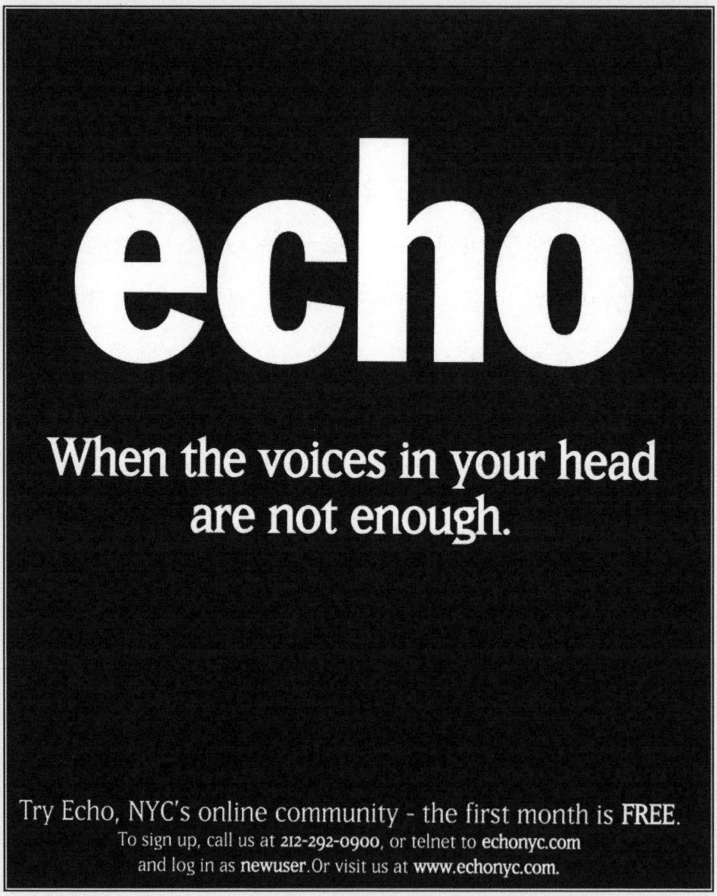

"머릿속의 목소리만으로 충분하지 않을 때".

제임스 월컷, 각본가 윌리엄 모나핸, 심지어 '섬광'처럼 등장해 글을 게시한 존 F. 케네디 주니어 같은 유명인사들도 에코에 들어왔다. 스테이시는 자신의 아파트에서 케네디 주니어의 계정 설정을 도왔는데, 이때 믿을 수 없을 만큼 많은 채팅창이 띵띵 거리며 화면을 도배했다.

스테이시는 애정을 담아 자신의 유저들을 에코이드Echoid라고 불렀다. 그녀가 어린 시절 보았던 만화 요기 베어의 유행어 "세상에나!Heavens to Murgatroid!"에서 따온 별칭이었다. 이 간결하고 과장된 이름은, 말로는 자기네 온라인 커뮤니티가 가상현실 속 살롱⁺이라고 뻐기면서 실제로는 TV 프로그램에 대해 수다를 떨 뿐인 동부의 잘난 재수탱이들에게 딱 어울렸다. 웰의 설립자 스튜어트 브랜드와 래리 브릴리언트는 둘 다 미국 서부의 기술과 문화적 환경에서 성공한 인물이었지만, 스테이시 혼은 에코를 시작하기 전까지는 "별로 이뤄놓은 것 없는 변두리 펑크록 소녀였다."[25] 두 커뮤니티의 차별점은 여기에서 시작됐다. 1998년에 스테이시가 쓰기를, "서부/동부, 남자/여자, 밤/빌어먹을 낮."

1990년대에 에코를 취재한 기자들은 주로 에코의 고유한 뉴욕 스타일에 초점을 맞추는 편이었다. "때로 새로운 가입자는 에코이드들이 인사 한 번 없이 처음부터 자신의 견해를 공격하고 무참

⁺ 17~18세기 프랑스 상류층의 지적인 사교 모임.

히 반박해도 실은 적의가 있어서 그러는 게 아니라는 사실을 미처 알지 못한다."[26] 1993년에 〈와이어드〉가 설명했다. "적대가 아닌, '우리 세계에 온 걸 환영해!'라는 뉴욕식 표현일 뿐이다." 에코 글타래의 정수는 *나는 나를 미워한다*였다. 에코이드들은 계속 늘어나는 고해 리스트에 자신의 죄를 추가하기 위해 이 글타래로 매일같이 들어왔다. "나는 빌어먹을 중독자가 된 나 자신이 싫어요."[27] 1992년 2월 한 유저가 글을 올렸다. "나는 치아 펫을 죽게 한 내가 싫어요"라는 답글이 빈정대듯 달렸다.

그리고 아무도 당신에게 인사를 건네지 않을 것입니다

스테이시 혼은 에코만의 선전 문구를 만들었다. 처음에는 광고용 인쇄물에 싣다가 웹이 등장하자 에코 웹사이트의 첫 화면에 올렸다. "에코는 사이버공간에서 여성의 비율이 가장 높습니다. 그리고 아무도 당신에게 인사를 건네지 않을 것입니다."

오늘날 여성은 핀터레스트, 페이스북, 인스타그램 같은 소셜네트워크 플랫폼을 지배하고 있지만, 1980년대에는 여성이 다수를 차지하거나 여성의 가입을 권장하는 온라인 서비스가 거의 없었다. 스테이시가 에코를 창립했을 당시, 전체 인터넷 사용자의

10~15퍼센트만이 여성이었다. 그러나 에코의 사용자 기반은 여성이 *절반* 가까이 차지했다. "내 성공 요인 중 하나는 오직 나 한 사람만 시도했다는 것이다."[28] 최초의 유저들에게 구애할 때처럼, 스테이시는 어디를 가든 여성들에게 다가가 그들의 온라인 경험에 대한 비공식적인 인터뷰를 요청했다. 인터넷을 경험하지 않았다면 그 이유를 물었고, 인터넷을 사용하고 있다면 그 경험을 새겨들었다. 또 스테이시는 지역 여성 단체에 외교적 수완을 발휘했고, 여성지 〈미즈〉 편집자들에게는 에코에 따로 게시판을 마련해주었다. 그곳은 월경과 체모에 관한 솔직한 대화들로 폭발했고, 에코의 남성 유저들은 경외심 어린 침묵 속에 읽기만 하다가 몇 년 동안 기다려온 질문들을 올리며 서서히 참여했다. 스테이시는 멘토링 프로그램도 시작했다. 심지어 1990년에는 여성의 회원 가입을 완전히 무료로 전환했다.

이와 같은 옹호에는 개인적인 이유가 있었다. 뉴욕 대학 대학원에 있을 때, 그녀는 정유회사 모빌의 전기통신 분석가로 일했다. 직장에서 그녀가 담당한 일은 프린스턴과 댈러스에 있는 데이터 센터와 각 지역의 모빌 지사를 연결하는 것이었다. 온라인 네트워크의 가능성을 깨닫게 되면서 스테이시는 모빌에 열정을 쏟았다. 그녀는 전국의 데이터 네트워크 장비 담당 직원들이 서로가 하는 일을 실시간으로 논의할 수 있다면 실수가 적어질 것—깜빡 잊고 빠뜨리는 일이 없을 것—이라고 확신했다. "회사의 전기통신 담당자들이 모두 모여 긴 테이블에서 회의를 하곤 했는데, 저 말고는 모두 남성이었어요. 저는 일어나서 소셜 네트워크의 개념을 홍보하려고 노력했어요. … 그리고 그럴 때마다 그들은 제 입을 막았죠. 계속 시도하고, 시도하고, 또 시도했지만, 제가 말을 꺼내지 못하게 했어요."[29]

당시 힐러리 클린턴은 의료복지 개혁을 추진하기 위해 의회를 통해 로비하고 있었다. 스테이시는 뉴스에서 힐러리가 그녀의 프로젝트를 무산시키려는 남자들로 가득한 방에서 고군분투하는 것을 보았다. 힐러리는 상황 대처 능력이 뛰어나 보였다. "그녀는 고수였어요. 그런 상황에서도 잘 넘어가고 화내지 않았죠."[30] 그 이미지가 그녀에게 깊은 울림을 주었다. 힐러리 클린턴이 국가적인 차원에서 남성의 무관심에 잘 대처할 수 있다면, 스테이시도 모빌의 상사들이 틀렸다는 것을 증명할 수 있을 것이다. 모빌이 지사를 버지니아로 옮겼을 때 그녀는 뉴욕에 남기로 했다. 그녀의 퇴직금은 첫 번째 에코 서버를 사는 데 쓰였고, 회사에서 겪은 경험은 에코 문화의 길잡이가 되었다. 회의실에서는 유일한 여성이었을지 모르지만, 에코의 채팅방에서는 결코 혼자가 아닐 것이다.

그녀가 항상 이긴 것은 아니었다. 알리자 셔먼—처음 온라인에 접속했을 때 컴퓨터가 자신에게 말을 건다고 생각했던 개발자—은 에코에 가입했지만 그곳의 문화를 좀처럼 받아들이지 못했다. 웰에서 데드헤드들에 둘러싸였던 스테이시처럼 알리자는 에코와 잘 맞지 않았고 결국 탈퇴하고 말았다. 스테이시가 그녀에게 직접 전화를 걸었다. "스테이시 혼입니다."[31] 알리자는 스테이시가 한 말을 기억했다. "에코에서 나가시는 것을 보았습니다만, 우리는 더 많은 여성이 필요해요. 떠나지 마세요. 어떻게 하면 이곳이 좀 더 편해지시겠습니까?" 스테이시는 나중에 알리자에게 편지까지 보냈다. 결국 에코를 떠나긴 했지만, 알리자는 편지를 간직했다. 이 편지는 온라인상의 모든 여성이 변화를 일으킨 시대를 상기시킨다.

스테이시의 전남편은 그녀를 몸집은 왜소하지만 부처의 성품, 세상을 바꾸는 굳건한 선의의 힘을 가진 사람으로 묘사했다. 스테이시가 쓰기를, "그 시절에 저널리스트들은 내가 여자들에게 넷상에서 안전한 장소를 제공하기 위해 에코를 시작했다고 썼다. 꺼지세요. 나는 넷을 더 좋은 곳으로 만들기 위해 여성들이 에코에 더 많이 모이길 바랐던 것이다."[32]

안아주고픈 암양

에코에서 규모가 가장 큰 게시판이었던 문화, 미디어, 죽음 게시판은 사이버공간의 그리스 아고라였다. 충분히 크게 소리를 내면 누구의 말이라도 경청하는 공개 집회 말이다. 비록 이 게시판들은 새로운 가입자와 오래 묵은 에코이드 모두에게 똑같이 첫 번째 경유지였지만, 스테이시는 가장 민주적인 공간에도 한계가 있다는 것을 알았다. "저는 합창단 친구들과 함께 있을 때 다르게 얘기하고, 드러머 친구들과 있을 때는 또 다르게 얘기해요. 그리고 여자들밖에 없는 모임이라면 남녀가 함께 있을 때 말하지 않을 것들을 말하죠."[33] 만약 에코가 다양한 감정적 필요를 충족하는 현실 세계의 확장판이 되고자 한다면 공공의 영역과 사적인 공간을 모두 갖춰야 했다.

이것은 에코의 설계 가운데 가장 흥미롭고 예지적인 부분이다. 우리는 낯선 이들이 모인 파티의 청중 앞에서 흥미로운 화제로 타인의 시선을 끄는 것도 좋아하지만, 대여섯 명의 친구들과 저녁을 함께하는 자리라면 좀 더 개인적인 의견을 나눌 것이다. 이 두 소통 방식은 서로 상충하지 않을뿐더러 사실 둘 다 있어야 우리가 온전해진다. 오늘날의 소셜 미디어 환경에서는 공개적인 피드만큼이나 많은 활동이 사적인 페이스북 그룹, 슬랙 채널, 그룹 텍스트 글타래, 일대일 메시지 형태로 이루어진다. 우리는 온라인에서도 사적인 공간이 필요하다. 스테이시는 이 진리를 일찌감치 깨달았다. 예를 들어 누군가 공공 게시판에서 짜증 나게 굴고 있다면 사람들은 로그아웃하기보다 마음 맞는 일부를 자기들만의 장소로 데려오고 싶어 했다.

스테이시는 처음 에코를 시작할 때부터 비공개 게시판의 가능성을 염두에 두었고, 에코이드들이 그 생각에 동조하며 몰려들었다. 회복 중인 중독자들을 위한 '익명의 알코올 중독자' 비공개 게시판과 30세 미만의 회원들을 위한 게시판이 개설되었고, 성 게시판은 21세 이상만 접근할 수 있었다. 애리조나에서 외부와 단절된 채 이루어진 독립 생태계 실험의 이름을 따라 바이오스피어(생물권)라는 이름이 붙은 게시판은 사적인 것을 위한 사적인 공간이었다. 또 하나, 소통 중인 여성이라는 뜻의 위트Women in Telecommunications, WIT는 에코의 여성 전용 코너였다. 위트는 스테이시 자신의 작품으로, 그녀는 직접 해당 에코이드에게 전화를 걸어 여성임을 최대한 확인한 다음에야 입장을 허가하는 등 게시판을 엄격하게 운영했다. 완벽한 절차는 아닐지 몰라도, 오늘날에는 상상하기 힘든 오프라인 감시의 일면이다.

위트는 여성 에코이드들이 몰래 빠져나와 자기들끼리 얘기를 나누는 에코의 파우더룸이었다. 성적인 조언과 정치, 데이트, 개인 트라우마까지 다양한 이야기들이 오갔다. "에코에서 누군가 당신을 괴롭히나요?"라는 글타래에서 그들은 욕설과 괴롭힘의 사례를 보고하고 온라인 진상들에 관한 정보를 교환했다. 모두가 위트를 좋아한 건 아니었다. 어떤 여성 에코이드들은 위트가 자신이 애초에 에코에 들어오게 된 계기였던 다크 유머와는 완전히 결이 다른 가식적인 공간이라고 생각했다. 스테이시의 축복 속에 몇몇 에코이드가 비치BITCH를 열었는데, 이곳은 초대를 받아야만 들어갈 수 있는 센 언니들의 놀이터였다. 누군가는 그곳을 "가죽 재킷을 입은 위트"라고 불렀다.[34] "위트의 착하고 여자여자한 감상적인 게시판을 혐오한" 마리사 보는 비치를 "동쪽 끝 낮디낮은 곳으로 들어가는 타락한 어둠의 잠수"에 비유했다. 에코가 디지털화된 뉴욕이라면, 에코 안에서 도시의 모든 면면을 볼 수 있어야 했다. 또 여자도 술을 마시고 욕설을 하고 열을 식힐 곳이 필요했다. 한편 스테이시는 위트나 비치에서 소외된 남성들을 위해 모Men on Echo, MOE라는 게시판을 만들었고, 이것으로 여자만 특별 대우 한다는 남자들의 아우성을 잠재웠다. 그러나 에코는 트랜스젠더 에코이드들을 저버렸다.

문제는 1993년이 되면서 드러났다. "안아주고픈 암양"이라는 닉네임의 한 트랜스 여성이 위트에 들여보내 달라고 요청했다. 아무도 어떻게 해야 할지 몰랐다. 여성 에코이드들은 위트에 모여 사이버공간에서 한 번도 떠오르지 않았던 이 문제에 대해 의견을 나누었다. 그녀를 받아들이자는 사람도 있었고, 그녀가 월경 전 증후군에 대한 대화를 피하는 조건으로 동의한 사람도 있었다. 그렇다면 왜 같은 조건을 완경기 여성에게는 적용하지 않느냐고 의문을 제기하는 사람도 있었다. 또 어떤 이들은 위트가 *여성으로 키워진* 사람들을 위한 공간이며, 트랜스 여성은 잠깐이나마 가부장적 제도의 수혜를 받은 적이 있으므로 생물학적 여성과 역사를 공유하지 않는다고 주장했다. 이 대화는 사이버공간에서 젠더에 대해 폭넓게 고려해보는 계기가 되었고, 앞으로 다가올 수많은 논의 가운데 최초였다. 누군가는 트랜스 여성을 위한 별개의 비공개 게시판을 만들자고 제안했다. 스테이시는 그것이 "분리 평등 정책의 그늘"이 되지 않을까 염려했다.[35]

에코는 뉴욕 좌파와 예술가들의 근거지였다. 에코에는 성소수자 게시판인 람다가 있었다. 나는 안아주고픈 암양을 둘러싼 에코이드들의 치열한 논쟁에 관해 읽고 있자니 마음이 불편했다. 이는 지난 20년간 트랜스 경험에 대한 이해가 얼마나 달라졌는지 보여준다. 그러나 현대의 독자가 놓칠 수 있는 또 다른 요인이 작용하고 있었는데, 바로 여성 사칭이다. 텍스트가 기반인 인터넷의 사교 공간에서는 사람들이 성별을 넘나드는 일이 비일비재했고, 온라인에 여성이 거의 없는 상황에서 일상적으로 여성 행세를 하는 남성들이 나타났다. 알리자 셔먼은 "여성의 인터넷 역사 프로젝트"에 개인 경험을 기록하면서 이 현상을 논의했다. "그때는 정말 이상했어요. 아주 많은 남성들이 온라인에서 여성인 척했거든요. 그들은 웹사이트에서 활동했고 사람들은 그들을 여자라고 생각했지만, 실제로는 여자 행세를 하는 남자였죠. 그것이 가능했던 이유까지는 말하지 않겠지만, 웹사이트에서 진짜 여성을 찾기는 정말 어려웠어요."[36]

이 현상은 인터넷 가장 초기의 사교 공간인 텍스트 기반 판타지 게임들, 즉 멀티 유저 던전 또는 멀티 유저 도메인까지 거슬러 올라간다. 줄여서 머드MUD라고 부르는 이 게임들은 성별 플레이를 권장했고, 대부분 새로운 캐릭터를 위한 긴 성별 목록을 제공했다.[37] 사교 기능을 강조한 "소셜 머드" 가운데 가장 유명한 람다무의 설계자 파벨 커티스는 게임에서 성적으로 가장 적극적인 여성 캐릭터를 의외로 남성들이 자주 선택하는 걸 보았는데, 그들은 대개 "다른 반쪽이 살아가는 모습을 보고 싶어 하며 커뮤니티에서 여성으로 인지되는 것이 어떤 느낌인지에 관심 있는" 사람들이었다.[38] 미디어 이론가 앨러쿠르 로잰 스톤은 이 현상을 "컴퓨터 크로스드레싱"이라고 불렀다. 1991년 논문에서 그녀는 또 다른 예를 들었다. 한 게시판에서 모두에게 사랑받는 인물이었던 줄리가 중년의 남성이었다는 사실이 밝혀졌다. 가짜 줄리는 온라인에 처음 접속한 순간 여성으로 오인되었고, 남자가 없는 상황에서 여성들이 이야기를 주고받는 모습이 너무 좋아 몇 년 동안이나 위장을 유지하며 자신의 여성 분신을 위한 완벽한 가상의 페르소나를 구축했다. 같은 현상이 BBS, 리스트서브, 머드, 그리고 다른 채팅 플랫폼에서 1990년대 내내 일상적으로 일어났다.

스톤은 이렇게 말한다. "넷상에서 육체적인 신체에 기초해 페르소나를 확립하는 것은 무의미하다. 그곳에서 남성들은 자신이 원할 때마다 언제나 여성의 페르소나를 사용한다."[39] 물론 이것은 양날의 검이다. 텍스트 기반 인터넷의 상대적인 모호함 속에서는 누구든 새로운 정체성을 시도할 수 있다. 거기에는 창의력을 발휘할 수 있다는 장점이 있고, 또 많은 사람들이 집단 환경 속에서 과거에는 미처 알지 못했던 젠더 역학을 직접 경험하게 해주었다. 여성들은 과도한 관심이나 괴롭힘을 피하고자 남성의 가명을 선택할 수 있었고, 트랜스젠더들 또한 젠더 정체성을 안전하고 자유롭게 표현할 수 있었다. 하지만 이 모든 컴퓨터 크로스드레싱의 실질적인 결과는 온라인상에 얼마 안 되는 여성들이 서로를 찾기가 더 어려워졌다는 점이다.

많은 에코이드들에게 안아주고픈 암양 논쟁 뒤에 숨은 의미는, 믿고 싶지는 않지만 만약 트랜스 여성이 위트에 합류하면 그녀의 뒤로 여성인 "척하는" 남성들이 따라오리라는 것이었다. 그러면 더는 안아주고픈 암양이 누구고, 그녀에게 안전한 공간이 필요한지 여부가 중요하지 않게 된다. 어차피 방어막이 뚫릴 것이기 때문이다. "어떻게 해야 할지 모르겠더라고요."[40] 스테이시가 내게 말했다. "제가 두려워했던 건 이거예요. 그녀를 허락하고 나면 모든 남성들이 '난 여자예요, 들여보내 주세요'라고 말하기 시작할 텐데 누가 여자고 누가 아닌지 제가 어떻게 알겠어요?" 스테이시는 에코에서 가능하면 다양한 형태의 의사소통을 허용하고 싶었다. 그것은 적어도 위트 안에서는 남성 관음증 환자가 없어야 한다는 뜻이었다.

스테이시는 자신이 "사이버공간의 조지 월리스✚가 된 것 같

✚ 인종차별주의를 옹호했다가 나중에 철회한 전 앨라배마 주지사.

았다"라고 적었다.[41] 이 난제를 어떻게 타개해야 할지 확신이 서지 않았던 그녀는 안아주고픈 암양에게 성전환 수술을 받은 다음이라면 위트에 가입할 수 있다고 말했다. 그녀는 몇 달 후에 자신의 결정을 철회했고 오늘날까지 그렇게 한 것을 후회했으나, 어쨌든 안아주고픈 암양은 에코를 떠났다. 이후 몇 년 동안 많은 트랜스 여성들이 에코에 합류했고 커뮤니티는 그들의 정체성에 점점 익숙해졌다. 트랜스 경험에 대해 아무것도 알지 못했던 에코이드들이 그들을 이해하기 시작했다. 스테이시가 쓰기를, "사이버공간은 사람들의 말을 더 쉽게 *들을 수 있게* 해준다."[42] 트랜스 에코이드들은 자신의 이야기를 공유하면서 저항했다. 왜 내가 누구인지 증명하기 위해 비싼 수술을 해야 합니까? 의학 기관이 무슨 자격으로 한 사람의 젠더를 결정합니까? 결국 에코는 정책을 수정했다. "에코이드는 마침내 잠정적인 이해와 합의에 도달할 수 있었다. … 수년에 걸쳐, 수없이 쌓인 대화를 통해서."

페리 스트리트

내가 처음으로 스테이시에게 연락했을 때 그녀는 여전히 건재한 에코의 서버를 교체하느라 바빴다. 30년 된 온라인 커뮤니티를 이전하는 일은 천연 발효종을 옮기는 것과 같다. 에코는 항아리 속에 든 살아 있는 문화다. 바깥 세계의 가혹함에 민감하기 때문에 신구의 연결고리를 유지하기 위해서는 잘 먹이고 따뜻하게 보살펴야 한다.

내가 스테이시와 뉴욕에서 만나기로 한 바로 그 주말에 대대적인 이전 작업이 예정되어 있었다. 커피 데이트 전날 밤늦게 이메일을 받았다. 서버 이전은 재앙이나 다름없고 그녀는 밤낮으로 문제 해결에 매달리고 있으며 위기는 내일까지로 넘어갈지도 모르겠다는 내용이었다. 한 시간 뒤에 그녀가 다시 메일을 보냈다. 어쩌죠, 메일은 이렇게 시작했다. 갈수록 태산이네요.[43] 그녀는 결국 내일 우리가 만나지 못할 것 같다고 사과하며 주소를 몇 군데 알려주었다. 에코 서버가 처음으로 자리 잡았던 그리니치 빌리지의 아파트, 그리고 코너를 돌면 나오는, 에코이드들이 수시로 출몰했던 아트바.

어느 청명한 가을 아침, 나는 두 곳을 모두 방문했다. 그곳에서 무엇을 보고 무엇을 느끼고 싶었는지는 잘 몰랐다. 사실 인터넷은 우리가 생각해본 적 없는 물리적 뼈대에 묶여 있지만, 겉으로는 기기에서 기기로 무한히 떠다니는 것처럼 보인다. 이 경험의 총체는 기반시설을 아무리 들여다봐도 드러나지 않고, 케이블 역시 그것을 타고 흘렀던 수많은 대화에 관해 아무것도 말해주지 않는다. 한때 이 도시의 첫 번째 소셜 네트워크가 머물렀던 페리 스트리트의 아파트 건물 현관 앞에서 지도가 켜진 휴대폰을 들고 서서 눈에 힘을 주고 주변을 둘러보았다. 하지만 솔직히, 아무것도 느껴지지 않았다.

훌륭한 건물이었다. 근방의 다른 맨해튼 건물들처럼 창문틀이 사자와 신화 속 그리핀으로 장식되어 값비싸 보였다. 거리에는 이파리 없는 막대 같은 나무와 철제 가로등이 늘어서 있었다. 주위에는 개를 데리고 운동하는 사람들, 무리에서 떨어져 나온 관광객들, 프로즌 요구르트를 들고 걸어가는 여성들로 부산했다. 모두 이 장소의 중요성은 망각한 것 같다. 명패라도 있어야 하는 것 아닌가? 유명 시인이나 화가의 생가에 대해서는 그렇게들 하지 않는가. 그런데 왜 소프트웨어나 서버에 대해서는 그러지 않는 걸까? 거기까지 생각이 미치자 갑자기 감정이 북받쳐 올랐다. 맞다. 여기가 에코가 살았던 곳이다. 뉴요커들이 사랑했고, 웃었고, 불평했고, 자기 자신을 얼마나 싫어하는지 그리고 왜 그런지 이야기를 나누던 곳.

마침내 우리가 만났을 때, 스테이시는 페리 스트리트에 관한 이야기를 들려주었다. 그녀는 집세의 지배를 받는 전형적인 맨해튼 사람으로 30년간 살면서 다져진 풍부한 표현의 롱아일랜드 억양으로 말했다. 그녀의 음성에서 이탤릭체가 들렸다. 그 수십 년의 세월 동안 주변 이웃이 어떻게 변해왔는지 말해주면서 그녀는 강조하는 구간마다 억양을 변화시켰다. "*빨래방, 식품 가게*가 있었는데 다 없어졌어요. 빨래 한번 하려면 아주 *한참*을 걸어가야 했는데, 정말 *지긋지긋했죠*."[44]

1990년에 그리니치 빌리지가 여전히 *이웃*이었을 때, 에코는 아직 스테이시의 아파트에 있는 서버였다. 그러나 앨 고어의 정보 초고속도로 덕분에 사업이 번창했고, 에코의 모뎀은 지역 전화 서비스에 기반했기 때문에 에코로 유입되는 요청이 주변 전화선을 모두 마비시켰다. 전화 회사는 어쩔 수 없이 스테이시에게 전용선을 제공했다. 그러나 맨해튼에서 케이블은 지하로 흘렀기 때문에—도시는 머리 위로 전화선이 지나가기엔 너무 밀도가 높고 정신이 없었다—뉴욕 전화국은 페리 스트리트의 땅을 파헤친 다음 분국에서 스테이시의 집 앞까지 케이블을 연결해야 했다. "뉴욕의 거리가 내가 한 일 때문에 *찢겨나가*는 것을 보니 기분이 이상했어요. 자랑스러운 순간이었고, 미래를 보는 것 같았어요. 내가 그걸 돕고 있다는 것도 알았죠."[45]

스테이시의 이웃들은 그녀의 자긍심을 공유하지 않았다. 그들이 받아야 할 서비스가 방해받았고 그들의 거리가 갈가리 찢겨나갔기 때문이다. 그러나 스테이시는 페리 스트리트가 뉴욕에서 가장 빠른 인터넷을 갖게 되었을 때 이웃들이 그녀에게 고마워하리라는 것을 알고 있었다.

온라인과 오프라인

1998년경 에코 시스템 전반에 걸쳐 진행된 여론조사에 따르면, 에코이드의 83퍼센트가 정기적으로 밖에서 만났다.[46] 에코는 아트바에서 월례 모임을, 센트럴 파크에서 매달 소프트볼 경기를 열었다. 스테이시는 에코이드를 위해 "읽기 전용"이라는 독서 행사를 마련했다. 또한 공개 대담, 영화 상영, 그리고 격월로 주최하는 이벤트 "가상 문화 살롱"을 휘트니 박물관과 함께 기획했다. 1990년대 중반에 뉴욕의 '실리콘앨리+'는 친목회, 파티, 미디어 이벤트, 닷컴 홍보 등으로 넘쳐났지만 스테이시야말로 뉴욕의 기술 개척자들을 이어준 첫 번째 사람이었다. 온라인 뉴스레터 〈@NY〉의 편집자가 1996년에 쓴 것처럼, 에코는 "실리콘앨리의 토대"였다.[47]

정작 스테이시는 그런 식으로 생각해본 적이 없었다. 에코이드는 네트워킹을 하지 않았다. 그들은 그저 떼로 들어가 탐험하고 항해했을 뿐이다. 일단의 에코이드들이 달마다 모여 업스테이트 친구들이 준비한 소고기 옆구리 살을 분배했다.[48] 에코의 하우스 밴드인 화이트 코터시 텔레폰은 뉴욕의 로어 이스트 사이드에 있는 클럽에서 정기적으로 연주했다. 시 낭송회나 공개 장기자랑 행사가 열리면, 에코이드들은 그 소식을 게시판에 공유해 다른 사람

+ 뉴욕 맨해튼의 뉴미디어와 인터넷 콘텐츠 기업들이 밀집한 지역.

스테이시 혼

“한 여성이 사업을 시작했고, 호스트 절반이 여자였고,
그래서 그것만으로도 로그인하는 순간 모든 것이 다르게 느껴졌다. 그들은 편안했다.”

들이 참석하게 했다. 그리고 집에 도착하자마자 제일 먼저 에코에 접속해 이야기를 나누었다. "가장 강력한 가상 커뮤니티가 엄밀히 말하면 가상이 아니었던 거죠."[49] 스테이시가 설명했다.

현실 세계의 책임은 에코이드들이 적어도 최소한의 예의를 지키게 했다. 월요일 밤에 아트바에 갔다가 만날지도 모르는 사람에게 온라인에서 함부로 굴기는 힘들다. 에코이드는 닉네임보다 사람으로 서로를 알 만큼 자주 얼굴을 보았다. 맥주 한잔이나 소프트볼 친목 경기를 통해 화합이 이루어졌다. 좋든 나쁘든, 에코는 커뮤니티가 되었고 스스로를 관리했다.

자체적으로 해결되지 않을 때는 스테이시가 나섰다. 모든 의미에서 중재자였던 그녀는 사람들이 사이좋게 지내게 하기 위해 주어진 업무 이상을 처리했다. 에코가 작은 마을이라면, 스테이시는 시장이자 보안관이자 관광청이었다. 그녀는 규칙을 만들고 시행했다. 누군가 에코 안에서 형편없이 굴면 그녀는 그 사람을 쫓아낼 권한이 있었다. 1989년부터 에코에서 활동한 소설가 하워드 미텔마크가 내게 말했다. "스테이시는 거대 기업보다 더한 독재자였죠. 아마 이렇게 말했을 거예요. '당신, 여기서 당장 꺼져요'라고."[50]

강제 탈퇴는 최악의 범죄자들에게만 적용되었다. 스테이시의 책에는 에코이드들이 "공포"라고 부른 것에 온전히 할애한 장이 있다. 실로 불쾌한 누군가가 온라인에서 보인 행동이 심어놓은 공포였다. 한때 에코에는 나치가 들어온 적도 있고, 치한도 상당했다. 마리사 보는 "자신이 체제 전복적이라고 생각한" 한 젊은이가 에코의 모든 게시판에 근친상간에 대한 글을 올린 사건을 기억한다.[51] 스테이시는 인신공격성 글을 금지했는데, 근친상간 게시물이 특별히 어느 인물을 지목하지 않았으므로 에코의 규칙을 어긴 것은 아니었다. 하지만 마리사는 이것을 공공기물 파손만큼이나 불쾌하게 여겼다. "오로지 말로만 만들어진 세상에" 오직 사람들을 기분 나쁘게 하려는 목적으로 그러한 자료를 올리는 것은 "건물에 폭탄을 떨어뜨리는 것과 같다."[52]

모두 오늘날 익숙한 것들이다. 인터넷에는 여전히 나치, 트롤+, 스토커들이 있다. 일상에 매끄럽게 녹아들어 가는 소셜 네트워크는 자연스러운 것처럼 느껴진다. 이것이 바로 지금 모든 소셜 네트워크가 하는 일이다. 우리는 페이스북에서 파티에 친구를 초대하고, 사진이나 비디오 스토리를 통해 그들이 놓친 것을 보여준다. 소셜 미디어에서 다른 사람들의 여행 일정, 연애 소식, 반려동물을 뒤좇으면서 실제 현실에서 가상 현실로 쉽게 이동해 둘 사이의 경계를 모호하게 하고 종종 하나를 다른 하나로 오인한다.

그러나 스테이시는 네트워크에서 사람이 얼마나 중요한지 일찌감치 알았다. 에코의 최종 권력자로서 그녀는 토론을 장려하고 일부 에코이드에게 관심 분야에서 대화를 이끌도록 협조를 요

+ 인터넷에 부정적이고 선동적인 글을 남기는 사람.

청했다. 이 “호스트”들은 그들 각자의 게시판에서 고유의 문화적 분위기를 조성하기 위한 모든 권한을 위임받았다. “에코가 에코인 것은 호스트 덕분이다.”[53] 1998년에 스테이시가 썼다. “사람들의 관계는 말로 형성된다. 호스트들은 우리가 서로에게 모든 것을 말하게 한다.” 스테이시는 에코가 번영하기 위해서는 목소리의 핵심 기반, 즉 참여형 유저들이 필요하다는 사실을 깨달았다. 하워드 라인골드는 (말이 난 김에 말하자면, 가상 커뮤니티를 다뤘지만 에코를 완전히 빼버린 책) 『가상 공동체』에서, 네트워크 전반에 걸쳐 스테이시와 같은 전략을 사용하고 있는 사례를 소개했다. 가장 활동적인 유저 가운데 “추진자”를 추려내 돈을 주고 활동하게 하는 프랑스의 한 BBS와 담당 전문가 호스트가 있는 웰이었다.[54] 라인골드는 “호스트는 새로 온 가입자를 환영하고 사람들을 서로 소개하며, 손님이 나간 후에 뒷정리를 하고 토론을 자극하고 필요하면 싸움을 말리는 사람이다”라고 썼다.[55]

이제는 우리 모두가 호스트다. 인스타그램과 페이스북의 댓글창이 모두 하나의 개인 게시판이다. 그러나 좀 더 형식적인 관습 또한 계속된다. 소위 “인터넷의 제1면”인 레딧은 잘 포장된 BBS로, 각 하위 레딧—에코이드가 콘퍼런스라고 부른 것—에는 편집 권한을 가지고 대화를 이끌어나가는 중재자들이 있다.[56] 페이스북이나 트위터 같은 커뮤니티에도 비록 그 역할이 대행 유저에게 위임되는 것은 아니지만 중재자가 있다. 주로 해외에 거주하며 보이지 않는 곳에서 일하는 유급 직원이 불쾌감을 주는 내용을 일일이 삭제하거나 욕설 및 괴롭힘 민원에 대응한다. 이처럼 파티가 끝나고 뒤치다꺼리를 하는 의무가 파티 못지않게 중요해지는 것은 규모가 커질수록 불가피하게 발생하는 일이다. 세상 모든 사람들을 초대하고자 한다면 당연히 일어나는 일이다.

일반적으로 에코의 모든 게시판에는 남성 호스트와 여성 호스트가 있었다. 서비스를 무료로 사용하는 대가로 두 사람이 짝을 지어 에코를 예의 바르고 흥미롭게 유지한다. 에코 호스트의 절반이 여성이었다는 것은, 다시 말하지만 의식적인 노력이었다. 스테이시는 이것을 "사이버 적극 평등실현조치"라고 불렀다.[57] 에코로 다이얼을 돌린 여성 유저에게 다른 여성들이 많이 보이는 것이 대단히 중요했다. 자신이 소수에 속하지 않고 모든 관리자가 남성이 아니라는 사실을 아는 것은 여성이 숨어 있는 대신 글을 올리도록 격려했고, 이런 식으로 그들은 에코 문화의 일부가 되었다. 남자들은 그들의 말을 들어야 했다. 하워드 미텔마크가 말하기를, "저는 평소에 여성에게 듣지 못했던 말들, 또 제가 그동안 알지 못했던 방식으로 남자에 대해 이야기하는 것을 들었죠."[58]

전성기 시절 에코에는 약 4만 6,000명의 유저가 있었다. 절반 이상이 눈팅을 했다. 심지어 지금도 유저들은 대부분 눈팅족이다. 소셜 미디어 플랫폼 어디에서나, 대다수는 듣고 읽고 혼자만 알고 있다. 이들은 인터넷의 사회적 암흑물질이며, 사람들을 하나로 묶어주는 힘이다. 에코에서 적극적으로 *글을 올리*는 사람은 스테이시의 회원 중 약 10분의 1에 해당하는 골수 회원이었다. 그들은 호스트이자 반골이었고 선동가이자 핵심 집단이었다. 에코는 아직 존재한다. 그러나 얼마 전 떠들썩하게, 하지만 성공리에 리눅스로 서버를 이전한 뒤로는 일부 핵심 집단만 남았다.

여느 가족처럼, 남아 있는 에코이드들도 많은 일을 함께 겪었다. 적어도 한 명의 에코이드가 세상을 떠났다. 에코이드들은 게시판에 유령처럼 남아 있는 그 사람의 말을 보면서 죽음을 애도하는 것이 얼마나 어려운지를 처음으로 알게 된 사람들이다. 20년 동안 쌓인 대화는 엄청난 양의 정서적 자산이다. 다투고, 무시하고, 잘해주고, 의견을 내고, 시시덕거리며 보낸 시간들. 에코에서는 로맨스도 한몫 차지했는데, 많은 에코이드들이 에코 속 개인 공간에서 사이버 섹스까지 했다. 물론 막장으로 끝난 연애사도 있었다.

하지만 에코이드들은 보다 광범한 문화사도 공유한다. 1994년에 O. J. 심슨의 악명 높은 브롱코 추격전이 벌어지자 미국인 대다수는 뉴스를 통해 헬리콥터가 찍은 장면을 보았지만 에코이드들은 실시간으로 반응을 올렸다. 스테이시는 이 글타래의 일부를 자신의 책 『사이버빌』에서 공유했는데, 트위터가 등장하기 10년 전인데도 주요 사회·문화 사건들을 사람들이 실시간으로 트위팅하는 것과 똑같았다. 에코이드들이 "동시방송"이라고 부른 이 방식은 자연스럽게 미디어까지 다가갔다. 그들은 아카데미 시상식, 아니타 힐의 클래런스 토머스 인준 청문회 증언, 1993년 세계무역센터 폭탄 테러가 진행되는 동안 에코에 글을 올렸다. 2001년 9월 11일 오전 8시 47분, 스테이시가 키보드로 달려가서 자판을 두드렸다. 방금 비행기 한 대가 세계무역센터에 충돌했어요.[59]

에코에서 벌어지는 토론의 주제는 각양각색이었다. 사람들은 냉장고, 지갑, 호주머니 속에 들어 있는 것들을 공유했다. "한동안 가장 뜨거웠던 토론 주제는 샴푸였다. 샴푸라니! 누가 샴푸에 관해서 얘기하고 싶겠는가? 그런데 이상하게 대화가 됐다."[60] 이런 자세한 정보가 화면 속의 단어를 인간답게 만들었다. 먹고 불평하고 머리를 감으며 각자의 삶을 살아가는 뉴요커들이 여기 있다. 한편 세상은 그들 주변에서 계속됐다. 우리 주위에서도 그런 것처럼.

최근 스테이시는 에코의 기록물 전체, 20년 동안 끊임없이 쌓인 대화를 뉴욕 역사학회에 기증했다. "22세기, 더 나아가 그 이후의 누군가가 과거를 돌아보고 이 역사의 보물창고를 가질 것입니다."[61] 그녀가 나에게 진심으로 자랑스럽게 말했다. 에코의 유산은 소셜 미디어에 대한 미래 예측은 아닐지언정—사실상 모든 것을 예측했지만—소셜 미디어의 과거를 드러낼 것이다. 이 유산은 세월의 흐름에 덧칠되지 않은 진짜 뉴요커들이 살아갔던 모습을 그대로 보여준다. 스테이시의 책이 "사이버빌(사이버 마을)"이라 불리는 데는 이유가 있다. 에코는 키보드와 모뎀만 있으면 갈 수 있는 선택적 공동체였다. 에코에는 유명인사, 권력자, 경찰, 진상이 전부 있었다. 모두 사이좋게 지낸 것은 아니지만, 대부분 동지애를 느끼며 머물렀다. 그들은 자신이 올리는 말만큼 선하거나 살아 있는, 도시 속 도시의 시민들이었다.

스테이시 혼은 원래 에코를 정보 초고속도로 길가에 자리한 지역 정류장으로 뉴요커들에게 홍보했지만, 고속도로가 마을을 가로질러 건설되면서 에코는 경치 좋은 도로에 있는 휴게소가 되었고 개성과 자체 출판한 역사로 가득 찼다. 사람들은 간혹 지도에서 벗어나 개척 시대의 거친 서부 농가와 같은 인터넷의 과거와 오늘날의 앱 중심 인터넷 사이에서 붕괴한 공간 어딘가를 방황한다. 그곳은 많은 것이 될 수 있지만 누구나 공짜로 또는 자유롭게 대화를 나눌 수 있는 곳은 아니다. 에코이드들은 때때로 고속도로를 타고 페이스북이나 트위터 같은 대도시를 방문한다. 새롭게 조성된 이 현란한 메트로폴리스에서 일어나는 모든 활동은 오싹할 정도로 익숙하다.

만약 당신이 에코에 가입하길 원한다면 에코 웹사이트에서 양식을 작성한 후 스테이시가 메일로 신규 가입자 꾸러미를 보낼 때까지 기다리면 된다. 나는 일주일쯤 기다렸다. 이 꾸러미에는 에코 커뮤니케이션즈 그룹이 발신인으로 찍힌 환영의 편지가 들어 있는데, 다음과 같은 경고의 말로 시작된다. "고맙습니다. 그리고 축하합니다! 귀하는 이제 에코라는 이름의 독선적이고 일부 기능적 장애가 있는 대형 커뮤니티에 가입하려고 합니다!" 그리고 주의사항이 이어진다. "우리는 영원히 업그레이드되지 않을 완전히 복고적인 소프트웨어를 사용합니다. 에코를 탐색하는 것은 웹사이트를 돌아다니는 것과는 전혀 다릅니다. 하지만 조금만 참고 버텨보세요. 그럴만한 가치가 있을 테니." 이 동봉된 지침서는 1,000년짜리 증거일지도 모른다.

에코는 여전히 BBS다. 웹에서 찾을 수 없다는 뜻이다. 대신 스테이시의 서버에 직접 전화를 걸어 접속할 수 있게 해주는 텔넷이라는 프로토콜을 사용해 접속한다. 그러려면 터미널이라는 명령줄 응용 프로그램을 열어야 하는데, 이는 운영체제로 통하는 일종의 텍스트 기반 창구다. 여기에 다음과 같은 명령어를 입력해 에코를 호출한다.

```
$ ssh claire@echonyc.com
```

에코의 웰컴 꾸러미에는 유닉스 명령어가 요약된 쪽지가 들어 있는데, 익히는 데 한나절이 걸린다. 나는 이런 것들에 꽤 익숙한 편인데도 에코에 접속하는 동안 영화 속 해킹 장면을 보는 기분이 들었다. 마침내 나는 완전히 감을 잡았다. `j mov`를 치면 영화 및 텔레비전 게시판에 들어가고, `sh 222`를 치면 이곳에 게시된 222번째 글을 읽을 수 있다. 나는 에코에서 아직도 진행 중인 〈스타트렉〉 논쟁 글을 읽었다. 무려 10년짜리 글타래다. 접속자를 알려주는 명령어 0를 누르자 몇 명이 스테이시의 서버 안에서 나와 함께 있다는 사실을 알게 됐다. 광고도, 클릭을 유도하는 미끼도 없는 곳. 낯선 명령줄 일색인 에코를 쓰다 보니 칼로 데스크톱 메타포+를 가르고 환상을 쪼개고 구름을 헤치는 기분이 들었다. 순수한 채널, 소셜 미디어의 요체다.

월드 와이드 웹의 의미론 안에서 자란 우리들에게 에코 같은 시스템은 전혀 직관적이지 않다. 웹은 우리에게 세계의 디지털 정보가 이동하는 방식에 대한 유일한 기준틀이기 때문이다. 마우스로 가리키고 클릭하는 인터페이스가 내 안에 너무 견고하게 배선되어 있어서, 에코의 텍스트 세계에 대해 배우고 난 뒤에도, 심지어 거기에 연결되어 있는 동안에도 내 손가락은 계속해서 트랙패드 위를 더듬는다. 에코는 웹에 있지 않다. (1993년에 스테이시는 도약할 여유가 없었다.) 그리고 에코의 "완전히 복고적인 소프트웨어"는 놀라울 정도로 생경하다. 링크도, 클릭할 것도, URL도 없는 이곳에는 현대의 정보 전달매체 경험의 근간을 이루는 무언가가 빠져 있다. 너무 익숙해서 대부분의 사람들이 있는 줄도 모르는 것. 우리가 온라인이라는 바다를 헤엄치는 물고기라면, 에코에는 물이 없다. 에코에는 하이퍼텍스트가 없다.

+ 모니터 화면을 마치 책상처럼 보이게 함으로써 사용자가 컴퓨터와 더 쉽게 상호작용하게끔 하는 인터페이스.

10장 하이퍼텍스트

우리는 대개 "인터넷"과 "웹"이라는 단어를 다음의 뜻을 가진 동의어로 사용한다. 컴퓨터 화면에서 방출되는, 자연보다 위대한 힘. 그러나 "인터넷"과 "웹"은 서로 바꿔 쓸 수 있는 말이 아니다. 앞서 에코에서 보았듯 사람들은 화면에 그래픽 기반 웹페이지가 등장하기 수십 년 전부터 온라인에 접속해왔다. 이들은 에코나 웰에서처럼 상대 컴퓨터나 컴퓨터와 호스트 컴퓨터에 직접 전화를 걸어 접속해 파일을 교환하고 글을 게시하거나, AOL과 컴퓨서브와 프로디지 같은 상용 온라인 서비스를 사용했다. 바로 이것이 웹 등장 이전에 사람들이 "넷" 또는 "온라인 접속"이라고 말할 때 의미한 바였다. 이러한 임시 네트워크는 대부분 인터넷 기반시설과 상호작용한 끝에 결국 하나로 통합되었고, 이 기반시설은 끝내

임계치에 도달했다. 상용 인터넷 서비스 제공업체의 출현과 함께, 아파넷을 계승한 미국 국립과학재단 네트워크NSFNET가 결국 오늘날 우리가 사용하는 네트워크에 자리를 내준 1994년 무렵의 일이었다.

이건 매우 복잡한 문제였다. 초기 아파넷 지도는 미국의 학술 기관과 군 기관에 배치된 노드 몇 개가, 곧게 뻗은 전선과 광섬유를 따라 방사상으로 뻗어 있어 읽기 쉬웠다. 하지만 노드의 수가 늘면서 지도가 점점 복잡해졌고, 무성해진 선들을 모두 포괄하기 위해 직선이 아닌 큰 곡선으로 그리게 되었다. 결국 인터넷 지도에서 지리적 배경이 사라지고 네트워크 자체가 독립을 선언했다. 오늘날 인터넷 지도는 마치 고동치는 심장, 신경세포의 시냅스 망, 또는 초신성과 같이 여기저기 정신없이 뻗어나가는 프랙털처럼 보인다.

이 모든 것 위에 월드 와이드 웹이 있다. 월드 와이드 웹은 서로 연결된 시각 페이지들의 그물망으로, 하이퍼텍스트 마크업 언어HTML라는 공통 언어로 구축된다. "하이퍼텍스트"는 오늘날 자주 사용하는 용어는 아니지만, 웹 대부분이 하이퍼텍스트 문서로 만들어진다. 하이퍼텍스트 문서는 링크가 내장된 텍스트, 이미지, 동영상 등으로 이루어진 페이지로, 링크를 클릭하면 다른 페이지로 연결된다. 이러한 연결은 우리가 웹을 *항해하는* 방식은 물론이고—구글은 검색엔진을 만들었고, 그것으로 무수한 양질의 하이퍼텍스트 링크가 내장된 웹페이지를 불러오며 자신의 제국을 세웠다—서로 소통하고 궁극적으로는 세상을 이해하는 방식에 영향을 미친다.

어떻게 보면 하이퍼텍스트는 본질적인 것이다. 탈무드는 신학의 심장부를 둘러싼 동심 사각형들의 형태로 주석이 겹겹이 배열된 하이퍼텍스트다. 사실상 다른 텍스트를 참조하는 모든 텍스트가 하이퍼텍스트의 형식으로 간주된다. 전작의 마지막 페이지에서 이야기가 시작되는 소설의 속편이 그렇고, 모든 책의 각주, 미주, 방주, 괄호 삽입 어구가 그러하다. 『율리시스』나 『피네간의 경야』처럼 사방으로 이야기가 뻗어나가는 자기 참조적 소설은 그 자체로 하나의 하이퍼텍스트다.[1] 학자들은 아르헨티나 작가 호르헤 루이스 보르헤스의 단편소설 「갈림길의 정원」을 컴퓨터 이전 하이퍼텍스트의 최고봉으로 즐겨 인용한다. 보르헤스는 이렇게 썼다. "시간의 거미줄, 수 세기에 걸쳐 서로 접근하고 갈라지고 교차하고 못 본 체 지나가는 이 가닥들은 모든 가능성을 수용한다."[2] 아마 그는 월드 와이드 웹을 좋아했을 것이다.

하지만 우리가 알고 있는 웹은 보르헤스, 조이스, 탈무드를 본뜬 것이 아니다. 가장 유명한 하이퍼텍스트 개척자들은 남성이었다. 스탠퍼드에서 제이크 파인러의 멘토였던 더글러스 엥겔바트는 하이퍼텍스트를 자신의 온라인 시스템NLS에 통합했고, 샌프란시스코 베이 에어리어 반체제문화의 영웅 테드 넬슨은 하이퍼텍스트라는 용어를 만들고 수십 년 동안 유토피아적 하이퍼텍스트 개념을 옹호했다. 그러나 웹은 뛰어난 여성 연구자들과 컴퓨터 과학자들이 10년 가까이 하이퍼텍스트의 원리와 규칙을 탐구한 *다음에야* 무대에 등장했다. 그들은 시간 속에서 끝내 잊히고 만 하이퍼텍스트 시스템들의 건축가였다. 인터미디어, 마이크로코즘, 아쿠아넷, 노트카드, 비키라는 이름의 하이퍼텍스트 시스템은 정보 시대 초기의 존재론적 틀이었다. 하이퍼텍스트는 다양한 방식을 통해 순수한 데이터를 지식으로 변환하는 행위다. 그리고 한 세대 전에 프로그래밍에서 그랬듯이, 그곳에는 여성들이 있었다.

마이크로코즘

하이퍼텍스트를 이해하기 위해 나는 세상에서 가장 똑똑한 컴퓨터 과학자에게 시선을 돌렸다. 붉은 금발의 수다스러운 영국인 데임 웬디 홀은 바쁜 일정을 소화하는 가운데에도 늘 따뜻한 태도로 상대방을 편안하게 해주었다. 우리는 스카이프를 통해 아홉 시간의 시차를 건너뛰어 이야기를 나누었다. 웬디는 컴퓨터 과학 분야에 기여한 공로로 2009년에 남성의 기사 작위에 해당하는 데임 작위를 받은 연구자다. 그녀는 런던의 호텔 방에 있었고, 저녁 식사를 위해 옷을 차려입은 상태였다. 나는 로스앤젤레스의 사무실에서 색인 카드에 둘러싸인 채 파자마 차림으로 커피를 마셨다. 그리고 이유도 모른 채 웬디가 유럽 중세사에 대해 설명하는 것을 듣고 있었다.

정확히 말하면, 헤이스팅스 전투에 대한 역사다. "우리는 역사를 보고 배워야 해요." 11세기 정복왕 윌리엄의 승리에 관해 미국인들이 알고 있는지 확신하지 못한 웬디가 내게 말했다. 그녀는 윌리엄 1세가 영국 남쪽 해안을 습격해 마지막 앵글로색슨 왕을 굴복시킴으로써 정복왕이라는 별명을 얻었다고 설명했고, 나는 어느새 이 뜬금없는 이야기에 빠져들었다. 몇 년 뒤, 윌리엄 1세는 자신이 정복한 색슨 왕국 전체를 대상으로 전리품을 조사했다. 그는 자신이 소유한 모든 것을 파악하라고 명했다. "모든 소, 모든 양, 모든 사람, 모든 집, 모든 마을, 모든 것을 일일이 손으로 세고 확인했어요."[3]

이 전례 없는 조사의 결과로 색슨 왕국의 세부사항이 낱낱이 들어 있는 유일무이한 책이 탄생했고, 이는 오늘날 역사학자들에게 매우 귀중한 자료다. 해당 내용을 편찬한 노르만족 심사원들의 판단이 확정적이라 여겨졌기 때문에 영국인들은 이 책을 『둠즈데이 북』이라고 불렀다. 거의 한 세기가 지나 영국의 성직자 리처드 피츠닐이 쓴 것처럼, 『둠즈데이 북』에서 결정된 사항은 "최후의 심판에서 내려진 판단과 마찬가지로 변경할 수 없다."[4] 『둠즈데이 북』은 웹의 여명이 밝아오기 훨씬 전에 웬디 홀이 우회적인 방식으로 하이퍼텍스트 시스템을 창조하도록 이끌었다.

1986년에 웬디가 교직을 시작했을 때, BBC—"영국 방송 공사의 약자예요"라고 그녀가 친절히 알려주었다—는 『둠즈데이 북』 900주년을 기념하기 위해 현대판 둠즈데이 북을 제작했다.[5] 전국 인구조사를 새로 시행해 당시로는 최첨단 데이터 보관 방식인 멀티미디어 비디오 레이저디스크 두 장에 그 결과를 담고 그것을 *둠즈데이 디스크*라고 불렀다. 100만 명 이상이 참여한 이 프로젝트의 결과물은 비트와 빛으로 암호화된 거대한 타임캡슐이 되었다. "전국의 모든 학교가 지역을 대표하는 사진을 세 장씩 보냈어요." 학생들은 일상생활에 대해 썼고, 어른들은 사무실, 공원, 술집, 풍차의 사진을 보냈다. 스페니무어 마을에 사는 한 아이가 보내온 즉흥시는 미래를 정확하게 예측했다.[6]

> 자연이 준 팔다리를 잃게 되면 로봇 팔다리를 쓰게 될 것이다.
> 의사가 내리는 진단 대부분을 컴퓨터가 넘겨받을 것이다.
> 음식은 인공적인 방식으로 더 맛있게 만들어질 것이다.
> 아이들은 주로 컴퓨터로 배울 것이다.

이 크라우드소싱 조사 결과는 두 장의 둠즈데이 디스크 중 하나에 담겼다. 나머지 한 장은 영국의 전통, 정부, 왕족에 관한 인터랙티브[+] 자료와 인구조사 데이터로 채워졌고, 관광 명소를 실제로 구경하는 것 같은 초기 가상현실 기능을 포함했다. 디스크를 처음 본 순간, 웬디는 완전히 압도되었다. 그러나 그녀가 감탄한 것은 디스크에 실린 정보가 아니라 정보가 전시된 *방식*이었다. "정말 놀라운 발상이었어요."[7] 둠즈데이 디스크는 상호 연결된 링크를 커서로 탐색하는 인터랙티브 방식으로 작동했고, 이는 오늘날 웹을 사용하는 우리에게 익숙한 형식이다. 클릭 한 번으로 영국인들의 생활사에서 인구조사 결과나 3D 사진 투어로 쉽게 이동하는 것은 웬디에게 대단히 가치 있고 풍부하며 순식간에 푹 빠질 만한 경험이었다. 그녀는 컴퓨터가 이런 일을 할 수 있을 거라고는 상상도 하지 못했다.

원래 웬디는 컴퓨터에 전혀 관심이 없었다. 그녀의 모교인 사우샘프턴 대학은 영국에서 최초로 컴퓨터 과학을 가르쳤지만, 웬디는 순수 수학을 전공하는 학생이었다. 박사과정 지도교수의 말에 따르면 그 시절의 웬디는 "지금 봐도 논문의 제목조차 이해할 수 없는 난해한" 위상기하학 분야를 연구하는 "수줍음 많고 내성적인" 학생이었다.[8] 그녀는 학부 1학년 때 프로그래밍을 조금 배웠는데, 지루하고 인간미가 없다고 생각했다. "전 수학의 세계에서 행복했고 그때까지만 해도 컴퓨터가 나에게 뭘 해줄 수 있을 거라고는 생각하지 못했어요."[9] 웬디가 2013년 라디오 인터뷰에

✚ 사용자가 마치 컴퓨터와 대화를 나누듯이 입력과 출력을 할 수 있는 프로그램을 뜻함.

서 털어놓았다. 그러나 둠즈데이 디스크를 보자 컴퓨터를 혐오했던 마음이 눈 녹듯 사라졌다. 그녀는 컴퓨터가 어떤 경험을 안겨줄 수 있는지 깨달았고, 마침 영국에 개인용 컴퓨터가 하나둘 등장할 때에 맞추어 "미래를 보기 시작했다."[10]

물론 모두 웬디와 똑같은 미래를 본 것은 아니었다. 한동안 교생들에게 수학을 가르친 웬디는 사우샘프턴 대학으로 돌아와 컴퓨터학과의 강사 자리를 맡았지만, 멀티미디어를 향한 그녀의 열정은 학과의 전반적인 분위기에서 한 발짝 벗어난 것이었다. "어떤 교수는 제가 이 멀티미디어 일을 계속하면 사우샘프턴에서나 컴퓨터 과학 분야에서 미래가 없을 거라고 공공연히 말했어요."[11] 그녀가 기억을 되짚으며 말했다. "제가 하는 일이 컴파일러를 작성하거나 새로운 프로그래밍 언어를 만들거나 운영체제와 관련되지 않았으니까요." 동료들은 대부분 인터랙티브 멀티미디어를 진정한 컴퓨터 과학이라고 생각하지 않았다. 어딘가 장난 같고 시시해 보였으며 정통 프로그래밍이라기보다 인문학에 가깝다고 느껴졌기 때문이다.

그러나 웬디는 자신이 본 미래를 머릿속에서 떨칠 수 없었다. 이미지와 텍스트와 아이디어가 직관적인 화면 기반 링크를 통해 서로 연결되고, 모두가 컴퓨터 화면에 쉽게 다가갈 수 있는 미래의 모습 말이다. 1989년, 그녀는 사우샘프턴을 떠나 미국으로 가서 미시간 대학에 자리를 잡았다. 웬디는 미국의 기술 문화에 푹 빠졌고, 학회에 참석하면서 마침내 컴퓨터상에서 클릭할 수 있는 멀티미디어가 정식으로 연구되는 분야이고 심지어 이름까지 있다는 사실을 알게 됐다. 미국인들은 그것을 "하이퍼텍스트" 또는 "하이퍼미디어"라고 불렀다. 그녀의 관심이 영국 동료들에게는 별나게 보였을지 모르지만 미국에서는 첨단 학문에 해당했다. 그녀는 새로운 하이퍼텍스트 시스템에 대한 찬란한 비전을 갖고 사우샘프턴으로 돌아왔다. 이 부분을 설명하기 위해 그녀는 나를 다시 한번 과거로 데려갔다.

단, 이번에는 수 세기가 아니라 불과 수십 년 전으로 돌아갔다. 웬디는 엘리자베스 2세의 6촌인 마운트배튼 백작에 대한 이야기를 들려주었다. 마운트배튼은 20세기 영국을 대표하는 일종의 아바타였다. 그는 인도의 마지막 총독으로서 인도가 지금의 공화국으로 전환되는 과정을 감독했다.

제2차 세계대전 때는 해군 구축함을 통솔했고 처칠은 그를 동남아시아 연합군 최고사령관으로 임명했다. 마운트배튼은 동남아시아의 전쟁터에서 몬순 기후의 쏟아지는 빗속을 누비며 피비린내 나는 미얀마 군사작전을 지휘했다. 그는 스탈린을 만났고, 쇼와 천황을 만났다. 그러나 영국 식민지 역사를 따라 쌓아온 명성이 그를 테러의 대상으로 만들었다. 은퇴하고 한참 뒤인 1979년 여름, 마운트배튼은 아일랜드의 슬라이고주 해안에서 목선을 타고 통발로 바닷가재를 잡던 중에 가족과 함께 아일랜드 공화국군

에게 암살당했다. 암살단은 배를 산산조각 내며 그의 다리를 거의 날려버렸다.[12]

마운트배튼 가문의 터전은 롬지라는 아주 오래된 시장 마을이었는데, 중세에 편찬된 『둠즈데이 북』은 그곳에 물방앗간이 세 군데 있다고 기록했다. 둠즈데이 디스크 프로젝트를 수행하면서 학생들이 마을을 조사한 바에 따르면, 1986년에 롬지 주민들의 생활에서 가장 두드러진 특징은 펑크적 분위기("한가한 시간에 친구들과 어울리며 실업 수당으로 전자오락 〈스페이스 인베이더〉를 하곤 했다"[13]), 인기 있는 생선 가게, 웨이트로즈 슈퍼마켓, 그리고 마운트배튼 백작이 왕실 방문객들을 접대한 팔라디오풍 사유지 브로드랜드였다. 브로드랜드는 사우샘프턴을 지나 남쪽으로 16킬로미터만 흘러 내려가면 영국 해협의 염분 많은 물과 합류하는 테스트강의 한 줄기에 자리 잡았다. 마침 사우샘프턴 대학은 기록보관소로 유명했다. 그래서 폭력적인 암살 사건 이후 마운트배튼 백작의 유물 가운데 상당량이 사우샘프턴 도서관에 남게 되었다.

마운트배튼의 기록물들은 사우샘프턴에서 다른 수많은 문헌과 합쳐졌지만, 도서관이 소장한 대부분의 자료에 비해 확실히 현대적이었다. 마운트배튼의 공직 생활은 20세기 미디어의 모든 시금석을 거쳐갔으므로, 도서관은 사진 5만 장과 78rpm으로 녹음된 연설, 수많은 영화와 비디오 소장품을 물려받았다.[14] 그러나 시간순으로 정리하는 것 말고는 달리 자료를 정리할 방법도, 데이터베이스에 깔끔하게 집어넣을 방법도 없었다. 그렇게 10년이 지난 시점에 웬디 홀이 미국에서 하이퍼텍스트 안식년을 마치고 돌아왔다.

사우샘프턴 대학에 다시 자리를 잡은 지 얼마 안 되어 누군가가 연구실 문을 두드렸다. 그녀의 관심사에 대한 소문이 컴퓨터학과에서 도서관까지 흘러 들어갔던 것이다. "기록보관소 담당자가 저를 보러 왔어요. 그리고 이렇게 말했어요. '같이 뭔가 멋진 일을 할 수 있을 것 같아서 왔습니다. 저한테는 멀티미디어 기록물이 있습니다. 사진도 있고, 영상도 있고, 음성 녹음물도 있어요. 이걸 다 컴퓨터에 넣고 서로 연결시킬 방법은 없을까요?' 이게 시작이었어요."[15]

마운트배튼 기록물은 하이퍼텍스트 프로젝트의 완벽한 시범사례였다. 다양한 미디어 형태로 제작된 자료들이 상호 관련되어 있는 방대한 소장품으로, 읽을거리가 많은 만큼 지난 세기 영국 역사에 대한 각양각색의 관점을 엿볼 수 있었다. 웬디는 팀을 꾸렸고, 1989년 크리스마스에 마이크로코즘Microcosm이라고 이름 붙인 시스템의 데모를 실행했다. 마이크로코즘의 디자인은 놀라웠다. 몇 년 뒤에 등장할 월드 와이드 웹처럼, 마이크로코즘은 컴퓨터 메모리 덕분에 가능해진 방대한 분량의 멀티미디어 정보를 탐색하는 새롭고 직관적인 방식을 보여주었다. 이 시스템은 멀티미디어 탐색과 지능형 링크를 사용함으로써 정보를 역동적이고 생동감 있게 만들었고, 또한 그 정보를 사용자에 맞게 조정했다. 사실 마이크로코즘은 웹과는 완전히 달랐다. 훨씬 좋았다.

마이크로코즘의 가장 큰 혁신은 링크를 다루는 방식이었다. 웹이 네트워크 안에서 문서를 연결하는 데 집중할 때, 웬디는 연결의 *본질*에 더 관심을 가졌다. 별개의 아이디어들이 어떻게 서로 연결되는가, 그리고 왜 그런가. 이러한 본질을 오늘날은 "메타데이터"라고 부른다. 웹이 웹페이지에 링크를 심어놓듯 문서에 직접 링크를 삽입하는 대신, 마이크로코즘은 링크를 따로 분리해 별개의 데이터베이스에 넣어두고 정기적으로 업데이트하며 관리했다. 이 "링크베이스"는 기본 문서에 아무 흔적도 남기지 않으면서 문서들과 소통했고, 이를 통해 자료 자체의 구조를 변형하는 대신 그때그때 상황에 맞게 정보 층을 덮어씌우는 방식으로 링크를 구축했다.

예를 들어 내가 1989년 버전 마이크로코즘을 사용해 마운트배튼 기록보관소를 탐색한다고 해보자. 나는 인도가 식민지에서 독립국으로 이행하는 과정을 감독한 마운트배튼 백작의 2년간의 활동에 관심이 있다. 이 역사에는 거듭 출현하는 인물들이 있다. 육군 원수이자 인도 국민회의의 지도자인 자와할랄 네루, 그리고 당연히 마하트마 간디다. 간디의 이름은 출처 자료 어디에서나 등장한다. 마이크로코즘 링크베이스 안에서 "마하트마 간디"라는 이름이 어떤 멀티미디어 정보, 이를테면 간디의 연설 영상에 연결되

사우샘프턴 대학의 컴퓨터학과 연구실에서 마이크로코즘을 시연하고 있는 웬디 홀

어 있다고 하자. 마이크로코즘 링크의 특성상, 그 연결은 하이퍼링크가 걸려 밑줄이 쳐진 단일한 파란색 단어들로 분리되는 대신 간디라는 *개념*에 연결되어 그의 이름이 나타나는 곳이면 시스템상의 어떤 문서든 따라다닌다. 더 나아가 마이크로코즘에 새로운 문서를 추가하면, 시스템이 자동으로 링크베이스에 있는 링크와 대응하는 모든 단어를 식별하고 그에 따라 링크베이스를 업데이트한다. 우리가 오늘날 알고 있는 웹에 빗대어 상상하면, 이것은 곧 모든 이름을 위한, 모든 개념을 위한, *링크할 수 있는 모든 것을 위한* 단 하나의 보충 자료 보관소가 된다. 그 자료들은 세상 모든 사람들에 의해 업데이트되고 사용자가 설정한 조건을 바탕으로 걸러진다.

마이크로코즘의 링크는 사용자의 지식 수준에 맞춰 조정될 수 있고, 링크베이스상의 여러 곳을 동시에 가리킬 수도 있다. 심지어 마이크로코즘에서는 시스템에 저장된 모든 자료에 대한 간단한 텍스트 검색을 통해 그때그때 새로운 링크를 캐낼 수 있는데, 이는 정보 탐색에 필수적인 검색의 중요성을 예지한 설계다. 이 "포괄적인" 링크 방식은 링크베이스와 맞물려 사용자에 순응하는 시스템을 창조했고, 사용자에게 더 많은 배움의 기회를 제공해 주었다. 웬디는 이렇게 설명했다. "링크는 그 자체로 귀중한 지식 저장고다. 만약 이 지식이 문서 자체에 얽매여 있으면 새로운 데이터에 적용될 수 없다."[16] 다시 말해, 어느 흥미로운 개념이 연결되었을 때 그와 관련된 여러 개념들이 옆에서 함께 나타난다면 더욱 흥미로워 보일 거라는 뜻이다. 이처럼 포괄적 지식을 위한 공간을 만듦으로써 웬디의 시스템은 문서 자체보다 문서 *사이의* 연관성에 더 큰 가치를 두었다. 작지만 활동적인 하이퍼텍스트 연구자 커뮤니티에서는 이 연관성이 하이퍼텍스트 분야의 핵심으로 받아들여졌다.

1984년에서 1991년 사이에 마이크로코즘과 같은 하이퍼텍스트 시스템이 애플, IBM, 제록스, 심볼릭스, 썬 마이크로시스템즈 같은 기술 기업 연구소와 대학에서 우후죽순으로 생겨났다. 모두 각양각색의 링크 방식과 공간적 연관성을 제안했으며, 포함된 정보 말뭉치(코퍼스)에 대한 서로 다른 마이크로 정밀도와 메타 정밀도를 제시했다. 지금 이 이야기가 시시하게 들린다면, 정보를 관리하고 탐색하고 최적화하는 일이 현대인의 삶에서 가장 중요하게 추구되는 것이라는 점—우리는 아침 먹기 전까지 이 일을 50번은 반복한다—과 각각의 시스템이 지금의 웹만큼이나 중요해질 잠재력을 가졌었다는 점을 기억하길 바란다.

신생 하이퍼텍스트 분야는 여성들로 가득했다. 하이퍼텍스트 시스템을 구축하는 거의 모든 주요 팀에서 여성이—최고 책임자는 아닐지라도—높은 위치에 있었다. 브라운 대학에서는 니콜 얀켈로비치와 캐런 캐틀린을 비롯한 많은 여성들이 인터미디어를 개발했는데, 이것은 다섯 가지 개별 응용 프로그램을 연결해 하나의 "학자의 워크스테이션✚"으로 통합한 꿈같은 하이퍼텍스트 시스템이다. 그들은 또한 인터미디어를 개발하는 과정에서 "앵커 링크✚✚"까지 발명했다. 인터미디어는 개발비 일부를 애플에서 투자받아 만들어졌고, 애플은 그것에 착안해 하이퍼미디어 개념을 자사 운영체제에 통합했다. 썬 마이크로시스템즈의 에이미 펄은 썬의 개방형 하이퍼텍스트 시스템인 링크 서비스를 개발했다. 심볼릭스의 재닛 워커는 단독으로 심볼릭스 문서 검사기를 만들었다. 이것은 북마크 기능을 통합한 최초의 시스템으로, 그 아이디어는 결국 오늘날 웹 브라우저에 도입되었다.

컴퓨터의 본질과 미래에 관심이 있는 여성들에게 하이퍼텍스트는 당시 학계와 직장에서 여성의 참여가 급격히 감소하고 있던 컴퓨터 과학의 여타 영역보다 훨씬 우호적이었다. 어떤 명확한 이유가 있다기보다, 과거 세대부터 지속되어온 동일한 경향성이 반영된 현상이었다. 인터미디어의 니콜 얀켈로비치가 말한 것처럼 "하이퍼텍스트를 아우르는 근간은 협력이고 협업은 여성을 끌어당기는"[17] 한편, 과거의 프로그래밍처럼 하이퍼텍스트 역시 여성이 자리매김할 수 있는 새로운 분야이자 처음부터 제 영역을 표시할 수 있는 깨끗한 서판이었다. 더 나아가 하이퍼텍스트는 인터

✚ 전문적인 작업을 수행하는 고성능 개인용 컴퓨터.
✚✚ 동일한 페이지의 특정 위치로 연결되는 링크.

페이스 설계나 사회학처럼 다방면에 걸쳐 컴퓨터학과 외부의 학자들에게도 개방되었다. 그들이 공유한 것은 사용자를 중심에 둔 인간적인 접근 방식이었다. 그들이 생각하는 최종 생산물은 소프트웨어가 아닌, 소프트웨어가 사람들에게 미치는 영향이었다.

그러나 나는 이 사실을 이해하지 못했다. 캐시 마셜과 이야기하기 전까지는.

노트카드

캐시는 종이 없는 미래의 사무실을 창조하기 위해 1970년에 프린터 회사 제록스가 설립한 팰로앨토 싱크탱크 '제록스 파크(현 팰로앨토 연구소)'에서 전문 경력의 대부분을 쌓은 하이퍼텍스트 연구원이다. "당신이 생각을 정리하는 과정에 대해 좀 물어볼게요." 첫 번째 인터뷰에서 캐시가 내게 말했다.

하이퍼텍스트 연구자들을 인터뷰하다 보면 그들이 들이미는 현미경 아래로 들어가야 할 때가 있다. 많은 하이퍼텍스트 연구자가 사람들이 생각을 정리하는 방식에 대한 직업적 관심을 버리지 못한다. 캐시와의 두 번째 인터뷰에서 나는 내 사무실의 색인카드 알림판과, 연쇄적인 생각의 실타래에 대해 설명했다. 캐시도 자신의 방식을 공유했다. "저는 만약 뭔가를 쓰다가 잘 안되면 싹

다 지워버리고 다시 시작해요. 그런다고 해도 쓴 게 없어지는 건 아니거든요. 여전히 머릿속에 있죠. 시간이 흐르면서 당신이 하고 있는 일이 차츰 머릿속에 들어 있던 것들을 바꿔놓아요. 종이에 쓴 것은 부수적일 뿐이죠."[18] 바로 그 자리에서 생각난 듯 말했지만, 그녀의 통찰은 충격적이었다. 나는 깨달았다. 그것이 바로 소프트웨어라는 것을. 소프트웨어란 *사람의 정신을 바꾸는 시스템*이다.

로스앤젤레스에서 자란 캐시는, 1970년에 칼텍이 남녀공학으로 바뀌고 난 후 처음 입학한 여성들 중 하나였다. 그녀는 겨우 열여섯 살이었고 기껏해야 키가 150센티미터밖에 안 됐으며 수학과 과학을 싫어하는 편이었다. 여름에 입학할 당시 캐시는 미분방정식보다 뮤지컬 〈록키 호러 픽쳐 쇼〉, J. D. 샐린저, 그리고 매듭법의 일종인 마크라메에 더 관심이 있었다.[19] 캐시가 어떤 교수에게 도움을 요청했을 때 그는 캐시에게 차라리 주부로 사는 게 더 나을 거라고 말했다. 하지만 그녀는 자신의 "살림 솜씨가 수학 실력보다 훨씬 못하다"라고 생각했다.[20] 또 다른 교수는 그녀가 수업에 빠지는 날을 골라 기다렸다는 듯이 남학생들에게 음담패설을 했다. 나중에 한 동급생이 매음굴에서 행해지는 성관계에 관한 이야기였다고 일러주었다. 그녀는 농담 자체보다도 교수가 그 농담을 하려고 기다렸다는 사실이 더 신경 쓰였다. "내가 아주 튀고 이상한 사람이 된 기분이 들었어요."[21]

칼텍에서 영문학 학위를 받고 졸업한 캐시는 샌타모니카에서 레이더와 신호 처리를 취급하는 회사의 시스템 분석가로 일을 시작했다. 사무실에서 바다가 보였지만, 그녀가 하는 일은 프라임사 소형 컴퓨터의 유틸리티 코드를 작성하는, 당시 가장 재미없는 기술직 업무였다. 1980년대 중반에는 제록스 파크로 직장을 옮겼다. 제록스 파크는 실리콘밸리가 내려다보이는 숲속 언덕에 자리한 회사였다. 자유분방하면서도 모든 것이 갖춰진 이곳의 업무 환경은 컴퓨팅 업계 밖에서도 유명했다. 계단식 건물 안에서 공학자와 인류학자들이 함께 일했고, 중요한 회의는 코르텐으로 된 콩주머니 소파—낮고 아늑해서 아무도 벌떡 일어나 남의 생각을 반박할 생각이 들지 않는—가 널린 방에서 열렸다.[22]

오랫동안 아웃사이더로 살아온 캐시는 제록스 파크의 인습타파적 직장 문화의 일부가 되기 위해 열심히 일했다. "제록스 파크에서 가장 좋았던 건 다양한 분야의 사람들이 모여 있다는 점이었어요. 이제는 그런 곳이 별로 없죠. 회사는 배경이 다른 사람들을 고용하는 걸 겁내지 않았어요."[23] 재미있는 조합이었다. 그녀는 가끔가다 컴퓨터 과학자들과 아이보리 비누를 사무실 전자레인지에 돌려서 거품이 구물구물 쏟아지게 하며 놀았다. 또 언젠가 제록스 파크의 예술가 상주 프로그램에 참여했는데, 이 프로그램에서는 예술가와 기술 전문가를 짝지어 주고 야심 찬 뉴미디어 작품을 만들게 했다. 캐시의 파트너였던 시인 주디 멀로이는 가끔 말이 있는 들판을 지나 철조망이 쳐진 울타리 밑을 통과해 회사 건물을 가로질러 옆길로 와서는 캐시의 사무실 창문 밖에서 손을 흔들며 인사만 하고 가곤 했다.[24]

캐시가 제록스 파크에서 작업한 첫 번째 시스템인 노트카드는 우리가 곧 그 상대적인 장점에 대해 논의하게 될 일종의 구식 글쓰기 기법을 본떠서 만든 것이다. 이 소프트웨어는 "우리가 중학교 때 색인 카드와 파일 박스를 사용하던 방식"을 모방했다.[25] 하이퍼텍스트 링크를 사용함으로써 사용자는 자신의 카드들을 엮어 복잡한 더미, 일련의 묶음, 심상 지도로 만들며 자신의 사고 과정을 본뜨고 그 결과를 다른 사람들이 쉽게 이해하게 한다. 노트카드는 문서 편집기도, 마이크로코즘 같은 정보 브라우저도 아니었다. 그럼 뭐냐고 묻자, 캐시는 "생각 편집기idea processor"라고 대답했다.

하이퍼텍스트와 텍스트의 관계는 영화의 기술적 문법과 셀룰로이드 필름의 관계와 같다.[26] 모니터 화면 속 단어들은 버튼과 링크를 통해 역동적인 매체가 되는데, 이는 마치 점프컷과 편집 기법이 움직이는 이미지를 영화로 만드는 것과 같다. 이 문법은 어떤 종류의 텍스트에도 적용될 수 있고, 그로 인해 하이퍼텍스트는 오늘날 웹을 탐색하는 것부터 생각을 정리하거나 '끝없는 게임✚' 형식

✚ Choose Your Own Adventure. 독자가 주인공이 되어 이야기를 선택하고 그에 따라 결말이 달라지는 게임북..

의 소설을 쓰는 것까지 모든 일에 대단히 유용하게 쓰일 수 있다. 노트카드는 정보를 분석하기 위해 설계되었다. 캐시는 정보기관의 높은 사람들이 정책을 권장하기 전에 그 기저를 이루는 논거를 조사하고 싶어 할지도 모른다고 생각했다. "그때는 제가 순진했죠." 그녀가 웃으며 말했다.

정보기관은 하이퍼텍스트를 전혀 알지도 못했지만, 노트카드는 인류학자, 언어학자, 물리학자, 컴퓨터 과학자가 함께 어울려 일하는 제록스 파크의 학제간 연구 분위기에 완벽하게 맞아떨어졌다. 사내의 모든 워크스테이션에 설치된 노트카드는 학문 분야를 넘나들며 생각을 공유하는 필수적인 도구가 되었고, 그 영향력이 제록스 파크의 경계를 넘어섰다.[27] 1987년, 애플은 노트카드와 비슷한 응용 프로그램인 하이퍼카드를 출시했다.[28] 애플 매킨토시와 애플 IIGS 컴퓨터에 번들 소프트웨어로 포함된 하이퍼카드는 월드 와이드 웹이 등장하기 전까지 가장 인기 있는 하이퍼미디어 시스템이었다. 사람들은 하이퍼카드를 사용해 데이터베이스를 생성하고 이야기가 꼬리에 꼬리를 무는 소설을 쓰고 파워포인트 같은 발표 슬라이드를 만들었다. CD-ROM으로 배포된 〈미스트〉처럼 잘나가는 게임도 하이퍼카드를 사용해 시제품을 제작했다. 애플은 인터페이스 설계 아이디어를 시험해보는 데 주로 하이퍼카드를 사용했고, 심지어 일부 출판사에서는 잡지까지 하이퍼카드 "묶음"으로 발행했다.

때마침 1987년은 하이퍼텍스트의 풍년이었다. 하이퍼카드가 출시된 것 외에도 미국 노스캐롤라이나주 채플힐에서 최초의 하이퍼텍스트 학술대회인 하이퍼텍스트 '87이 개최됐다. 이런 종류의 학술 회의는 원자 단위로 흩어져 있는 연구자들을 모아 지적 공동체를 형성할 수 있는데, 바로 그게 노스캐롤라이나에서 열렸던 것이다. 예상보다 두 배나 많은 대표자들이 참석하자 한 참석자는 "이번이 모두 한자리에 모일 수 있는 마지막 하이퍼텍스트 모임이 될 것 같은 안타까운 기분이 든다"라고 했다.[29] 기술 회의로서는 흔치 않게 다양한 두뇌들이 모였는데, 대개는 하이퍼텍스트가 인문학에서 펼칠 수 있는 잠재력 때문이었다. 컴퓨터 과학자가 고전학자와, 교수가 기업가와 교류했다. "그 시절 하이퍼텍스트 학회는 사랑스럽고 멋졌어요."[30] 웬디 홀이 내게 말했다. "시인이나 작가 같은 문인도 참가했죠. 그래서 더 많은 여성들을 끌어들인 것 같아요."

"컴퓨터 과학계는 언제나 사용자에 관심이 있는 사람들을 소외해왔어요"라고 캐시는 설명했다.[31] 그러나 이들의 하이퍼텍스트 연구에는 '사람들이 어떻게 컴퓨터를 사용해 생각과 데이터를 정리하는가'라는 질문이 공통으로 깔려 있었다. 하이퍼텍스트 '87에 참석한 사람들은 하이퍼텍스트가 몇몇 광신자들이나 좇아다니는 심원한 관심의 대상이 아니라 애플 같은 대형 기술 기업들도 주목하는 실질적인 움직임이라는 사실을 깨닫고 용기를 얻었다.

캐시는 "우리가 시작할 때는 모든 아이디어가 작은 섬이었죠"라고 회상했다.[32] 그러나 하이퍼텍스트 커뮤니티가 연합하면서 캐시나 웬디 같은 학자들은 각각의 하이퍼텍스트 시스템들을 전체의 일부로 생각하기 시작했다. 앞으로 생겨날 하이퍼텍스트 시스템은 갖가지 방식으로 서로에게 영향을 미치며, 금세기 최고의 혁신적 정보 기술을 뒷받침하는 아이디어를 점차 다듬어나갈 터였다.

사용자에 관심을 기울이는 방식 중 하나는 소프트웨어가 주어졌을 때 그들이 그것을 어떻게 사용하는지를 주의 깊게 관찰하는 것이다. 노트카드로 작업하는 제록스 파크 연구자들을 조사한 캐시의 동료들은 비록 사람마다 시스템에 "거주하는" 방식은 다를지라도 대부분 큰 그림을 그리는 데 노트카드를 사용한다는 사실을 발견했다. 그들은 노트카드를 이용해 생각을 정리하고, 체계와 구조를 세우고, 개요를 짜고, 참고문헌을 관리했다. 연관성을 찾아내고 전체적인 관점에서 보는 것은 사용자가 자신의 논거를 만들고 생각을 세우며 일하는 데 도움이 되었다. 또한 노트카드는 여러 자료를 나란히 배치할 수 있게 해주었기 때문에 사용자는 다양한 해석을 검토한 후 결정을 내릴 수 있었다.[33] 캐시는 이런 작업을 "지식의 구조화"라고 불렀고, 이는 그녀의 주된 후속 연구 주제가 되었다. 노트카드의 아이들—아쿠아넷은 지식을 제자리에 고정한다는 뜻에서 헤어스프레이의 이름을 빌린 시스템이고, 비키는 최초의 공간 하이퍼텍스트 시스템이다—은 사용자가 처음부터 생각을 공간 안에서 정리하도록 도우며 생각들이 서로 어떻게 맞물리는지를 그래픽 기반 도식으로 그려낼 수 있게 해주었다. 제록스 파크에서 철학과 논리를 공부하고 인류학자와 사회학자들과 논의하면서 캐시는 자료를 해석하고 자신의 견해를 발전시키는 것이 "아무리 형식에 구애받지 않는다고 하더라도 언어라는 범위 내에서 명확하게 표현하기 어려운" 추상적 연상 과정이라는 사실을 알게 됐다.[34] 그녀의 하이퍼텍스트 시스템은 운동 감각적 사고, 즉 "공간상에서 분자 모형을 뒤흔들거나 다른 방향으로 퍼즐 조각을 움직이는 것"처럼 사물을 이곳저곳 움직이고 이것저것 시도해 보는 방식에 힘을 불어넣기 위해 고안된 것이었다.

이 모든 것이 머리가 아플 정도로 추상적이고 이상하게 들릴지도 모른다. 왜 모니터 화면에 상자를 배열하는 데 그렇게 많은 시간을 할애할까? 그러나 물질 세계에서조차 우리가 쌓아놓은 서류 더미들은 우리의 생각을 반영한다. 닉 사무실에 있는 제이크 파인러의 책상이 떠오른다. 곳곳에 귀중한 서류 뭉치가 흩어져 있는 책상. 내 책상은 또 어떤가. 여기저기 페이지를 접어놓은 책, 메모장, 인쇄물이 산더미처럼 쌓여 있다. 모두 서로 가까이 있고 내 손이 닿는 거리에 있다는 사실은 나의 사고 과정 속에서 그것들이 주제와 관련해 서로 연결되어 있고 개념적으로 유사하다는 점을 시사한다. 휴렛팩커드의 연구원 앨리슨 키드는 하이퍼텍스트 시대의 영향력 있는 논문에서 이러한 종이 뭉치들을 "공간적 보류 패턴spatial holding pattern"이라고 부르면서 그것이 "우리에게 새로운 방식으로 정보를 제공해주는 구조를 창조하고 탐험하고 수정하는 데" 중요한 역할을 한다고 주장했다.[35]

캐시의 하이퍼텍스트 시스템은 이 모든 정신적 패턴을 화면 위로 옮김과 동시에 사람들이 글을 쓰고 주장을 세우는 더 큰 환경에 통합시켰는데, 이는 우리가 계속 늘어나는 탭, 문서, 앱을 자신만의 특별한 사고 과정에 맞추어 정리하는 방식으로 컴퓨터를 사용하며 일하게 되리라는 예견이었다. 또한 기술의 잠재력을 최대한 탐구했을 때 하이퍼텍스트가 얼마나 복잡하고 미묘해질 수 있는지도 보여주었다. 하이퍼텍스트는 단순히 링크가 아니라 마음의 지도 전체를 떠받친다. 다시 말해, 그것은 우리 정신을 본뜨는—더 중요하게는 변화시키는—시스템을 지원한다.

그래서 30년 남짓 지나, 종이 위에 적은 것은 부차적일 뿐이라고 캐시가 나에게 말하게 된 것이다. 중요한 건 오직 머릿속에 남아 있는 것이다. 책상 위에 흩어지고 화면에 아이콘으로 모여 있는 내 문서들이 외부 관찰자에게는 납득이 가지 않을지 몰라도, 내 시스템에는 아무 결함이 없다. 저 문서들은 *어차피* 무의미하다. 허물 벗은 피부 조각처럼, 사고가 변형하는 과정에서 남은 잔재일 뿐이기 때문이다. 진정한 기술은 유저다.

그것은 나다. 그리고 당신이다.

하이퍼텍스트 '91

모든 것이 하이퍼텍스트 '91에서 절정에 달했다.

이 학술대회는 그해 텍사스 샌안토니오에서 열렸다. 실제로 노스캐롤라이나는 하이퍼텍스트 커뮤니티가 감당할 수 있는 규모로 모였던 처음이자 마지막 장소였다. 하이퍼텍스트 '87 이후 하이퍼텍스트 커뮤니티가 폭발적으로 증가했고, 전 세계에서 학자, 작가, 공학자, 개발자가 행사에 참여하기 위해 텍사스로 모여들었다. 웬디 홀은 마이크로코즘의 최신 버전을 시연하기 위해 영국에서 왔다. 호텔 로비에 테이블을 죽 늘어놓아 만든 학회장은, 앤서북이나 링크웍스 같은 명칭의 하이퍼텍스트 프로젝트에서 파견된 수십 명의 대표들로 북적거렸다.[36] 웬디 홀이 앉은 자리에서 테이블을 몇 개 건너가면 영국에서 온 또 다른 컴퓨터 과학자 팀 버너스리가 있었다. 논문이 채택되지 않아 학회에서 발표를 할 수는 없었지만, 자신의 새로운 시스템을 하이퍼텍스트 커뮤니티에 선보이기 위해 샌안토니오로 왔다.

버너스리는 유럽 입자물리 연구소CERN에서 일하는 동료 로베르 카요와 함께 왔다. 그들은 스위스에 있는 CERN의 방대한 캠퍼스 전역에서 네트워크로 연결된 컴퓨터들끼리 데이터를 쉽게 공유하게 하기 위해 버너스리가 제작한 분산형 하이퍼텍스트 시스템을 시연했다. 1991년에 그것을 본 사람이라면 링크로 연결된 작은 그래픽 기반 "페이지" 때문에 이 시스템이 노트카드 혹은 애플의 하이퍼카드와 비슷하다고 생각했을 것이다. 가장 큰 차이라면, 연결된 페이지들이 한 컴퓨터 안에 들어 있지 않다는 점이었다. 버너스리와 카요는 CERN 외부의 물리학자들도 데이터에 접근할 수 있도록 인터넷상에 하이퍼텍스트 시스템을 구축했다. 그리고 그것을 월드 와이드 웹이라고 불렀다.

버너스리와 카요는 월드 와이드 웹을 시연하기 위해 제네바에서 직접 컴퓨터를 싣고 왔다. 1만 달러짜리의 칠흑색 NeXT 큐브는 당시 버너스리의 그래픽 기반 월드 와이드 웹 브라우저를 실행할 수 있는 유일한 기계였다.[37] 그러나 하이퍼텍스트 커뮤니티는 그들의 시연에 깊은 인상을 받지 못했다. "그걸 사용하려면 인터넷에 연결되어 있어야 한다고 하더라고요. 전 '고놈 참 비싸겠구나'라고 생각했죠."[38] 캐시 마셜이 내게 말했다. 웬디 홀은 자신의 시연을 잠시 멈추고 학회장에서 시험 삼아 웹을 실행해보았다. "그걸 보면서 생각했죠. '이 링크들은 문서에 직접 삽입되어 있고 한 방향으로만 움직이는구나. 정말 단순하기 짝이 없다.'"[39] 그녀가 씁쓸한 미소를 지으며 말했다.

그들이 옳았다. 월드 와이드 웹은 비쌌다. 스탠퍼드 대학은 불과 3일 전에 미국 최초로 웹 서버를 설치했지만, 샌안토니오의 호텔은 인터넷 연결의 선두주자가 아니었으므로 버너스리와 카요는 광디스크에 저장된 가짜 버전 웹으로 시연해야 했다. 또 웹은 지나치게 *단순했다.* 전시된 다른 시스템에 비해 웹 버전의 하이퍼텍스트는 몇 년이나 뒤처져 있었다. 월드 와이드 웹에 있는 링크들은 오직 한 방향으로, 하나의 목적지로만 움직였을 뿐 아니라 웬디의 마이크로코즘 링크처럼 포괄적이지 않고 맥락 속에—즉, 그 출발점에 얽매인 채—갇혀 있었다. 마이크로코즘은 링크를 링크베이스에 저장하여 링크가 이동하거나 삭제되면 자동으로 문서를 업데이트한 반면, 웹은 문서 자체에 링크를 삽입했다. "그건 대놓고 당시의 추세를 역행하는 것이었죠."[40] 캐시가 덧붙였다. "마치 자기네가 저러는 데는 다 이유가 있다고 말하는 것 같았어요."

하이퍼텍스트 '91에서 시스템 시연은 온종일 이어지는 강의와 토론이 끝난 후로 예정되었으므로 아예 건너뛰는 사람들이 많았다. 관련 학술지인 〈ACM SIGCHI 회보〉에서 한 기고자는 "지적인 대화는 고사하고, 시연을 보고 이해할 힘도 남아 있지 않았다"라고 토로했다. 그 기고자는 스물한 개의 시연 가운데 겨우 여섯 개를 보았고, 그중 하나가 월드 와이드 웹이었다. 그녀가 작성한 현장 보고서는 월드 와이드 웹에 대해 고작 각주 정도로 "고에너지 물리학 커뮤니티"를 위한 "하이퍼텍스트 유사 인터페이스"라고 평하고 있다.[41]

하이퍼텍스트 '91의 공식 기록에서 월드 와이드 웹이 얼마나 빨리 전 세계 사람들의 삶을 지배하게 될지, 더 나아가 실제로 인류 역사의 진행을 굴절시키게 될지에 대한 가능성을 시사한 부분은 하나도 없었다. 웹은 샌안토니오에서 시연된 많은 시스템 가운데 하나에 불과했고, 특별히 대단할 것도 없었다. 하이퍼텍스트 '91의 기술 사교 활동의 일환으로 호텔 바깥뜰에 테킬라 분수가 설치된 것도 웹에는 별로 도움이 되지 않았다. 월드 와이드 웹이 미국에서 데뷔하는 순간, 모두 바깥에서 마르가리타를 마시고 있었다.

그러나 텍사스에서 받은 굴욕에도 불구하고 웹은 타격을 입지 않았다. 하이퍼텍스트 '93이 열렸을 때 전시된 데모의 절반 이상이 웹을 기반으로 삼았고, 1994년에 개최된 하이퍼텍스트 유럽 학술대회에서는 버너스리가 기조연설을 맡았다. 그 짧은 기간 동안 하이퍼텍스트와 웹은 어색하게 공존했다. 캐시 마셜은 데스크톱 작업 공간의 역할, 즉 온라인에서 모은 정보를 처리하는 일을 하이퍼텍스트가 담당할 수 있다고 있다고 주장했다.[42] 하이퍼카드는 2004년까지 매장에서 철수되지 않았다. 이후 동료들보다 좀 더 성공적으로 웹으로의 전환 과정을 견뎌낸 웬디 홀은 마이크로코즘을 업데이트해 웹 뷰어를 포함시켰고, 자신이 사랑해 마지않는 링크베이스를 분산형 네트워크를 통해 공유될 수 있는 버전으로 설계했다.

오늘날 사람들은 웹을 하이퍼텍스트 원리가 조악하게 구현된 시스템으로 보기보다 하이퍼텍스트를 웹의 하위구조로 생각한다. 이메일이 인터넷의 킬러 애플리케이션이었던 것처럼 웹은 하이퍼텍스트의 킬러 애플리케이션이었다. 그러나 웹의 성공은 끝내 하이퍼텍스트 커뮤니티를 강타했다. "어떻게 설명해야 할지 잘 모르겠어요. 내부자가 한순간에 외부자가 된 기분이랄까요"라고 캐시가 내게 말했다.[43] 1994년에 열린 제1회 월드 와이드 웹 학술대회에서 웬디 홀은 많은 사람들이 웹을 최초의 하이퍼텍스트 시스템으로 생각한다는 걸 느꼈고, 그녀의 포괄적 링크 아이디어를 처음부터 재발명한 논문을 읽고 충격을 받았다. 1997년까지 두 분야는 각자 제 갈 길을 갔다. 하이퍼텍스트와 월드 와이드 웹 학회가 정확히 같은 주에 열렸을 정도였다.

오늘날까지 월드 와이드 웹은 마이크로코즘 같은 시스템이 수십 년 전에 이미 해결해놓은 문제들 때문에 골치를 썩고 있다. 웹 링크는 전적으로 맥락에 의존하기 때문에 유지 및 관리가 거의 불가능하다. 어떤 웹사이트가 다른 곳으로 이동하거나 삭제되거나 유료화의 벽 뒤로 숨겨진다면 그것이 가리켰던 모든 링크는 무의미해진다. 배에서 늘어진 닻줄처럼 그저 매달려 있을 뿐이다. 웹을 딱 5분만 검색해보면 누구나 알아차릴 것이다. 2013년의 한 연구에 따르면 웹페이지의 평균 수명은 9.3년이다.[44] 이는 시간이 지나면서 네트워크 전체에 썩은 링크를 뿌려대는 노후화의 속도를 의미한다. 우리는 수시로 이러한 막다른 길에 도달한다. 404 오류라고 불리는 차단된 골목. 페이지가 우리에게 말한다. 요청하신 문서를 찾을 수 없다고.

샌안토니오에서 월드 와이드 웹을 실행해본 하이퍼텍스트 연구원들은 바로 이 문제가 시스템의 실패 원인이 될 거라 추측했다. 링크가 작동하지 않는데 하이퍼텍스트 시스템이 무슨 소용인가? 게다가 웹은 건설적이지 않았다. 마이크로코즘, 노트카드, 아쿠아넷, 비키, 인터미디어 같은 웹 이전의 주요 하이퍼텍스트 시스템에서는 링크를 생성하는 것이 링크를 클릭하는 것만큼이나 중요했다. 핵심은, 사용자가 자료들을 가로지르는 자신만의 경로를 만드는 것이었다. 이는 다른 사람들과 공유할 수 있는 연상의 흔적을 만드는 창의적인 과정이다. 그러나 웹은 수동적인 매체이며 사용자들이 별 흔적을 남기지 않고 돌아다니는 고속도로다.

월드 와이드 웹은 학계에서는 그다지 힘을 발휘하지 못했을지 모르지만, 가볍고 사용자 친화적인 도구는 대체로 거창하고 강력한 것보다 더 쉽게 유행을 탄다. 또한 링크베이스와 건설적인 하이퍼텍스트는 상대적으로 제한된 연구소와 교실 환경, 또는 모두 동일한 운영체제를 실행하는 소규모 컴퓨터 네트워크에서는 쉽게 유지되지만, 세계적인 규모로 커지면 금세 관리가 불가능해진다. 지금 우리는 404 오류를 거래 비용으로 받아들이고 있고, 그렇게 웹은 세계를 운영한다.

멀티코즘

내가 웬디 홀과 두 번째로 만난 날, 그녀는 사우샘프턴 대학 웹 사이언스 연구소의 교수로서 긴 하루를 마무리하고 있었다. 스카이프를 켜자 그녀가 회의실에서 마지막으로 나가는 학생들에게 인사를 했다. "클레어가 나에 대한 책을 쓰고 있어요."[45] 화면 속에서 그녀가 내 머리를 가리키며 내게는 보이지 않는 누군가에게 웃으며 말했다. "아니면, 나 같은 사람들에 대한 책."

당신이 웬디를 만난다면, 그녀는 제일 먼저 자기가 아주 사교적인 사람이라고 말할 것이다. 웬디는 사람을 사귀는 걸 좋아하고, 또 사람들을 연결해주는 걸 좋아한다. 그녀는 타인을 의식하지 않는 긴 흐름을 타고 자신만의 보이지 않는 트랙을 따라 겉으로 보기엔 전혀 관련이 없는 거대한 생각에서 다른 생각으로 건너뛰며 이야기한다. 과연 진정한 하이퍼텍스트 연구자의 특징이 아닐 수 없다. 과학소설을 좋아하는 그녀가 나에게 더글러스 애덤스의 『은하수를 여행하는 히치하이커를 위한 안내서』나 아이작 아시모프의 파운데이션 시리즈를 읽어봤는지 거듭 물었다. 이 소설에 그녀가 즐겨 찾는 비유가 들어 있다. 웬디에 따르면, 『히치하이커를 위한 안내서』에서 흰쥐가 과학자를 시험하기 위해 미로를 달린 것처럼 월드 와이드 웹은 세상 전체를 대상으로 한 실험이다. 또한 웹을 이해하려는 것은 아이작 아시모프의 "사이코히스토리"

를 공부하는 것과 같은데, 이는 은하계의 변화를 예측할 수 있는 사회 복잡성의 수학을 뜻한다.

1991년으로 돌아가자. 샌안토니오의 호텔 뒤뜰에서 마르가리타를 마신 후 웬디는 사우샘프턴으로 돌아가 자신의 멀티미디어 하이퍼텍스트 시스템인 마이크로코즘을 계속 개발했다. 살아남으려면 변화하는 시대에 적응해야 했고, 마이크로코즘은 그 임무를 훌륭하게 해냈다. 웬디의 연구팀은 모든 최신식 미디어를 위한 새로운 마이크로코즘 "뷰어"를 개발했다. 이 뷰어는 사용자가 점차 커지는 개인 링크베이스로 자료를 끌어올 수 있는 창이었다. 레이저디스크에 저장된 비디오를 재생하는 디지털 비디오 뷰어, 애니메이션과 사운드와 3D 모델을 위한 뷰어, 그리고 경쟁사의 하이퍼텍스트 시스템을 위한 뷰어까지 제작했다. 그러나 샌안토니오 학회에 참석하고 돌아온 웬디는 신중하게 하나를 더 추가했다. 월드 와이드 웹 뷰어.

마이크로코즘 웹 뷰어는 표준 웹 브라우저를 대체하는 하이퍼텍스트 뷰어 역할을 했다. 모자이크—그리고 이후에 등장한 넷스케이프와 인터넷 익스플로러—와 같은 브라우저는 읽기 전용이었지만, 마이크로코즘 사용자들은 전용 웹 뷰어를 사용해 웹 아무 데서나 텍스트를 선택하고 이것을 하이퍼텍스트 글타래의 출발점이나 종착지로 삼으면서 다른 웹페이지, 멀티미디어 문서, 개인 마이크로코즘 링크베이스에 연결할 수 있었다. 이 모든 과정이 웬디에게는 가장 자연스러웠다. 하이퍼텍스트 커뮤니티의 많은 이들이 웹의 짐승 같은 단순함에 주저했지만, 웬디는 자신이 개발한 풍부하고 독특한 시스템을 상호 연결된 웹페이지의 골격 위에 쌓아 그것을 바로잡았다. "저는 마이크로코즘 뷰어를 통해 웹을 봤어요. 물론 팀 버너스리는 완전히 반대로 봤겠지만요."[46]

수많은 하이퍼텍스트 연구자들처럼, 웬디에겐 자신의 시스템이 웹과 행복하게 공존할 수 있다고 볼 충분한 이유가 있었다. 무엇보다 마이크로코즘이 더 잘 작동했다. 마이크로코즘은 죽은 링크로 골치를 썩지도 않았고, 웹이 웹페이지끼리만 연결하는 반면 마이크로코즘은 마치 데스크톱의 *모든 것*을 서로 연결하는 초소형 인터넷이 된 것처럼 문서 편집기의 문서, 스프레드시트, 비디오, 이미지, 캐드 파일을 연결했다.[47] "링크를 따라가면 다양한 목적지에 도착할 수 있었어요. 일대일, 일대다, 다대다 링크가 가능했죠. 모두 거꾸로도 가능했고요."[48] 마이크로코즘 링크는 문서에 내장되지 않고 데이터베이스에 저장되었기 때문에 시스템이 그때그때 새로운 연결을 생성해 개별 사용자의 탐색 습관에 맞춰 스스로를 조정할 수 있었다. "그때까지만 해도 웹을 우리가 갖다 쓰는 *일개* 시스템이라 생각했죠."

그녀가 예상하지 못한 것은 네트워크의 효과였다. 웹은 인터넷 위에 구축되었고 무료였기 때문에 얼리 어답터들도 주류 사용자들에게 빠르게 자리를 내주었고, 웹에 더 많은 사람이 들어올수록 가족과 친구에게까지 전파되면서 네트워크가 순식간에 웹에 장악되었다. 그사이 마이크로코즘 팀은 새로운 미봉책을 내놓았다. 그들은 시스템의 핵심 개념인 포괄적 링크와 링크베이스를 분산 링크 서비스라는 웹 브라우저 추가 기능으로 간소화했다. 이것은 포괄적 링크의 원리를 클라이언트와 서버 사이에서 정보가 교환되는 방식에 적용함으로써 어느 브라우저든 일종의 마이크로코즘 아류작으로 만들어버렸다. 결과적으로 웹 사용자들은 링크가 보이든 보이지 않든 웹에서 자료를 조회할 수 있었다. 웬디의 개발팀은 1994년의 논문에서 "마이크로코즘 링크 서비스로 웹을 개선함으로써, WWW 사용자들은 버튼의 압제에서 해방될 것입니다"라고 선언했다.[49]

그러나 버튼의 압제가 이기고 말았다. 처음으로 웹을 항해하는 사람들은 대부분 웬디나 캐시가 창조한 하이퍼텍스트를 경험한 적 없는 상태로 웹을 먼저 접했고, 버튼을 클릭해 웹의 미로를 따라 정처 없이 헤매는 것을 굉장히 좋아했다. 호기심에 이끌린 *표류*는 사실상 초기 웹이 가진 가장 큰 매력 가운데 하나였다. 사람들은 막다른 길에 다다르면 자연스럽게 뒤로 돌아가 다른 링크로 접속을 시도했다. 미로는 엉망진창이었지만 헤맬 가치가 있었다.

사우샘프턴에서 웬디의 팀이 다른 방식으로 에너지를 집중했다면 실제로 성공한 최초의 그래픽 웹 브라우저는 마이크로코즘이 되었을 가능성이 컸다. 그러나 그러려면 소프트웨어를 웹처럼 무료로 풀어놓아야 했겠지만 웬디의 팀은 제품 상용화에 주력했다. 1994년, 그들은 멀티코즘 회사를 설립했다. 마이크로코즘 하나가 세상을 향해 난 창문 하나라면, 멀티코즘은 더 많은 창을 만들어낼 터였다. 하지만 이보다 나쁜 타이밍이 또 있을까. "사람들이 이렇게 말했어요." 그녀가 기억을 되짚더니 이내 웃으며 말했다. "'정말 멋진 일을 하고 계시네요. 하지만 웹은 공짜니까 일단 먼저 써볼게요.'"[50]

다행히 웬디는 대학에서의 삶을 포기하지 않았다. 그녀는 사우샘프턴 대학에서 한창 발전하는 학과를 운영하면서 마찬가지로 상승세를 타고 있던 웹 개발 커뮤니티와 관계를 유지했고, 팀 버너스리와 긴밀히 공조해 마이크로코즘 웹 뷰어와 분산 링크 서비스를 개발하면서 초기 웹 시대에도 살아남았다. 웬디는 1994년에 최초의 웹 학술대회를 조직했지만, 여전히 웹이 최종 해결책이라는 확신은 없었다. 1997년에 사우샘프턴에서 열린 강연에서 그녀는 단도직입적으로 말했다. "웹은 세계적 규모의 하이퍼텍스트가 가능하다는 것을 보여주었지만, 동시에 인터넷에 진정한 지속적 가치가 아닌 쓰레기를 넣는 게 더 쉽다는 것 또한 보여주었습니다."[51] 얼마나 옳은 말이었는가.

그러나 이 이야기에는 종결부coda가 있다. 마이크로코즘의 발상은 당시에 세계적 규모로 실현되지 못했을지언정 그 선견지명을 부정할 수는 없다. 링크된 정보의 맥락에 기초해 역동적으로 링크를 생성하는 웬디의 방식은 오늘날 메타데이터라고 불린다. "웹이 등장한 지 27년이 지난 지금, 우리는 데이터가 추동하는 세상에 살고 있어요"라고 웬디가 내게 상기시켰다.[52] 데이터가 *어떻게 왜* 링크되는지가 점점 더 중요해지고 있다. 기계에게 연결을 해석하는 법을 가르칠 때가 특히 그렇다. 인공지능이 웹을 이해하게 하려면 문서 위에 기계가 읽을 수 있는 정보의 층을 추가로 올릴 필요가 있는데, 이것이 메타 웹의 일종인 시맨틱 웹이다. 인간은 연결을 직관적으로 이해하기 때문에 링크가 작동하지 않거나 어디로도 이끌지 못할 때 알아서 무시할 수 있지만, 컴퓨터는 모든 링크의 출처, 목적지, 그리고 의미에 관한 보다 일관된 정보를 필요로 한다. "그것이 마이크로코즘의 핵심이었어요."[53] 웬디가 말했다. 2000년대에 들어 시맨틱 웹 구축에 참여하기 시작했을 때 "아주 흥미진진했어요. 웹 세상에서 원래 내가 연구했던 아이디어가 실현되는 걸 볼 수 있었으니까요. 우리가 1990년대에 마이크로코즘에서 할 수 있었던 것들을 다 할 수는 없었지만, 적어도 우리가 만들었던 링크베이스가 얼마나 효율적이었는지는 알 수 있었죠."

그러나 결국 시스템은 그녀에게 중요하지 않았다. 그녀가 추구한 것은 연결이다. 역사가 전개되는 과정에서 인간 사회와 사고가 서로서로 영향을 미치며 발생하는 어마어마한 복잡성 말이다.

"하이퍼텍스트 시스템을 세계적 규모로 구현할 방법은 아주 많아요. 하지만 웹이 이겼죠. 현재로서는요. 하지만 이건 전 세계를 대상으로 하는 실험인 것 같아요. 그나저나, 『은하수를 여행하는 히치하이커를 위한 안내서』 읽어봤나요?"

3부

초기의 독실한 신자

Broad Band:

The Untold Story of the Women
Who Made the Internet

11장 미스 아우터 보로

인터넷은 문화, 코드, 기반시설이 합류하는 곳에 존재한다. 기술사학자 재닛 아바테이가 썼듯이, "통신매체는 주로 기술을 비물질화하여 전자가 아닌 생각을 전달하는 시스템으로서 사용자에게 자신을 선보인다."[1] 통신매체는 사용자와 생산자, 소프트웨어와 하드웨어 사이에서 양쪽이 서로 효과적으로 침투할 수 있게 투과성 경계를 형성한다. 앞에서 하이퍼텍스트 이야기가 보여준 것처럼, 기술만으로는 세상을 변화시킬 수 없다. 기술은 사람들이 접근할 수 있도록 구현되어야 하고, 그것에 주인 의식을 가지는 사용자 커뮤니티에 의해 설계자의 상상력을 뛰어넘는 새로운 응용 프로그램으로 재탄생할 수 있어야 한다. 간단히 말해, 성공적인 링크를 만들려면 링크할 가치가 있는 것들이 필요하다.

웹은 그보다 먼저 세상에 나온 더 복잡한 하이퍼텍스트 시스템들의 빛이 바래게 했지만, 웹이 혼자서 세상을 변화시킨 것은 아니다. 오늘날 우리가 좋아하는—혹은 미워하는—방대한 상호의존적 네트워크의 바탕에는, 영리하고 창의적인 유저들이 전문적인 교육과 기술 없이 한 세대에 걸쳐 이루어낸 연결이 있었다. 용기에 내용물을 채우기 위해 유저들은 컴퓨터와 문화 모두에 정통해야 했고, 짓고 연결하는 방법을 알아야 했다. 또한 정보를 구성하는 것이 사고에 영감을 줄 수 있다는 사실도 알고 있어야 했다. 다행히 에코에는 그런 사람들이 많았다. 그중 하나가 자칭 미스 아우터 보로Miss Outer Boro였다.

마리사 보가 사춘기 소녀였던 1970년대 무렵, 하루는 아버지가 은은한 주황빛의 플라스마 디스플레이가 달린 나무 상자를 집에 가져왔다. 그는 그 상자를 미니애폴리스 교외에 있는 가족 별장 지하실에 설치했다. 개인용 컴퓨터는 아니었다. 개인용 컴퓨터가 미국 전역에 걸쳐 교외의 지하실에 나타나는 데에는 수십 년이 더 걸렸다. 그것은 단말기였다. 본체에 연결된 집 전화가 슈퍼컴퓨터 네트워크에 전화를 걸어 생명을 줄 때까지 이 장치는 침묵을 지켰다.

마리사의 아버지는 구식 메임프레임 컴퓨터 회사인 컨트롤 데이터 코퍼레이션의 홍보팀에 있었다. 이 회사는 1960년대에 세계에서 가장 빠른 슈퍼컴퓨터를 생산했지만, 마리사가 중고등학생이 될 무렵, 미래에는 전문 소프트웨어로 작동하는 전자 학습 시스템이 모든 교사를 대체할 거라는 비전 아래 컴퓨터 지원 교육 개발에 사활을 걸었다. 그들은 이 자동 교육 전문 시스템을 플라토PLATO라고 불렀고, 소프트웨어를 회사의 메인프레임에 설치했다.

플라토는 중앙 호스트에서 관리하는 수많은 학습 프로그램을 통해 저비용 교육을 널리 제공한다는 목표로 개발되었다. 학생들은 마리사네 별장 지하실에 있던 것과 같은 빛나는 주황색 단말기를 통해 원격으로 프로그램에 접속했다. 이후 플라토 단말기는 미국의 일리노이주부터 남아프리카 공화국의 케이프타운까지 전 세계 대학과 학교에 설치되었지만, 개인이 집에 설치하는 경우는 거의 없었다. 하지만 마리사는 자신의 특수한 상황을 학습용으로 활용하지 않았다. 플라토는 산수부터 히브리어까지 모든 과목의 수업을 제공했지만, 마리사는 플라토로 남자애들과 채팅을 했다.

"저는 프로그래밍에는 관심이 없었어요."[2] 그녀가 내게 말했다. "그런데 실시간 채팅이란 게 있다는 걸 알게 됐지요. 그래서 아버지 상사의 아들과 사이버 연애를 하기 시작했어요. 접속하는 사람이 거의 없어서 누가 온라인 상태인지 알 수 있었어요. 전 10대 여자애였고, 나머지는 다 남자애들이었어요. 하지만 현실에서는 수줍음을 많이 타는 성격이었죠. 사람들이 저한테 무슨 옷을 입었는지 물었던 것 같아요. 추잡한 데까지 갔다고 할 수는 없지만, 어쨌든 아주 야릇했고, 또 정말 재밌었어요."

플라토 단말기가 설치된 곳이면 어디서나 학생들이 채팅을 하고, "과학소설, 여성 인권, 미식축구, 국방 예산, 로큰롤"에 관한 글을 올렸다.[3] 플라토에는 퍼스널 노트라는 초기 버전 이메일, 게시판 역할을 하는 공용 "그룹 노트," 그리고 일대일 채팅을 지원하는 텀타이프가 있었다. 플라토 커뮤니티는 이후 온라인 커뮤니티에서 흔히 보고 겪게 될 모든 현상—여자 행세를 하는 남자들을 비롯한[4]—의 시험장이었고, 비슷한 시기에 베이 에어리어에 나타난 커뮤니티 메모리 단말기처럼 나름의 풀뿌리 반체제문화도 갖고 있었다.

마리사는 플라토 은어로 "지브랫zbrat"이었는데, 이것은 아버지 계정으로 신생 네트워크에 로그인해 함께 어울리는 애들을 부르는 말이었다. 플라토에서 다른 여자 지브랫을 본 적은 없었지만, 마리사는 상당히 많은 온라인 친구들을 사귀었다. 아버지 상사의 아들과 시시덕거렸을 뿐 아니라, 플라토 소프트웨어가 개발된 일리노이 대학 어배나 샴페인 및 콜로라도 볼더 대학에 있는 대학생들과 채팅을 했다.

플라토 유저들은 요리법을 공유하고 연애 상담을 해주고 이모티콘을 사용하고 판타지 롤플레잉 게임을 했다. 미드웨스트 변두리에 사는 아이가 전혀 기대할 수 없는 일들이었다. 마치 늘 집에 있던 어떤 가전제품이 다른 차원으로 들어가는 문이 된 것 같았다. 플라토는 마리사의 인생을 바꾸었다. 그녀 또래 대부분이 여전히 컴퓨터를 대학교 지하실에 덩그러니 놓여 있는 계산 기계로 생각할 때, 마리사는 그것들이 서로 연결되면 사회적 기계가 된다는 사실을 알았다. 나머지 세계가 이 생각을 따라잡는 데 10년이라는 세월이 걸렸고, 그 무렵 그녀는 남들보다 훨씬 앞서 있었다.

나이가 들면서 마리사는 화면 속 단어로는 성이 차지 않게 됐다. 처음으로 LSD를 시도한 날, 그녀는 마당에 등을 대고 누워 밤하늘의 별들 아래에서 "진주 자개" 모양의 담배 연기를 보았다.[5] 마치 "여기저기 돌아다니며 내가 읽을 수 없는 단어를 만들어내는 텔레비전 세트처럼 보였다." 마리사는 1985년—"도널드 트럼프와 이바나 트럼프, 인수와 합병, 정크본드+ 호경기"의 시기[6]—에 뉴욕으로 이사했고, 그곳에서 BBS 문화와 더 웰을 발견했다. "오 마이 갓! 플라토랑 비슷한데 사람들이 더 재밌잖아!"[7] 사춘기 시절의 연애질을 다시 체험하고 싶어 열심이었지만, 웰은 그녀를 받아주지 않았다.

오늘날의 웹에서 지리적 거리는 외국에서 보낸 이메일이 뜬금없는 시간에 도착한다거나 이스트코스트의 야밤 트위터가 웨스트코스트의 아침 피드가 되는 정도의 차이를 제외하면 그다지 중요하지 않다. 그러나 다이얼을 돌리던 시대에는 상당한 기술·문화적 경계가 미국 동부와 서부의 인터넷을 갈라놓았다. 이 디지털 로키

+ 신용 등급이 낮은 채권.

산맥에는 마리사가 도저히 넘을 수 없는 두 개의 산이 있었다. 웰에 접속하기 위해 다이얼을 돌리려면 비싼 장거리 전화를 걸어야 했다. 그리고 어렵게 이 산을 넘고 접속하면 데드헤드들이 포진해 있었다. "전 그레이트풀 데드에 *알레르기*가 있어요."[8] 2011년에 그녀가 인터뷰에서 털어놓았다.

다행스럽게도 첨단 기술에 정통한 뉴요커 스테이시 혼이 똑같은 위기를 맞은 참이었다. 웰을 포기한 마리사 보는 마침내 시내 전화로 접속이 가능한 에코를 발견했다. 마침 에코는 제리 가르시아✚의 이름 언급이 금지된 곳이었다. 마리사는 마치 첫눈에, 아니 첫 타이핑에 사랑에 빠진 사람처럼 말했다. "에코에 로그인했고, 4년이 지난 후에야 고개를 들었죠."[9] 전통 매체에 대해 에코가 제시한 대안과 다양한 커뮤니티는 유혹적이고 참신했다. 그녀는 "〈더 뉴요커〉 〈하퍼스 매거진〉 〈디 애틀랜틱〉을 운영하는 열두 명의 하버드 출신 남성들과는 다른 부류의 사람과 대화를 나누고 의견을 얻을 수 있다는 발상"이 굉장히 마음에 들었다.[10]

마리사는 브루클린의 외곽에 위치한 윌리엄스버그에 살았고, 그래서 "보로✚✚"에 착안해 사용자 이름을 미스 아우터 보로라고 지었다. 마리사는 미스 아우터 보로라는 이름으로 계속해서 글

✚ 그레이트풀 데드의 리더.
✚✚ borough. 뉴욕의 독립구. 브루클린도 그중 하나다.

을 올려댔고, 어찌나 몰두했던지 현실의 친구들이 걱정할 정도였다. "친구들이 저를 안쓰럽게 쳐다봤어요."[11] 그때로부터 20년이 지난 어느 더운 여름날, 마리사가 자신의 윌리엄스버그 아파트에서 나와 스카이프로 얘기하며 고소하다는 듯 말했다. "걔들은 그 일이 한심하다고 생각했거든요." 미스 아우터 보로에게 열렬한 추종자들이 있다는 걸 그들이 알 리가 없었다. 온라인 대화를 이끄는 마리사의 타고난 본능 덕분에 그녀는 이내 에코의 스타가 되었다. 현실에서는 수줍은 사람이었지만, 온라인에서만큼은 대담했고 끼를 억누르지 못했다. 스테이시 혼은 "커피를 마시다가 키보드에 뿜게 하는 사람은 에코에서 마리사밖에 없다"라고 썼다.[12]

스테이시는 마리사가 에코에 있다는 사실에 깊이 감사했고 마침내 그녀에게 문화 게시판의 호스트를 맡아달라고 사정했다. 마리사는 사람들로부터 가치 있는 대화를 끌어내는 법을 알았다. 온라인에서 좋은 글타래를 유도하는 건 아주 어려운 일이지만, 마리사에겐 체질에 맞았다. 그녀의 인내심과 매력이, 화면에서 튀어나오는 순발력과 카리스마와 훌륭한 조합을 이루었다. 스테이시가 쓰기를, "마리사는 자신이 똑똑하고 영향력 있고 아름답다는 걸 알고 있다."[13] 마리사는 절반은 "단정치 못한 여자"—인격 형성기에 플라토에서 사이버 연애를 한 경험이 큰 도움이 되었다—또 절반은 "절대적인 여왕"이 되었다. 그녀는 호스트들의 호스트인 게시판 관리자가 되어 수많은 이들의 짝사랑 상대가 되었다. "에코의 절반이 마리사를 죽도록 사랑했다." 에코에서 마리사는 '쿨함'의 결정체였다. 작가 클레이 셔키는 그녀를 "실리콘앨리의 헨리 제임스✚"라고 불렀다.[14] 어떤 의미에서 그녀는 최초의 온라인 '인플루언서'였다. 인기가 너무 많아 에코의 오프라인 행사에 나타나는 것이 불편할 정도였다. "유명인사가 된 경험이었죠."[15]

비록 인터넷에서는 큰 인기를 얻었지만, 현실에서의 삶은 항상 그렇게 매력적이지는 않았다. 마리사는 아파트에 틀어박혀 글이 끝없이 올라오는 화면에 코를 박고 얼굴을 떼지 않았다. 파란 배경에 새겨지는 하얀색 글씨는 마치 푸른 하늘 위에 떠다니는 구름 같았다. 집세를 내기 위해 그녀는 문서 작성 계약직을 구했다. 하지만 그 둘을 하나로 묶을 수 있다는 생각은 미처 하지 못했다.

"실리콘앨리에서 제일가는 미친년"

1994년, 새로운 인물이 에코에 등장했다. 그녀의 본명은 제이미 레비이지만, 온라인에서는 그룹 너바나의 리더 커트 코베인의 자살에 대해 허무주의적 동조를 표한다는 뜻에서 "커트의 뇌"라는 이름으로 글을 올렸다. 제이미는 너바나의 골수팬다운 차림

✚ '의식의 흐름' 기법으로 대표되는 20세기 모더니즘 소설의 원형을 제시한 소설가.

을 하고 다녔다. 과산화수소로 염색한 금발 머리는 대개 젤을 발라 돌돌 말아 올렸고, 한 치수 큰 플란넬 셔츠를 입고 팔에 스케이트보드를 낀 채 손수 만 담배를 든 모습이 사진마다 보였다.

제이미는 캘리포니아 샌퍼낸도밸리의 아지랑이 낀 도시 외곽에서 맞벌이 부부의 아이로 자유롭게 자랐다. 오빠가 집에서 8비트짜리 컴퓨터 코모도어 64를 가지고 놀 때 그녀는 펑크록을 들었다. 당시는 로스앤젤레스에서 펑크록 문화가 절정을 맞이한 1970년대였다. 제이미는 왠지 컴퓨터에는 끌리지 않았다. 오빠가 키보드에 연신 쳐대는 명령어들은 전혀 창의적으로 보이지 않았다. 제이미는 샌프란시스코에서 영화 학교를 다녔는데, 1학년 때 남자친구가 그녀의 오빠가 가지고 놀던 코모도어 64의 후속 제품, 아미가 컴퓨터로 애니메이션을 만드는 법을 알려주었다. 그게 시작이었다. 컴퓨터는 펑크였다. 그녀는 곧 자신의 실험 영화에 컴퓨터 그래픽을 추가하기 시작했다.

스물한 살이 되었을 때 이미 그녀에게는 샌프란시스코가 너무 작게 느껴졌다. "비디오 예술 분야는 돈에 구애받지 않는 사람들로 넘쳐났어요."[16] 어느새 쉰이 된 그녀가 내게 말했다. "먹고는 살아야겠다는 생각이 들었어요. 굶주린 예술가가 되고 싶지는 않았으니까요." 그녀는 시각 효과를 넣은 스케이트 비디오✚를 졸업

✚ 스케이트보드에 관한 영화.

작품으로 제출한 다음 뉴욕행 항공권을 끊었다. 제이미는 뉴욕 대학의 인터랙티브 텔레커뮤니케이션 프로그램 대학원 과정ITP이 자신에게 맞을 것 같다고 생각했다. 그녀가 가장 좋아하는 짐 자무시나 스파이크 리 같은 영화감독이 뉴욕 대학을 졸업했기 때문이기도 하고, 또 뉴욕에서 지내보는 것도 재미있겠다 싶었다. 뉴욕은 더 키친 미술관에서 비디오 아트가 상영되고 도심에서 록밴드 소닉 유스가 공연하는 도시였다. 제이미는 그녀답게 약속도 잡지 않고 무작정 뉴욕 대학의 티시 예술대학 건물로 들어갔다.

절반은 허세에서, 절반은 될 대로 되라는 심정에서 나온 행동이었다. 그녀는 오히려 자신이 애써 노력했다면 아마 면접 볼 기회도 없었을 거라고 생각했다. 제이미가 건물 4층에서 배회하고 있는데 누군가가 레드 번스의 사무실로 데려갔다. 번스는 ITP의 존경받는 대학원장이었고, 누군가는 실리콘앨리의 대모라고도 부르는 붉은 머리 여장부였다. 제이미는 순간 움츠러들었지만 도시에 온 지 이틀밖에 안 된 터라 컴퓨터를 사용해 이야기를 풀어내고 싶다고 번스에게 당당하게 말했다. 나중에 제이미는 ITP 사람들은 죄다 "시티뱅크 장학금을 받고 ATM 기계 따위나 디자인하러 들어왔다"라고 농담하곤 했다.[17] 번스는 스케이트보드와 아미가를 들고 온 이 아이에게 홀딱 빠졌다. 그녀는 제이미를 ITP의 새로운 피로 보았을지도 모른다. "나는 번스가 예술, 엔터테인먼트, 출판, 기타 모든 것에 새로운 방식으로 기술을 적용하고 싶어

하는 젊은이들을 끌어들일 기회를 엿보았다고 생각해요."[18] 번스는 제이미에게 전액 장학금을 주었다.

제이미는 뉴욕 대학에서 몇 년 동안 인터랙티브 매체를 실험했다. 석사학위를 위해 그녀는 펑크의 'DIY(네 자신이 직접 만들어라)' 정신과 한창 떠오르는 데스크톱 출판의 새로운 가능성을 결합해 플로피디스크 전자 잡지 〈사이버 랙〉을 제작했다. 디스크마다 컬러로 인쇄한 라벨을 순간접착제로 붙여 만든 〈사이버 랙〉은 펑크록 팬 잡지처럼 보였다. 개인용 매킨토시에서 실행되는 제이미의 이야기는, 〈빌리지 보이스〉 〈홀 어스 리뷰〉 〈몬도 2000〉 〈뉴스위크〉에서 조금씩 가져온 이미지들을 한 화면에 모아 만든—마치 손수 복사해 만든 것 같은—콜라주 작품과 함께 살아 숨 쉬게 되었다. 〈사이버 랙〉은 애플 하이퍼카드에 프로그래밍되었고, 그래픽은 맥페인트 그래픽 편집기로 그렸다. 제이미는 애니메이션과 함께 독특한 인터랙티브 게임(예를 들면 파나마에서 독재자 마누엘 노리에가를 추적하는 게임), 해커 입문서, 히피에 대한 신랄한 고찰을 추가해 컴퓨터 제품 전시회와 사이버공간에 잠입했다. 최초의 그래픽 웹 브라우저가 대중에게 하이퍼텍스트를 선보이기도 전에 제이미는 곧 종이 잡지를 대체하리라고 예측한 디스크를 출판하고 있었다. 그리고 어쨌거나 그것들은 덮어 쓸 수 있었다. "맘에 안 들면 지워버리고 원하는 파일을 저장하라죠."[19] 그녀가 1993년에 한 기자에게 말했다.

대학원을 졸업한 후 제이미는 로스앤젤레스로 돌아가 잡지 이름을 〈일렉트로닉 할리우드〉로 바꾸었다. 1992년에 로스앤젤레스 폭동으로 온 도시가 뒤집어졌을 때, 그녀는 코리아타운 아파트에서 나흘간 나오지 못했다. 제이미는 캠코더를 들고 건물 옥상으로 올라가 거리의 영상을 찍었다. 사방에서 화염이 치솟았다. "우리는 이 상황을 스멜 오 비전✚이라고 불렀어요. 아래층으로 내려가 텔레비전을 켜면 실제로도 건물 안으로 연기가 들어왔거든요."[20] 제이미는 자신의 경험에 대해 쓴 사설과 함께 이 이미지를 〈일렉트로닉 할리우드〉에 실었다. "포스트 레이건 시대의 '미국의 아침✚✚'에서 살아남은 느낌이 든다." 사설은 공업용 시제품이 쨍그랑거리며 반복해서 작동하듯이 읽힌다. "이제는 걸어서 맥주를 사러 갈 수도 없다. 로스앤젤레스여, 사랑하든지 약탈하든지!"

이때부터 촬영한 인터뷰들에서 제이미가 보인 남부 캘리포니아 특유의 감정 전달 방법—지금까지도 그녀는 깊고 낮은 억양으로 말한다—은 그녀가 전자 잡지에 보였던 열정의 강도를 의심하게 한다. 로스앤젤레스 공영 텔레비전 계열사인 KCET가 제작한 소개 방송에 출연한 제이미는 콘서트 전단지로 도배가 된 방에서 사무용 의자에 앉아 뱅글뱅글 돌면서 자신의 전자 잡지들을 보

✚ Smell-O-Vision. 영화 상영 중에 장면과 관련된 냄새를 방출하는 기법.
✚✚ Morning in America. 1984년 레이건 대선 선거운동과 관련된 텔레비전 광고.

Cyber Rag
cyber Rag II
for Mac Fre
Cyber Rag III
New Year 1991
POEMS
Electronic Hollywood
ELECTRONIC
II
Info
Story
Quit

제이미 레비의 전자 잡지

고 "뭐, 디지털 그라피티라고나 할까요"라고 무심하게 묘사한다.[21] 그러나 X세대의 무관심한 태도를 보이면서도 제이미는 전자 출판의 절대적인 선봉에 있었다. 그때까지 〈사이버 랙〉이나 〈일렉트로닉 할리우드〉 같은 걸 만든 사람은 없었다. BBS에서 다운로드할 수 있는 인터랙티브 하이퍼카드 더미나 코모도어 아미가를 위한 몇몇 인터랙티브 아트 디스크가 있긴 했다. 그러나 제이미의 플로피디스크는 매킨토시가 있는 사람이면 누구나 볼 수 있었고, 하이퍼텍스트 링크와 인터랙티브 애니메이션으로 작동하는, 웹이 존재하기 훨씬 전에 나타난 웹사이트나 다름없었다.[22]

제이미는 낮에 식자공으로 일하면서 인디 서점이나 레코드 가게에 〈일렉트로닉 할리우드〉를 배포했고, 잡지는 언제나 매진되었다. 〈일렉트로닉 할리우드〉의 참신함 덕분에 그녀는 전국적인 언론의 주목을 받았고, 이 관심을 이용해 우편 주문까지 받았다. 제이미의 잡지가 사이버 문화 기록지 〈몬도 2000〉에 특집으로 실리자 주문과 팬레터가 넘쳐났다. 〈일렉트로닉 할리우드〉는 총 5호까지 발행되었는데 하나당 6달러에 6,000부가 넘게 팔렸다.[23] 제작 단가가 50센트도 안 되는 디스크치고는 나쁘지 않은 수익이었다.

마침내 제이미가 뉴욕으로 돌아왔을 때, 그녀는 실리콘앨리에서 그야말로 최초의 유명인사이자 세상을 재부팅할 20대 신세대 미디어 거인을 대표하는 인물이 되었다. 또한 새로운 디지털 문화에서 언제 잡지에 실려도 이상하지 않은 여성 스타의 얼굴이자 진정한 인습타파자로 제일 먼저 이름을 알렸다. 사진이 잘 받는 편인 것도 도움이 됐다. "그저 세상과 연결되길 바라는 당당한 여성들"에 대한 〈에스콰이어〉의 1996년 기사에서는 폴리비닐 바지와 부츠를 신고 무례한 표정으로 사진을 찍었고, 〈뉴스위크〉의 "후즈 후Who's Who" 코너에서는 언제나 입고 다니는 추레한 플란넬 셔츠와 튜브 양말 차림에 스케이트보드를 움켜잡은 모습의 사진이 담겼다. 그녀는 인터넷에서 큰 화제를 모으며 젊고 신랄하고 반항적인 강력한 상징이 되었다. 1990년대가 끝날 무렵 제이미는 〈빌리지 보이스〉에서 "저는 인터넷의 커트 코베인이었어요"라고 말했는데, 아주 틀린 말은 아니었다.[24]

"제이미는 자신을 표현하는 법을 정말 잘 알았어요."[25] 마리사 보가 기억했다. "그녀는 매킨토시 컨벤션에 가서는 저 작은 진[+]의 목소리로 행사를 디스하곤 했죠. 팬 잡지는 항상 '이 밴드 싫어, 저 밴드 마음에 안 들어'라고 얘기하죠. 제이미도 비슷한 걸 한 건데, 컴퓨터를 디스한 거예요. 자신의 음악이 담긴 플로피디스크로요. 정말 멋있었어요." 제이미는 뼛속까지 컴퓨터광이었다.[26] 그녀의 아파트에서 텔레비전은 매킨토시의 모니터로도 쓰였다. 주로 청각장애인용으로 사용되는 종류의 깜빡거리는 빨간 불빛이 스테

+ zine. 개인이 발행하는 소책자.

제이미 레비

“남들이 뭐라고 불러도 절대 상처받지 않아요. 오히려 도움이 되죠. 우리 같은 사람이 별로 없거든요. 난 엄청난 주목을 받았어요. 왜냐하면 난 미쳤으니까요.”

레오로 들리는 소음 위로 착신 호출을 알렸다. 제이미는 컴퓨터를 소중한 물건처럼 다루기는커녕 도로의 턱에 부딪혀도 아랑곳없이 전원 코드를 잡은 채 질질 끌며 로스앤젤레스와 뉴욕의 슬럼가를 쏘다녔다. 〈일렉트로닉 할리우드〉 창간호는 당시 그녀의 스타일을 그대로 보여주는 삐딱한 인사로 문을 열었다. "전자 잡지가 처음이라면, 이걸 보고 놀라 나자빠지시길."[27]

새로운 기술 반체제문화에 몸담은 사람이라면 누구나 〈사이버 랙〉과 〈일렉트로닉 할리우드〉를 소장했다. 심지어 영국의 록스타 빌리 아이돌도 잡지의 팬이었다. 그는 섹스와 약물과 컴퓨터를 다룬 〈사이버펑크〉라는 제목의 음반을 작업하면서 자신의 사이버펑크가 절정에 올랐을 무렵 〈일렉트로닉 할리우드〉를 알게 되었다. 아이돌은 제이미의 플로피디스크를 아주 좋아했고 자신의 앨범용으로도 하나 만들어야겠다고 결심했다. 그렇게 거래가 성사됐다. 제이미는 5,000달러를 받고 빌리 아이돌에게 인터랙티브 플로피디스크를 만들어주었다. 제이미의 디스크와 비슷했지만 호통이나 밴드 리뷰 대신 빌리 아이돌 노래의 가사가 들어갔고 접이식 판지로 만든 앨범 재킷에 CD와 함께 포장되었다. 이것은 그녀가 처음으로 돈을 받고 작업한 작품이면서 세계 최초의 인터랙티브 기자회견 자료집이었다. "그는 정말로 저와 파티를 열고 싶어했어요."[28] 어느 날 밤 그들은 맨해튼의 악명 높은 클럽 퍽에 갔고, 둘 다 심하게 취한 상태에서 빌리가 제이미를 탁자 반대편으로 내

동댕이치는 바람에 그녀의 팔이 부러졌다. "어쩔 수 없이 처음부터 끝까지 반대쪽 손으로 마우스를 잡고 그의 디스크에 넣을 애니메이션 작업을 해야 했어요."

아이돌의 앨범은 쫄딱 망했지만, 제이미는 능력 있는 네티즌으로서의 명성을 지켰다. 그녀는 IBM에서 "본헤드 인터페이스를 디자인하기"[29] 위해 헐렁한 체크 남방 복장으로 화이트 플레인스까지 트럭을 타고 통근했는데, 종종 건물 관리인으로 오해받곤 했다.[30] 제이미는 또한 바이어컴에서 의뢰받아 CD-ROM으로 록밴드 에어로스미스의 인터랙티브 기자회견 자료집을 만들었다. 그러나 이렇게 착실하게만 살아가기에 그녀는 너무 어렸고, 또 어쩔 수 없는 펑크족이었다. 무엇보다 물리적 매체에 싫증이 났다. "누가 이런 허접한 것들을 살까? 이 CD-ROM에 신경을 쓰는 사람들이 있기나 할까?"[31] 그러던 어느 날, 한 IBM 동료가 그녀에게 월드 와이드 웹을 탐색하는 최초의 브라우저 모자이크를 보여주었다. 제이미는 이걸 전환점으로 삼았다. 그녀의 전자 잡지는 웹사이트가 나타나기도 전에 나타난 웹사이트였다. 웹과 똑같이 사운드, 비디오, 텍스트가 담긴 "페이지"가 있고 하이퍼텍스트 탐색 기능이 탑재되었다. "웹 브라우저가 출시되면서, 저는 '더는 정해진 형식을 고집하지 않겠어. HTML을 배워야겠다. 바로 그거야'라고 생각했어요."[32] 그녀는 마침내 생업을 그만두었다.[33]

그 무렵 제이미는 자신의 애버뉴 A 아파트에서 파티를 열기 시작했다. 그녀는 그 파티를 "사이버슬래커✚"라고 부르며 인터넷 세대를 일컫는 X세대에 호칭 하나를 추가했다. 사이버슬래커는 최초의 실리콘앨리 파티였다. 이후 몇 년 동안 뉴욕의 닷컴 자금이 플랫아이언 지구로부터 엄청난 규모의 술잔치로 쏟아져 들어갔다. 레이저피시나 더블클릭 같은 이름을 내건 수백만 달러 규모의 스타트업들이 기업공개로 확보한 자금을 고고댄서✚✚나 보드카 피라미드에 물 쓰듯 날리면서 회사 대표들은 유명인사가 되고 그들의 추잡한 파티 사진들은 〈실리콘앨리 리포터〉에서 〈페이지 6〉로 도약했다.[34] 가장 악명 높은 실리콘앨리 파티들의 돈줄은 초창기 웹 스트리밍 회사인 슈도였다. 회사 대표 조시 해리스는 기술 사교계 명사, 굶주린 기업가, 예술가, 음악가, 뉴욕 클럽 죽돌이 죽순이를 갈수록 사치스러워지는 환경으로 불러모은 것으로 유명했다. 새로운 밀레니엄이 밝아오자 해리스는 한 달간의 공동생활을 실험하는 데 백만 달러를 썼다. 나란히 이웃한 두 개의 창고에서 유니폼을 입은 "시민들"이 수백 대의 실시간 방영 디지털카메라 아래에서 먹고 마시고 섹스하고 총을 쏘았다.[35] 이들은 결국 2000년 새해 첫날에 뉴욕 경찰에 의해 해산되었다. 경찰은 그들이 Y2K 숭배자라고 생각했다. 정말 그랬는지도 모른다.

✚ CyberSlacker. 근무 시간에 일보다 인터넷에 치중하는 사람.
✚✚ 클럽에 고용된 전문 댄서.

"조시 해리스는 나를 따라한 게 아니라고 항상 *말했어요.*"[36] 그가 가진 재력을 누려본 적 없는 제이미가 말했다. "하지만 그러지 않았을 리가 없죠." 그녀의 파티는 그렇게 유난스럽지는 않았지만 더 큰 효과를 불러일으켰다. 절반은 광란의 파티, 절반은 해커톤✚이었던 사이버슬래커 파티는 뉴욕 특유의 기술 현장에 불을 붙였다. 한 역사학자가 "원칙 있는 슬래커✚✣, 예술성 있는 펑크록 가수, '좋은' 집안 출신의 해체주의자"라고 말한 자들이 다수 참가했다.[37] 그들은 대부분 제이미의 아파트에서 매킨토시 II를 통해 처음 웹을 접했는데, 이 컴퓨터는 그녀의 해커 친구 파이버 옵틱—때로는 에코의 기술 지원도 마다하지 않은—이 28.8K짜리 모뎀으로 인터넷에 연결시켜준 것이었다. 아방가르드 기타리스트 엘리엇 샤프가 라이브 공연을 하고 디제이 스푸키가 하우스 음악을 연주하는 동안 제이미의 손님들은 매킨토시의 작은 모니터 주위에 모여 있었다. 1994년 초반에만 해도 세상에 존재하는 웹사이트가 1,000개가 안 되었고 대부분 개인 홈페이지였다. "홈페이지 내용이라곤, '안녕, 내 이름은 리사야. 우리 집 강아지를 소개할게'가 전부였다"라고 제이미가 회상했다.[38] 그러나 올바른 목격자들은 이렇게 보잘것없는 출발에서도 본질을 추론해냈다. 제이미처

✚ 해킹과 마라톤의 합성어로 소프트웨어 개발 관련자들이 모여 정해진 기간에 집중적으로 소프트웨어 프로젝트를 수행하는 이벤트.

✚✣ 게으름뱅이.

럼, 그들이 전에 이루어놓은 모든 것이 웹의 등장으로 인해 얼마나 무의미한 것으로 바뀌었는지 깨달았던 것이다.

이 전향자들은 초기의 독실한 신자라는 뜻에서 스스로 "얼리 트루 빌리버early true believer"라고 불렀고, 펑크가 1977년을 자신의 해로 차지했던 것처럼 그들이 처음으로 온라인에 도착한 해를 기념했다. 닷컴버블+이 꺼진 직후, 〈뉴욕〉은 제이미와 그녀의 동료들을 다룬 기사에서 시간대를 바로잡았다. "1995년은 쿨했다. 1996년과 1997년 초는 그럭저럭 괜찮았다. 하지만 그 이후는 그렇지 않았다. 2000년은 당신을 진정한 패배자로 만들었다. 양복 한 벌 들고 대학 문을 갓 나선 사회 초년생, 처음이자 마지막으로 환호성을 지르고 또 다른 1억 달러를 찾아 헤매는 50대 사업가로 말이다."[39]

웹은 얼리 트루 빌리버들에게 창의적이고 숭고한 목표를 주었고, 불황기 뉴욕에서 유일하게 고용 창출의 열쇠를 손에 쥔 미디어 거물들을 피할 기회를 제공했다. 실리콘앨리의 한 디지털 추종자가 이렇게 선포했다. "웹은 우리를 모두 사도로 만들었죠. 돈 문제가 아니었어요. '이봐, 여기 순수한 채널이 있어!'의 문제였죠."[40] 그런 다음 당연히 돈이 따라왔고, 얼마 지나지 않아 그들은 거물이 되었다.

+ 1995~2000년에 인터넷 성장으로 발생한 거품경제 현상. IT버블이라고도 함.

워드

제이미는 항상 마리사 보에게 전자 출판을 시작해야 한다고 말했다. "저는 그게 무슨 말인지 몰랐어요. 제가 전자기기도 좋아하고 출판도 좋아하니 아마 전자 출판도 좋아할 거라는 말인가 했죠."[41] 그 뜻을 이해하지 못한 건 마리사만이 아니었다. 제이미의 플로피디스크와 웹상에서 이루어지는 몇몇 초기 실험을 제외하면 온라인 출판은 미지수였다.

마리사를 둘러싼 상황은 1995년부터 달라지기 시작했다. 소프트웨어 회사 아이콘 CMT가 유명세가 절정에 달한 제이미를 〈워드〉라는 신생 온라인 잡지의 크리에이티브 디렉터로 발탁했던 것이다. 예산은 충분했다. 적어도 돈이 하나도 없던 〈사이버 랙〉 시절보다는 많았다. 편집장 조너선 밴 미터는 과거에 잡지 〈바이브〉를 책임졌던 업계 베테랑이었다. 그는 제이미가 본연의 제이미, 즉 대마초를 피우는 사이버 언더그라운드의 고약한 대모로 남기를 바랐다. 그녀를 중심으로 팀이 꾸려졌다.

제이미는 빌리 아이돌이 사이버펑크에 진출하려다 실패했듯이 〈워드〉가 유행을 좇는 것은 원하지 않았다. 〈워드〉를 쿨하게 만들 수 있는 사람은 하나밖에 없었다. 마리사 보. 사람의 마음을 사로잡는 미스 아우터 보로의 능력은 제이미가 에코에서 직접 확인한 터였다. 마리사는 면접을 보러 가면서 "고지식한 잡지인"인 척하지 않기로 마음먹었다.[42] "여기서 고지식하다는 건 기업의 세계에 어울린다는 뜻이에요"라고 그녀가 내게 말했다. 그러나 마리사와 밴 미터는 죽이 맞았다. 그는 마리사를 〈워드〉의 책임 편집자로 고용했다. 잡지계에서 일해본 적 없는 그녀는 그게 무슨 의미인지도 몰랐다.

사실 잡지를 웹에 올리는 것 자체가 새로운 제안이었다. 〈워드〉는 최초의 시도였다. 벤치마킹할 사업 모델이 전무하다는 정도로는 표현이 안 되는 상황이었다. 〈워드〉의 후원자들은 온라인 출판이 유료 구독 사업이 되리라 추측했다. 전통적인 잡지처럼 독자들이 웹 잡지를 구독할 것이고, 인쇄와 유통 비용이 들지 않아 이윤 폭이 꽤 클 것으로 기대됐다. 재고가 바닥날 일 없이, 말로 표현할 수 없는 그 무언가를 팔고 또 팔게 될 것이었다. 이건 닷컴시대에 퍼진 선택의 망상이었다. 아이콘은 몇 달 안에 수백만 달러를 벌어들일 거라고 생각했다.[43]

1995년, 밴 미터는 〈워드〉 창간 직전에 사업을 그만두었다. 제이미는 그가 웹에 관해 아무것도 몰랐기 때문이라고 말했다. 마리사는 아이콘이 그에게 편집 예산에 대해 솔직하지 않았다고 생각한다. 그는 컨데나스트+ 규모의 예산에 익숙한 사람이었다. 그의 부재로 마리사가 지휘봉을 잡게 되었는데, 그녀는 기술적인 부

+ 미국의 글로벌 미디어 기업.

분을 제외하면 전적으로 이 일의 적임자였다. 온라인 문화를 일찌감치 경험했던 그녀는 "매체의 본질을 살펴 접근하는 법을 알았다."[44]

나중에 마리사는 자신이 〈워드〉의 주요 경쟁지가 될 〈살롱〉 〈슬레이트〉 〈피드〉 같은 지적인 온라인 잡지들의 가치도 인정하지만 BBS나 개인 홈페이지의 소박한 느낌을 훨씬 좋아한다고 말했다. 마리사는 아마추어가 쓴 글이야말로 인터넷의 참된 양식이라고 생각했다. 1996년에 몇몇 온라인 편집자들끼리 모인 회의 자리에서 그녀는 "아마추어들에 중독되었다"라고 고백했다.[45] "이들은 매력적이다. 열정적이고 친밀하며 예측할 수 없고 무장해제를 할 수밖에 없을 정도로 순박하다."

마리사는 이 감성을 〈워드〉에 입혔다. 〈워드〉는 전적으로 사람들의 일상적인 경험과 이야기를 중심으로 편집되었다. 〈워드〉의 가장 인기 있는 코너는 매주 각계각층에 종사하는 사람들의 체험담이었다. 주로 마리사의 동생 존이 인터뷰한 내용을 편집해서 실었는데, 그는 실로 디지털 마을의 스터즈 터클+이라 할 만했다. 존은 대륙을 횡단하며 진짜 사람들을 찾아 인터뷰했고, 〈워드〉는 그가 매음부, 모자 판매원, UPS 배달원, 헤비메탈 그룹 로드매니저를 만나 이야기를 듣고 기록한 것을 출판했다.

+ 미국 작가, 역사가, 방송인.

〈워드〉 직원들도 예외 없이 사이트에 자신의 이야기를 공유했다. 발행인란은 모든 직원이 등장하는 진열장이었고, 마리사는 자신의 고등학교 일기장까지 공개하면서 블로그 전신의 고백조에 통달했다.[46] 그녀가 맨 처음 쓴 사설은 인생을 요약한 것이었다.[47] 미네통카 호수에서 모터보트를 탈 때 아버지가 보트의 컵 거치대에 넣어둔 얼음 조각이 달각거리며 흔들리던 이야기, 처음으로 스쿨버스를 타고 학교로 가는 길에 여드름투성이 기사 아저씨와 로저 밀러의 "킹 오브 더 로드"를 부르던 이야기, "파시스트처럼 보이는" 걸스카우트 유니폼이 너무 싫었던 기억 등을 풀어놓았다. 〈워드〉에는 콩 요리 만드는 법과 피그 라틴+으로 쓰인 글도 있었다. 〈워드〉는 기록하는 곳일 뿐 해석하거나 평을 내리는 곳이 아니었다. 마리사는 인터넷에서 가장 중요하고 잊힐 위험에 처한 것은 개인의 목소리라고 느꼈다. "인터넷이 가장 매력적이고 색다른 근본적인 이유는 당신과 함께 일하는 *사람*이 곧 매체라는 점 때문이었죠"라고 마리사가 내게 말했다.[48]

마리사가 사춘기 지브랫 시절 그녀를 사로잡았던 인간미를 좇아 진짜 이야기를 다듬는 동안 제이미 레비는 독자와의 쌍방향 대화 방식에 집중했다. 그녀는 사이트를 개장한 직후 기자에게 자신의 목표를 다음과 같이 설명했다. "〈워드〉의 세상에서 우리는 그

+ 어린이들이 하는 말장난의 일종.

저 '스팟✚이 뛰어갑니다'라는 문장을 읽는 것에 그치지 않고 3차원적 만남을 가지게 될 겁니다. 강아지 스팟이 짖고 물어댈 뿐 아니라 직접 배변 봉투를 들고 산책을 나서고 싶을지도 몰라요."[49]

이 비유처럼, 제이미가 〈워드〉를 위해 디자인한 인터랙티브 기능은 놀라울 정도로 독창적이고 특유의 신랄함을 갖췄다. 예를 들어 〈워드〉의 챗봇인 웹메이트 프레드는 사람을 싫어하는 픽셀화된 뉴요커로, 타자로 질문을 입력해 이야기를 나눌 수 있다. 프레드는 그가 종종 넌지시 암시하긴 했지만 절대 자세히 언급하지 않는 성적 문제로 인해 상처를 입은 상태였다. 억지로 말을 시키면 최근에 대형 뉴미디어 회사에서 해고되었다고 말했다. 마리사가 설명하기를, "'웹메이트'라는 이름조차" 다른 회사들이 마이크로소프트 워드의 끔찍한 클립인 클리피Clippy를 따라 웹사이트에 추가하기 시작한 "형편없는crappy" 도우미 아바타를 "조롱한 것"이었다.[50]

1996년 즈음의 워드닷컴Word.com에서 찾아볼 수 있는 것이 몇 가지 더 있었다. 러시아 교도소 수감자들의 문신과 맨해튼 시계에 대한 포토 에세이, 외설적인 종이 인형, 중고품 할인점에서 찾은 그림들, 여드름 터트리기 인터랙티브 게임, 딘 마틴의 점성술과 클립아트 만화, 개를 끌어다가 전자레인지에 집어넣는 의미 없는 만화

✚ 영국의 어린이 그림책 작가 에릭 힐이 만든 노란 강아지 캐릭터.

인터랙티브 장난감, 우울하게 각색한 동화, 전국에서 찍은 빈 옥외 광고판과 도로 표지판, 자신의 전화번호와 슬프고 야한 이야기를 적어놓은 칵테일 냅킨의 스캔 이미지, 그리고 커피 관장 체험기.

〈워드〉는 웹상에서 발간된 최초의 잡지일 뿐 아니라, 온라인 출판의 창의적 가능성을 처음으로 보여준 훌륭한 사례였다. 그리고 그 방식은 먹혀들었다. 1998년에 〈워드〉는 일일 방문 횟수가 9만 5,000회, 일주일 조회수가 100만에서 200만에 이르렀는데, 당시로는 대단한 트래픽이었다.[51] 〈뉴스위크〉는 독자들이 가장 좋아하는 온라인 사이트가 〈워드〉라고 발표했고, 〈뉴욕 타임스〉는 웹 브라우저를 다룬 최초의 기사에서 이 사이트를 예로 들었다.[52] 사실상 1990년 중반에 온라인에 접속하는 거의 모든 사람이 사용한 최초의 상용 웹 브라우저 넷스케이프는 심지어 브라우저 안에다 〈워드〉의 자리를 따로 내주었다. 넷스케이프의 인터넷 URL 주소창 아래에는 다음과 같은 메뉴 버튼이 있었다. "최신 사이트" "가볼 만한 곳" "목적지" "인터넷 검색" "사람들" "소프트웨어". "사람들"을 누르면 초기 인터넷의 사람 찾기 페이지로 넘어갔고, "소프트웨어"는 넷스케이프 자체 업그레이드 페이지로, "가볼 만한 곳"은 워드닷컴으로 넘어갔다.

〈워드〉의 유저들은 모두 기본적으로 〈트윈 픽스+〉, 진, 대중

+ 미국 드라마.

문화, 그리고 이상한 홈페이지 같은 미학을 공유했다. 마리사는 자신과 제이미를 "인터넷의 비비스와 버트헤드✚"에 비교한 적이 있지만[53], 〈워드〉는 "출판물보다 록밴드에 가까웠고" 마리사와 제이미는 훌륭한 여성 리드보컬이었다.[54] "제이미와 나, 우리 둘은 누구 못지않게 좋은 일을 할 기회가 많았어요"라고 마리사가 말했다. 제이미가 멀티미디어에 집착한 반면—"제이미는 텍스트를 향해서 말 그대로 *쉬익 소리*를 내며 야유를 보냈죠"라고 마리사가 웃으며 말했다[55]—마리사는 작가를 양성했다. 당시 두 사람이 찍힌 사진 가운데 특히 다이너마이트급이었던 것은 밴드 사진일 터다. 트레이닝 바지를 입고 전투화를 신은 제이미와 가죽 재킷을 입은 마리사가 〈워드〉 사무실 옥상에 있다. 그들의 발치에 화면이 박살나 연기가 나는 컴퓨터가 한 대 놓여 있다. 그러나 여느 훌륭한 록밴드에서와 마찬가지로 이들의 자아는 제멋대로 날뛰었다.

열기가 고조되는 닷컴 호황 속에서 제이미는 중심을 잡기가 쉽지 않았다. 실리콘앨리는 빠르게 변했다. 불과 몇 년 전에 테크노 보헤미안 파티에 참석했던 친구들은 백만장자가 되었다. 〈워드〉에 합류하기 직전에 제이미는 웹 개발 회사 레이저피시의 지분 3분의 1을 거절한 적이 있는데, 그 회사는 이제 18억 달러에 신규 상장된 기업이 되었다. "우리는 갑부가 된 사람들을 알았죠"라

✚ 동명의 미국 성인 애니메이션 시트콤 주인공인 구제불능 고등학생.

고 마리사가 말했다.[56] 이리저리 기회가 빠져나가자 제이미는 몸이 근질거리기 시작했다.

또 다른 긴장도 감돌았다. 제이미가 언론계에서 그토록 오랫동안 키워온 인습타파적 디지털 진스터+로서의 공적 페르소나가 동료들의 신경을 건드리기 시작했다. "관심이 모두 저에게 집중되었어요. 원래 그 관심이 가야 할 곳보다 말이죠."[57] 제이미는 항상 음악을 크게 틀어놓고 일에 몰두하는 꽤나 시끌벅적한 스타일이었다. 그녀는 1년 반 만에 〈워드〉에서 나와 프리랜서가 되었다. 당시 실리콘앨리 가십난에는 제이미가 떠난 것을 권력의 이동으로 보았지만—"제이미 레비, 마지막 결정을 내리다"[58]—지금 제이미는 자신이 조금만 더 버텼더라면 좋았겠다고 후회한다. "전 어디서 누구와든 관계를 오래 지속할 수 있는 사람이었던 적이 없어요."[59]

마리사는 남았다. 동고동락한 파트너를 잃어 고통스러웠지만 〈워드〉를 떠난다는 것은 상상도 할 수 없었다. "워드는 제가 가진 모든 창의적인 꿈과 욕망과 아이디어가 실현된 곳이었어요. 그것을 포기한다면 심장을 도려내는 것 같았을 거예요."[60]

+ zinester. 잡지를 편집하고 출판하는 사람.

우리가 알았던 웹의 사망

1996년 말, 제이미 레비는 마지막 사이버슬래커 파티를 열었다. 그녀는 파티 장소를 자신의 아파트에서 뉴욕 트라이베카의 클락타워 갤러리로 업그레이드하고, 걸출한 실리콘앨리 친구들에게 무대에서 "악을 써달라고" 부탁하는 등 최선을 다해 준비했다. 로리 앤더슨이나 루 리드 같은 뉴욕 아방가르드의 충직한 지지자들이 군중과 함께 뒤섞였고, 자신의 음악 웹사이트를 바이어컴에 판매한 전직 펑크 베이시스트 니컬러스 버터워스가 마이크를 잡고 15분 동안 울부짖었다. "우리가 알았던 웹은 사망했습니다. 다 끝났어요! 그동안 참 좋지 않았나요? 누가 거기에 있었습니까, 1995년에 누가 거기에 있었어요? 돈, 명성, 파티, 흘러 들어오는 모든 것을 거둬들였고 … 아름다웠죠! 여기 내 친구들은 창의성 그 자체였고 … 우리의 꿈은 미디어 암살자가 되는 것, 게릴라가 되는 것, 그리고 월급을 받는 것이었습니다! 자, 잘 들어보세요. 이제 당신은 선택할 수 있습니다. 게릴라가 될 수도 있고, 아니면 돈을 받을 수도 있어요. 하지만 둘 다 할 수는 없습니다."[61]

제이미는 돈을 받는 쪽을 선택했지만, 결국에는 게릴라가 되었다.

그녀는 〈워드〉에 자신의 흔적을 남겼다. 〈워드〉는 그녀의 카리스마적 매력, "강아지 배변봉투"와의 상호작용, 그리고 그녀가 고용한 사람들을 유지했다. 마리사 말고도 요시 소데오카가 예술 감독으로서 제이미의 자리를 메꿨다. 요시는 "원래 펑크록이 하고 싶어서 일본에서 미국으로 건너왔고,"[62] 〈워드〉에 있는 다른 사람들처럼 출판 일을 해본 적이 없었지만 일본에서 키오스크 인터페이스를 디자인한 경험이 있었다. 그 결과 형성된 팝 그래픽 감수성 덕분에 〈워드〉는 모방자들이 지급한 저작권료로 수익을 냈다. 요시 자신도 꽤 연봉이 높은 일자리들을 제의받았으나 모두 거절했다("그는 진정한 예술가예요"라고 마리사가 감탄하며 말했다[63]). 요시는 처음으로 컴퓨터 아이콘을 웹사이트 디자인의 핵심 요소로 만들었고, 그가 정한 예술의 방향성은 오늘날까지도 유지되고 있다.

〈워드〉는 미드타운의 그랜드 센트럴 역 위쪽에 있는 그레이바 빌딩에 사무실을 두었다. 실리콘앨리의 다른 작업장에 비하면 잘 알려지지 않은 곳이었다. "우리는 본질적으로 예술가와 보헤미안이었어요. 굳이 유명해지려고 *애쓰지* 않았죠"라고 마리사가 회상했다.[64] 그녀는 본능적으로 다른 회사의 놀이터 같은 사무실에 거부감을 느꼈다. 탁구대, 콩주머니 소파, 근사한 회의실이 모두 숨 막혀 보였다. 물론 〈워드〉 역시 호황의 산물이었다. 하지만 마리사는 〈워드〉가 돈을 벌어들인 적이 있긴 했는지도 기억하지 못했다. 초기에는 영업팀이 광고 한 개당 1만 2,500달러나 받았음에도 불구하고 〈워드〉는 주로 모회사의 "섹시한 홍보 장난감"으로 기능했기 때문이다.[65]

"크리에이티브 팀인 우리는 마치 장기간에 걸쳐 사기를 치는 기분이 들었어요."[66] 〈워드〉에서 오래 근무한 나오미 클라크가 설명했다. 진심 어린 진정성과 실험적 디자인에도 불구하고, 〈워드〉 사이트는 "기반시설과 T1 회선을 설치하는, 별로 매력적이지 않은 인터넷 사업을 위한 일종의 트로피 와이프"로 존재했다. 닷컴 버블이 한창일 때 정말 중요했던 건 기업공개에 앞서 건전한 수익을 창출하는 것이었다. 마리사가 시인한 것처럼 "주식공개가 곧 비즈니스 모델"이었고, 아이콘 CMT는 다른 회사와 마찬가지로 "죽이고 빠져나오길" 원했다.[67] 명확한 수익 모델에 관심이 없는 다른 많은 온라인 출판사처럼 〈워드〉는 처음부터 위태로웠다.

기술 투자자들에게는 "콘텐츠가 왕"이라는 신념이 있었다. 이 모토는 초기 실리콘앨리에서 유행한 비공식적인 만트라였는데, 〈워드〉 직원들은 블록체로 커다랗게 **콘텐츠 제공자**라고 인쇄한 티셔츠를 입고 다닐 정도였다. 그러나 1990년 말, 웹상에서 무료 콘텐츠가 늘어나면서 광고료가 바닥을 치자, 그제야 기술 투자자들은 아무도 돈을 주고 디지털 잡지를 구독하지 않는다는 사실을 깨달았다. 1998년 3월에 모기업은 〈워드〉를 가차 없이 폐간했고, 이로 인해 수많은 부고가 쏟아졌다. 경쟁지 썩닷컴Suck.com은 〈워드〉의 폐간에 대해 "D. B. 쿠퍼+식 실종"이라고 읊조렸고[68], 〈와이어

+ 1971년에 미국 항공기 납치 사건을 주도하고 사라진 인물.

드〉는 "한 시대의 끝"이라고 말했다.[69] 그러나 9월에 이르러 〈워드〉는 죽음에서 회생했다.

여기서부터 이야기가 이상해진다. 모회사의 팔에 안긴 트로피 와이프가 된 것으로도 모자라 〈워드〉는 1998년에 *산업용 생선가루*를 만드는 지주 회사에 200만 달러에 팔렸다. "정말 납득이 가지 않았어요."[70] 나오미가 웃으며 말했다. "그들은 미디어 사업에 뛰어들겠다는 어긋난 발상을 하고 있었고, 그래서 잘 알려진 브랜드 이름이 추가된다면 꽤 유용할 거라고 생각했죠." 이러한 뜻밖의 동반자는 닷컴버블의 흐릿한 맥락에서 보면 그리 놀라운 것도 아니었다. 〈워드〉의 새로운 소유주인 자파타사는 1953년에 젊은 조지 부시가 휴스턴에 정유 회사로 설립했다가 다음 소유주가 식품 가공업체로 재편성한 기업이었다.[71] 그리고 닷컴버블 속에서 다시 한번 재정비하여 콘텐츠 해안으로 향하는 웹 포털 잽닷컴zap.com으로 재탄생했다. 자파타의 대표 에이브럼 글레이저는 〈뉴욕 타임스〉에 **잽은 귀하의 웹사이트를 사겠습니다**라는 전면 광고를 싣고 웹사이트 30개를 대상으로 협상에 들어갔다.[72] 그중에서도 〈워드〉는 투자자들에게 잽이 제대로 된 인터넷 기업임을 보여주기 위한 가장 중요한 인수 대상이었다.

마리사는 전 직원들을 다시 고용했다. 모두 "고등학교 때 대마초와 LSD를 너무 많이 하는 바람에 능력을 제대로 발휘하지 못한 준천재들이었다."[73] 밴드도 다시 뭉쳤고, 심지어 웹메이트 프레드도 두 번째 시즌부터 합류했다. 프레드는 새로운 시설을 갖춘 일터로 돌아와 회사 사무실의 복도를 서성거리고 데이터를 입력했다. 방문객들은 여전히 그와 수다를 떨 수 있었지만, 프레드가 화장실에 숨거나 콜라를 마시거나 사무실 탕비실에서 팔굽혀펴기를 하는 동안만이었다. 그는 자신이 행복하다고 우겼고 곧 더 나은 직장으로 이직할 거라고 말했지만, 감정 기복은 여전히 심했다. 어쩌면 프레드는 그가 원하는 것을 결코 얻지 못할지도 모른다.

그러나 Y2K의 여명이 밝아올 무렵, 실리콘앨리에서 영광스러운 마지막 한 바퀴를 돌면서 〈워드〉는 원하는 것을 쟁취했다.

일렉트로닉 할리우드

1998년, 뉴욕 대학의 초청을 받은 제이미 레비는 학생들에게 그녀가 〈워드〉를 떠나고 몇 년 후에 설립한 회사인 일렉트로닉 할리우드에 관해 강연했다. 그녀는 대학생들에게 뭐라고 이야기했는지 내게 말해주었다. "마치 이런 식이었어요. 그래, 이 강연 제목을 '1년에 50만 달러를 쓰는 방법. 나에게 남은 건 이 바보 같은 만화뿐'이라고 부르는 건 어떨까요?"[74] 그녀는 사람들에게 자신의 실수에 관해 말해야 한다고 생각하며 "아마도 콜드 터키*에 의해 생긴 완벽한 우울감"에 젖어 캠퍼스로 향했다.

〈워드〉를 떠난 이후 몇 해 동안 겪은 경험은 '너 자신에게 속지 말라'는 격언의 좋은 본보기가 됐다. 제이미는 〈워드〉를 떠나도 다른 창조적인 고소득 일거리를 찾을 수 있을 거라고 생각했지만 세상은 이미 달라졌다. 그 무렵 은행가와 투자자들이 모습을 드러냈고 사이버펑크들은 머리를 빗으며 현금을 바꿨다. 창의적인 약쟁이들은 상업적 웹사이트 탬팩스닷컴Tampax.com—종종 제이미는 그것을 좋아했다고 말했는데—을 만드는 사람들로 대체되어 사라졌다. 서른 살의 제이미는 더 이상 조숙하지 않았다. 프리랜서 일을 찾으려 애쓰는 과정에서 연봉이 곤두박질쳤다. 그녀는 치료를 위해 아버지에게 돈을 빌렸다. 그리고 1년 동안 디스토피아 분위기의 채팅방 시리즈를 설계하면서 시간을 보냈다. 샌프란시스코에 종말이 찾아온 이후의 상황이 배경이었고, 불에 타버린 기술 회사, 방사능을 띤 부리토, 좀비 마약상의 이미지로 장식했다. 2000년에 뉴스 잡지 〈데이트라인〉 소개 기사에서 제이미는 이를 커트 코베인식 위기라고 불렀다. 그러고서 50만 달러가 제이미를 찾아왔다.

제이미는 다른 사람이 기업가로 성공을 거두면서 덩달아 혜택을 받았다. 그녀가 〈사이버 랙〉 시절 전자제품 전시회에서 알게 된 친구가 회사를 마이크로소프트에 팔아 마련한 자금을 제이미에게

✚ 갑작스러운 약물 중단에 의한 신체적 불쾌감.

투자해 그녀가 회사를 차리도록 도왔다. 제이미는 자신의 후기 플로피디스크 잡지 이름을 따서 회사명을 일렉트로닉 할리우드라고 지었다. 일렉트로닉 할리우드는 그녀가 "인터넷을 위한 제작 스튜디오"라고 부른 멀티미디어 에이전시로, 최고 입찰가에 인터랙티브 웹 프로젝트, 비디오 콘텐츠, 애니메이션을 제작해주었다.[75] 비록 규모가 큰 회사는 아니었지만, 사무실은 디지털 키부츠+라는 말이 생겨나기 훨씬 전부터 사람들이 *함께 일하는 공간*이었다. 회사를 방문한 고객은 회의실에서 스무 명 정도의 괴짜들을 보곤 했다. 이들은 제이미가 도움이 필요할 때마다 사무실 책상을 빌려 프로그래밍과 디자인에 도움을 준 친구들이었다. 가짜 사무실이었지만, 효과는 있었다.[76]

제이미를 비롯한 얼리 트루 빌리버들이 하는 일의 객관적 실체를 파악하기란 불가능했으므로 이 속임수는 늘 효과가 있었다. 칩 밀매자가 있는 실리콘밸리부터 대륙 저 반대 끝까지, HTML을 코딩할 줄 아는 사람은 권위자처럼 보였다. 웹에서 자기 회사를 소개하기 위해 최고 한도액을 지불하려는 기업 고객이 끊이지 않았다. 1998년에 웹스터 홀에서 열린 "실리콘앨리 장기자랑 대회"에서 얼리 트루 빌리버 무리가 벼락부자 웹 프로젝트의 기금을 모집하기 위한 공연을 했는데, 제이미는 그때 한창 분투하던 자신의

+ 이스라엘의 집단 농업 공동체.

모습을 랩으로 표현했다.[77]

뉴미디어가 아직 새파랗던 시절
난 고용주에게 헛소리를 지껄였지, 어차피 아무도 모르니까
나는 내 매킨토시 II에서 전자 잡지를 만들고 있었고
너희들과 달리 완전히 도취됐지 …
나는 실리콘앨리의 제일가는 미친년
나는 실리콘밸리의 범생이들보다 잘났고
빌 게이츠는 조언이 필요할 때면 내게 전화를 하지
난 제이미 레비이고 겁나 쩌니까 …
이제 난 이 쇼를 진행하는 CEO
난 말하지, 이제 나는 이 쇼를 진행하는 슈퍼 HO
이제 나는 큰 IPO(기업공개)를 기다리고 있지

얼마 지나지 않아 그녀는 허풍쟁이 CEO에서 1년 만에 우울한 스타트업 창업자가 되어 뉴욕 대학에서 강연을 했다. 실리콘앨리에서는 못 말리는 미친년도 시장을 무시할 수는 없었다.

그건 그렇고, 어떻게 하면 1년에 50만 달러를 쓸 수 있는가? 우선 벤처 자금으로 50만 달러를 갖고 시작한다. 동생을 고용한다. 전 남자친구를 고용한다. 비싼 T1 회선이 설치되어 초고속 인터넷에 접속할 수 있는 사무실을 5년간 임대한다. 친구들을 고용

한다. 사무실의 책상을 *더 많은* 친구들에게 싸게 빌려주고 프로젝트에 대한 이런저런 도움을 받는다. 실리콘앨리의 다른 스타트업 기업들은 모두 기업공개 자금을 겨냥하거나 은행을 위한 웹사이트를 만들지만, 대신 콘텐츠에 집중한다. 크래프트, 타미 힐피거, 바운티 같은 기업을 위한 상업용 인터랙티브 장난감 제작 프로젝트도 곁가지로 몇 개 시도한다. 그러나 진정한 노력은 당신이 특히 애착을 갖는 프로젝트, 이 기술 거품에서 당신을 끌어내어 줄 것이라고 믿는 일에 집중한다. 바로 16화짜리 플래시 만화 시리즈. 같은 이름으로 멋진 파티를 열곤 했으므로 이 만화를 〈사이버슬래커〉라고 부른다.

〈사이버슬래커〉+는 이스트빌리지에 사는 한 해커에 관한 반半자전적 만화다. 화당 3분짜리 에피소드들은 과산화수소로 염색한 금발 머리의 염세주의자 제이미—"그러나 온라인에서는 사이버슬래커라는 이름으로 활동한다"—가 뉴욕의 비현실적인 기술 현장을 누비는 모험을 그린다. 한 에피소드에서 사이버슬래커는 프로그래머 일자리를 알아보고 있다. 우선 IBM에 전화를 건다. 그곳은 실제로 제이미가 1993년에 1년간 일했던 곳이다. 그러나 전화를 받은 변변치 못한 범생이가 그녀를 소름 끼치게 한다. 다음으로 MTV에 전화한다. 뾰족 머리 남자가 전화를 받는다. "MTV

+ 유튜브에서 "cyberslacker"라고 검색하면 〈사이버슬래커〉 전편을 볼 수 있다.

온라인 뉴미디어 사업부에 오신 것을 환영합니다. 파티할 준비되셨나요?"[78] 마지막으로 웹 개발 회사인 블로피시—실리콘앨리의 유명한 스타트업인 레이저피시를 암시한다—에 전화를 건다. "저는 그저 평범하게 일할 수 있는 자리를 찾는 중인데요"라고 그녀가 비서에게 말한다. "사람들이 뉴미디어 실리콘앨리의 유행을 좇는 환각제 파티를 벌이지 않는 곳이면 됩니다."

제이미는 〈사이버슬래커〉의 녹음에 직접 참여했다. 이 시리즈는 1990년대 후반 뉴욕의 기술 커뮤니티를 아주 구체적으로 언급해 나 같은 사람들에게 중요한 열쇠가 되었다. 블로피시는 사방에서 벽을 따라 주가가 움직이고, 투자할 곳을 찾아 온라인을 헤매는 달러들에 관해 안내데스크에서부터 전도하는 곳이다. 사무실에 있는 사람들은 모두 스티브 잡스처럼 터틀넥을 입고 있다. 회사 대표는 인터넷 유행어를 마구 지껄인다. 그는 회사의 "비밀 소스"가 담긴 용기를 그녀의 얼굴에 들이밀면서 그것이 "블로피시가 인터넷을 맛깔나게 만들기 위해 자체 개발한 광대역 솔루션 지향 엔드투 엔드 맛 향상 비법"이라고 거창하게 말한다. 그러나 사이버슬래커에겐 벌거벗은 임금님만 보일 뿐이다. 사이버슬래커의 반박: "오래된 팜파일럿[+] 위에 있는 살사 소스 병처럼 보이는군."[79] 그녀는 비법 소스를 내동댕이치고는 반자본주의 장광설을 늘어놓는다.

[+] 터치스크린 기반 소형 컴퓨터인 개인 정보 단말기의 일종.

얼리 트루 빌리버들은 돈벌이에 대한 실리콘앨리의 집착이 정신적으로 거슬리기 시작했다. 뜨거운 기업가 열병을 몸소 앓아 본 제이미는 흥미로운 일 대신 빠른 수익을 선택하는 사람을 믿지 않게 되었다. 1993년에 그녀는 레이저피시에서 제시한 자사 지분 3분의 1을 거절했다. 레이저피시는 1999년에 상장되었고 기업 가치는 무려 18억 달러였다.[80] 회사는 전 세계 15개 사무소에서 거의 2,000명에 가까운 인력을 고용했고, 일하기를 너무 싫어해서 때로는 자사를 대표할 만큼 근사하지 않다는 이유로 *고객*을 받지 않았다.[81] 그들의 슬로건은 다음과 같았다. "디지털이 될 수 있는 모든 것을 디지털로."

일렉트로닉 할리우드에서는 일이 잘 풀리지 않았다. 간접비가 너무 많이 들어갔고, 제이미는 절대 친구들을 고용하지 말았어야 했다는 걸 곧바로 깨달았다. 결국 서부에서 건너와 그녀를 위해 일했던 오빠를 해고해야 했다. 그녀의 전 남자친구는 일렉트로닉 할리우드 투자자에게 개인적으로 전화를 걸어 제이미가 사무실에서 대마초를 피운다고 밀고했다. "다른 사람들은 모두 그만두거나 제게 등을 돌렸어요. 돈을 거의 다 날렸죠."[82] 그러나 제이미는 실리콘앨리의 유행을 좇는 환각제 파티에서 벗어날 수 있는 잠재적 티켓으로 〈사이버슬래커〉 만화를 고수했다. 그 돈이 모두 어디로 갔는지 보여줄 무언가가 필요했다. 그녀는 〈사이버슬래커〉가 텔레비전에서 방영될 수 있다고 확신했다. 실리콘앨리의 반향

실 속에서 제이미는 귀를 틀어막고 출구를 찾고 있었다.

빌어먹을 사이버키즈에게 바치는 가장 작은 바이올린 연주

제이미는 기업공개로 큰 재미를 보지 못했고 〈사이버슬래커〉 만화도 텔레비전에서 방영되지 못했다. 운이 몹시 나쁘게도 제이미는 주식시장이 붕괴하기 직전에 회사를 세웠다. "실리콘앨리의 제일가는 미친년"이라는 랩을 토해낸 지 얼마 안 되어 제이미는 분위기가 달라지고 있다는 걸 느꼈다. "위기가 절정에 다다르고 있었어요. 몇 해 동안 비즈니스 모델도, 투자에 대한 수익도 없이 너무 많은 돈이 소모되고 있었거든요."[83] 2001년 3월 말, 경제 신문 〈배런즈〉의 한 기사는 자금이 바닥난 인터넷 기업 200곳을 열거했고, 주식시장은 하루에 100~300포인트씩 하락했다.[84] 2001년 3월 12일, 나스닥 지수는 사상 최고치인 5,048포인트에서 거의 1년 만에 2,000포인트 아래로 곤두박질쳤다.[85]

그달의 〈실리콘앨리 리포터〉 표지가 모든 것을 말해주었다. 불길에 휩싸인 힌덴부르크의 흑백 사진[+]. 파티는 완전히 끝났다.

[+] 1937년에 독일 비행선 힌덴부르크가 미국 비행장에서 폭발하는 참사가 있었음.

"두 달만에 모두가 모두를 해고했어요." 제이미가 말했다.[86] 조시 해리스의 호화로운 파티에 자금을 댄 실시간 스트리밍 서비스 기업 슈도는 문을 닫았고 175명의 직원이 대낮에 멍하게 거리를 헤매고 다녔다. 〈뉴욕 타임스〉가 인용한 바에 따르면, 어느 전직 예술감독은 "우리는 벤처 투자자 돼지들의 여물통에서 밥을 먹었다. … 이제 나는 기업의 개 밥그릇으로 도로 기어들어간다"라고 말했다.[87] 제이미가 〈사이버슬래커〉에서 풍자한 웹 디자인 대행사인 레이저피시도 나을 건 없었다. 회사가 상장폐지의 위기에 처하자 레이저피시는 창립자들을 몰아냈는데[88], 2001년에 레이저피시의 사무소를 방문한 한 사회학자는 이 현상을 "열을 지어 늘어선 테라코타 병사들"처럼 수백 개의 빈 사무용 의자가 가득한 "중국 황제의 무덤"에 비유했다.[89]

일렉트로닉 할리우드도 제이미와 사무실 매니저인 마리아 이외의 모든 병사들을 내보냈다. 그들의 가장 큰 자본은 임대한 사무실 공간이었다. 임대가 6개월 남은 시점, 제이미는 이 폭락 속에서 목숨이라도 건지려면 2만 달러의 보증금을 돌려받아야 했다. 결국 그녀는 사이버펑크 무단 점유자들을 쫓아내고 일렉트로닉 할리우드를 뒤쪽의 작은 방으로 이전한 후 건물의 나머지 공간은 임대를 주었다. "이게 앞으로 6개월간 우리의 전략이 될 거야."[90] 그들은 서로에게 말했다. "어떻게든 살아남기만 하자. 이 작은 공간을 유지하자. 그게 우리에게 필요한 전부야." 그러나 일거리는 없었다. 제이미는 완전히 방전되었고 일렉트로닉 할리우드는 일개 클라이언트로 전락했다. 제이미와 마리아는 계약을 해지하고 품위를 지키기로 했다.

돈은 진짜인 적이 없었고, 이제는 정말로 실체가 없게 되었다. 주식 폭락으로 수백만 달러였던 주식이 쓸모없는 종이 쪼가리로 변했다. 번드르르한 웹사이트가 있다고 해서 제대로 된 비즈니스 모델이 갖춰진 것이 아니라는 사실이 투자자들에게 명확해지면서 대형 웹 디자인 회사인 레이저피시는 기업 가치의 90퍼센트를 잃었다. 웹 사업을 했거나 웹 콘텐츠를 만들던 모든 회사는 목숨을 걸고 싸웠다.

마리사 보는 이미 멀찌감치 폭락이 다가오는 것을 보았다. 미드웨스트 출신인 그녀는 철강 산업의 붕괴를 직접 겪으며 살았다. 거품이 만들어낸 과열된 분위기의 일부가 된다는 것은 곧 서둘러 대비해야 한다는 뜻이었다. 거품이 곧 터질 거라는 사실을 마리사 자신이 알고 있었기 때문이다. 마치 역사 한복판에 있는 것 같았다. 그녀가 가장 좋아하는 소설인 기 드 모파상의 『벨아미』와 오노레 드 발자크의 『잃어버린 환상』은 모두 도금시대의 프랑스를 배경으로 한다. 소설 속 주인공들과 똑같은 어리석음을 겪고 있다는 것이 그녀에게는 뜻밖의 행운으로 느껴졌다. "보통 우리 같은 평범한 사람은 현장 밖에서 뉴스를 통해 사건을 접하죠. 하지만 여러 상황이 기묘하게 조합된 덕분에 저는 실제로 벼락부자가 된 사람들을 알게 되었고, 이 안에 존재하는 것만으로 마치 내가 좋아했던 소설 속에 들어간 느낌이었어요. 정말 믿을 수 없었죠."[91]

제이미 레비는 상황을 잘 받아들이지 못했다. 폭락은 그녀의 번잡하고 화려하고 창의적인 기업가 정신 일색이었던 삶에서 대표적인 힘든 시기였다. 실리콘앨리가 무너졌을 때, 그녀의 명성을 만들고 그 명성을 믿을 만한 것으로 빚어낸 커뮤니티도 함께 내려앉았다. 숨 가쁘게 써댄 기사로 그들을 유명인사의 지위까지 올려놓으며 닷컴 키즈의 부상을 서두른 인쇄 매체들은 반대로 그들이 내려올 때는 하나도 도와주지 않았다. 결과는 잔인했다. 호황의 과열된 분위기를 상징했던 호언장담과 파티와 겉치레는 갑자기 너무 과한 것으로, 일확천금을 벌어들이고 한계 없는 정보의 미래를 약속한 얼리 트루 빌리버들은 사기꾼으로 둔갑했다.

그리고 훨씬 더 가혹한 타격이 이어졌다. 9·11 테러.

사람들은 9·11 테러가 딱 그날 하루 동안 일어난 사건이라고 생각한다. "그건 헛소리예요. 그건 *한 해* 내내 일어난 사건이었어요. 매일 이스트빌리지의 아파트 밖에서 걷다 보면 '우리 엄마를 찾습니다' 같은 전단을 볼 수 있었어요. 부고가 매일 올라왔고 사람들은 방독면을 쓰고 돌아다녔어요."[92] 현실을 뒤엎은 엄청난 규모의 공격은 제이미의 문제를 적절치 않은 것으로 보이게 했을 뿐 아니라 하찮게, 심지어 매정하게 비춰지게 했다. "빌어먹을 초밥 파티를 열 돈을 받지 못하게 됐다고 징징대는 망할 놈의 사이버키즈에게 세상에서 가장 작은 바이올린+을 연주해주고 싶었어요. 소방대원을 포함해 3,000명이 목숨을 잃었고, 도시는 연기로 뒤덮였어요."[93] 이보다 더 현실적인 현실 직시는 없을 것이다.

어느 역사학자의 표현대로, 거대한 도시 기념물의 붕괴는 "그것이 주었던 가장 큰 환상이 무너진 후에 신화의 서사시적 특징을 지니게 된다."[94] 그것은 뉴욕의 영혼을 짓뭉갰고 무력한 사람들을 돕기 위해 일어난 이들을 독살했다. 280만 제곱미터 규모의 사무 공간이 훼손됐고 13만 8,000명이 직장을 잃었으며 도시의 경제가 추락했다. 2003년에 뉴욕 실업률은 9.3퍼센트라는 놀라운 수치를 기록했다.[95] 이는 많은 사람들에게 분명히 막다른 길이었다. 서른네 살의 제이미는 일렉트로닉 할리우드에 작별 인사를 하고 로스앤젤레스로 돌아갔다. 실버레이크에 아파트를 얻고 차를 샀다. 그리고 다시 시작했다. 그녀에게서 붕괴의 악취가 풍겼다. 그래서 일자리를 알아보던 제이미는 이력서에서 닷컴 CEO로서의 경력을 빼버렸다. 면접관들에게는 자기 회사에서 프런트엔드 디자이너로 일했다고 말했다.

+ 마음에 들지 않는 상대에게 엄지와 검지를 비비면서 당신을 위해 세상에서 가장 작은 바이올린을 연주하겠노라고 비꼬듯 말하는 행위에서 유래한 말.

호황기의 부드러운 메아리

생선가루 가공 회사 자파타는 마침내 〈워드〉를 폐간하기로 결정했다. 일은 일사천리로 진행됐다. 아무도 무엇 하나 건질 시간이 없었다. 제이미는 마지막으로 건물에 있을 때 몰래 백업본을 빼돌렸지만, "무슨 정신인지 지하철에 두고 내렸다."[96] 마리사는 좀 더 교양 있게 대처했다. "저는 모래로 만다라를 그리는 수도승이 되었다고 생각하기 시작했어요. 완벽한 것을 만들기 위해 며칠 몇 주를 작업했는데 바람이 불어 모든 것이 날아가버린 거죠."[97]

웹사이트가 영원할 거라고 바라서는 안 된다. 관리하지 않으면 결국 모든 비트가 증발해버린다. 월드 와이드 웹에서는 링크가 썩고—한 방향으로만 움직이는 하이퍼텍스트 설계의 결과—이미지는 사라진다. 꾸준히 유지되지 않는다면 아무리 바람직한 URL이라도 살아남을 수 없다. 그래서 지금 우리가 word.com을 치면 잡지가 아닌 영어사전이 나오는 것이다. 고작 기념물 따위를 보관하기엔 이 땅의 가치가 너무 높다.

초기 웹 출판물들은 더 많은 잡지로, 그다음은 개인 블로그로, 그리고 마침내 광고주들에게 커뮤니티를 판매하는 잡지와 커뮤니티가 뒤섞인 소셜 미디어 플랫폼으로 대체되었다. 그것들이 사라지면서 새로운 미디어에서 어렵게 얻어낸 승리, 즉 실리콘앨리 사업가들이 이미 1990년대에 "콘텐츠"라고 부른 것도 함께 사라졌다. 〈워드〉의 경쟁 웹 잡지였던 썩닷컴 편집자들이 2001년에 또 다른 온라인 잡지가 사라지는 것을 보고 썼듯이, "우리는 결국 이 모든 노력 끝에 뭐 하나는 남지 않을까 하고 생각했다. … 크라카타우 화산+의 폭발음에 대한 기억이 아니라, 대양을 가로질러 이제 막 우리에게 들리기 시작한 미약한 메아리 말이다."[98]

시장 붕괴는 산업만 파괴한 것이 아니었다. 기적과도 같은 직장에서 자신이 사랑하는 일을 하며 문화를 규정하는 변수와 웹이 지닌 인터랙티브 매체로서의 가능성을 정의한 한 세대의 창의적 인재들이 해체되었다. 돈은 어떤 형태로든 살아남았다. 그게 바로 돈이다. 그러나 잠시나마 그것 덕분에 존재할 수 있었던 문화의 유물을 찾기는 어렵다. 지도가 없다면 더군다나.

왜 사람들이 크라카타우의 기억에 신경 써야 하는지 궁금할지도 모르겠다. 〈워드〉는 온라인에 머물렀던 기간보다 훨씬 오랫동안 오프라인에 존재했다. 제이미 레비의 플로피디스크는, 언젠가 박물관에 전시하고 싶다는 바람으로 그녀가 애써 복원했음에도 아직 그녀의 집에 보관되어 있다. 오프라인 사회생활이 주를 이루던 시기에 시대를 너무 앞서간 존재였던 에코는 이제 인터넷에서 가장 작은 동네 주점이 되었다. 눈을 반짝이는 트루 빌리버들과, 처음부터 거기에 있으면서 노력의 대가로 돈 한 푼 받지 않

+ 1883년에 대폭발을 일으킨 인도네시아의 화산. 폭발 소리가 너무 커서 수많은 인근 주민과 선원의 고막이 파열됐다.

은 여성들이 지은 이 장소들은 중요하다. 웹을 학술 교환 도구에서 우리 세계의 고동치는 경제·문화적 심장으로 변화시킨 열병 걸린 투기 속에서 창출되고 다시 사라진 부만큼이나 말이다.

우리는 초기 온라인 커뮤니티와 출판물의 기록물에 관심을 가지는 만큼 그것들 자체에도 신경을 써야 한다. 미디어가 자신을 드러냈던 장소였기 때문이다. 그 옆에서 진행되었던 돈내기는 그것이 경제에 미친 어두운 반향 때문에 더 잘 기억된다. 그러나 다른 울림도 있다. 갈수록 소리가 희미해지지만 여전히 울리고 있다. 웹의 잠재력을 이내 알아보았던 사람들이 이바지한 것들 속에서 말이다. 결국 인터넷이 하는 일이란 어느 누구에게도 특권을 주지 않고 정보 패킷을 한 곳에서 다른 곳으로 옮겨주는 것이다. 그렇다면 우리가 할 일은 최고의 정보 패킷을 만드는 것이다. 기술을 사용할 가치가 있게 만드는 것이다.

마리사 보는 친구인 제이미 레비와 함께 훌륭한 정보 패킷을 만들었다. 그들은 웹을 그 모습 그대로 가지고 놀았다. 쌍방향으로 작용하고, 지역 중심으로 성장하고, 인간적이고, 재미있는 것으로서의 웹. 스테이시 혼은 서버에 목소리를 채우는 것만큼 즐거운 일이 없다고 생각했다. 그녀는 사람들, 특히 여성이 온라인에 접속하도록 도왔다. 그녀와 에코 호스트들은 대중을 어르고 달래 모두의 목소리가 들리게 하는 법을 배웠다. 그리고 우리가 여전히 답하지 못한 젠더, 사생활 보호, 온라인에서의 책임 문제를 해결하려고 애썼다. 그들 중 아무도 부자가 되지 못했다. 그들이 이루어놓은 것은 대부분 〈워드〉처럼 웹에서 천천히 소멸되거나, 에코처럼 웹과 담을 쌓았다. 제이미의 플로피디스크 잡지처럼 구식 매체에 갇혀 디지털 기록보관소 담당자들 말고는 아무도 열어볼 수 없게 되었다.

이것이 그들이 성취한 바를 기억하기 어렵게 한다. 한 세대 전, 전쟁 중에 지하실에서 여성들이 손으로 연결했던 프로그램이 기억되지 않는 것처럼, 또 대규모로 구현되었다면 웹만큼이나 중요해질 수 있었던 하이퍼텍스트 시스템이 기억되기 힘든 것처럼 말이다. 이 모든 것은 시간과 관계와 클릭의 유동적 구성 속에서 존재한다. 이 모든 것은 포탄의 탄도와 광적인 부의 추구처럼 우리 세계의 가장 추한 것들과의 관계 안에서 존재한다. 그러나 그들의 노력은 모두 유물이다. 웹이 역동적인 유물인 것처럼, 호황기의 부드러운 메아리 속에서 끊임없이 자기 자신을 써 내려가는 끝없는 대화다.

12장 WOMEN.COM

닷컴버블은 초창기 홈페이지, 웹 잡지와 함께 부풀기 시작했고, 웹이 완전한 주류로 자리 잡은 9·11 테러 직전에 거품이 꺼졌다. 그 8년 동안, 입자물리학자들의 하이퍼텍스트 시스템 네트워크로 시작한 기술은 세계가 아직 한 번도 겪지 못한 문화 활동이 폭발함에 따라, 세계의 가십난이자 멀티미디어 미술관이자 도서관이 되었다. 인터넷은 더 이상 컴퓨터 과학자, 학자, 대학생, 야근하는 사서들의 영역이 아니었다. 텔레비전처럼 혁신적이면서도 훨씬 친밀한 대중매체로서 이질적인 사람들을 일대일로 연결해주었다.

그러나 1세대 예술가, 코더, 작가, 자아도취자들이 세계적 통신망에 의미를 부여하는 동안 다른 일도 일어났다. 웹이 상업 매체가 된 것이다. 웹 기업이 비즈니스 모델과 안전한 신용카드 결제 방식을 알아내면서 클릭이 곧 달러가 되었고 세계에서 가장 힘 있는 기업들이 생겨났다. 이 기업들은 유통, 미디어, 심지어 우주 여행 사업에서까지 거인으로 성장했다.

웹의 상용화는 모두의 웹을 바꾸어놓았다. 사람들이 제작하는 웹사이트의 종류와 전파되는 콘텐츠의 성격에 지울 수 없는 영향을 미쳤다. "내 이름은 리사야. 우리 집 강아지를 소개할게"는 줄고 펫츠닷컴Pets.com이 늘어났다. 에코가 유료 서비스로 운영되는 커뮤니티였다면, 소셜 플랫폼과 콘텐츠 사이트는 광고주에게 통계 정보와 타깃 광고 공간을 팔아넘기는 방식으로 웹 사용자—오늘날은 소셜 앱 사용자—를 제품화해 돈을 벌었다. 〈워드〉처럼 닷컴버블 시대의 거품성 웹사이트는 새로 유입된 자금의 물결 위에서 이리저리 떠밀리다 장기적인 계획 한번 세워보지 못하고 사업을 접어야 했다. 그러나 웹에 전통적인 미디어 광고 방식을 적용하는 데 열심이었던 웹사이트들은 한동안 번성했다.

이 과정을 위민닷컴Women.com만큼 명확하게 이야기해줄 수 있는 것은 없다. 이것은 인터넷이 가장 극적으로 변화한 시기에 미 대륙의 동서를 오가는 10년간의 역사이자, 세계 최초의 여성을 위한 온라인 종착지인 풀뿌리 페미니스트 커뮤니티가 버블 시대에 화려하게 성공한 미디어 기업이 된 이야기다. 그 과정에서 위민닷컴은 하나의 상징이 되었다. 첫째로 주식 시세 표시기, 다음으로 교훈적인 이야기, 마지막으로 웹의 영혼을 위한 아바타까지.

위민스 와이어

이야기는 다시 웨스트코스트에서 낸시 라인과 함께 시작된다. 낸시는 히피의 뿌리를 떠나 더 웰의 온라인 거주지로 이주한 전직 공동생활 커뮤니티 일원이었다. 1990년대 초반의 BBS 남성 동호회를 보면서 그녀가 느낀 좌절은 이내 열병이 되었다. 낸시는 웰의 여성 전용 게시판에 "여성의 건강, 여성 사업자를 위한 식품의 약처 대출 프로그램, 육아 등 특별히 여성들이 관심을 가질 주제에 초점을 맞춘 온라인 커뮤니티를 만들고 싶다"고 이야기하기 시작했다.[1] "왜냐하면 우리는 모든 것에 관심이 있으니까요."

낸시는 이 게시판에서 엘런 팩을 만났다. 뉴욕 출신의 엘런은 경영학 학위와 사업 밑천을 가지고 팰로앨토로 이주해 스타트업을 설립했다. 엘런은 실리콘밸리에 정착했고 낸시는 베이 에어리어 기술 사교 세상의 반대편에 있는 마린에 살았지만, 두 사람은 여성이 인터넷에 여성만의 공간을 가질 자격이 있다는 공통된 생각을 지니고 있었다.

당시에도 온라인에 여성 중심의 공간이 있었지만, 초대를 받아야만 들어갈 수 있는 에코의 위트나 낸시와 엘런이 만난 웰 게시판처럼 상당히 제한적이었다. 인터넷에서 여성 사용자의 비율은 아주 낮았다. 엘런과 낸시는 아직 많은 여성이 온라인에 접속할 이유와 적절한 기회를 기다리고 있을 뿐이며, 다이얼을 돌릴 가치가 있는 번호가 있다면 언제든 달려들 거라 확신했다. 두 사람이 함께 틀을 짰고 엘런은 서버를 샀다. 이들이 만든 여성 네트워크 와이어(여성 정보 리소스 교환Women's Information Resource Exchange, WIRE)—이후에 〈와이어드〉와의 법적 문제로 위민스 와이어Women's WIRE로 개명했다—가 1993년 10월에 500명의 창립 멤버와 함께 출범했다.

그들은 사람들이 가급적 쉽게 접근할 수 있도록 네트워크를 설계했다. 위민스 와이어는 퍼스트 클래스라는 비교적 사용자 친화적인 BBS 소프트웨어로 실행됐는데, 복잡한 명령줄을 입력하는 대신 간단한 명령어를 치고 마우스를 클릭하는 그래픽 인터페이스를 갖추고 있었다. 이들은 우편으로 홍보물—위민스 와이어에 가입해 "정보와 자원을 얻고 새로운 여성 영웅을 발견하고 자신의 이야기를 하고 속상한 마음을 풀고 조언을 받으라는, 줄여서 말해 … 세상과 연결되자고" 촉구하는 전단[2]—을 보내 가입자를 모집했다. 사람들이 주문한 스타트 키트에는 플로피디스크와 함께 모뎀 설치를 돕는 친절하고 자세한 설명서가 들어 있었다. 디렉터리 이름, 모뎀의 보 속도baud rate, 디스크 밀도 등을 이해하기 어려울 때는 언제든 위민스 와이어 고객센터—당연히 모든 상담

원이 여성인—에 전화를 걸어 도움을 받을 수 있었다.

냅시와 엘런의 노력은 이내 언론의 관심을 받았다. "위민스 와이어를 시작한 첫날 우리는 〈머크〉—실리콘밸리 일간지 〈산호세 머큐리 뉴스〉를 뜻한다—의 1면 상단부에 실렸어요"라고 엘런이 말했다. "기사 내용은 '여자들이 사이버 한량의 출입을 금지하는 사이트를 만들다' 같은 거였어요." 실제 기사 제목은 더 믿을 수 없었다. **여자들, 촌뜨기와 사이버 난봉꾼을 배척하는 온라인 세상을 만들다.**[3] 엘런은 치를 떨었다. "우린 망연자실했어요. 우리가 네트워크를 만든 이유를 완전히 잘못 알고 있었으니까요." 낸시와 엘런이 여성 네트워크를 시작한 이유는 온라인의 연약한 신출내기를 위한 안전한 공간을 만들기 위해서가 아니었다. 위민스 와이어는 건달과 *사이버 난봉꾼*을 금지하는 요새가 아니었다. 심지어 남성의 가입을 금지하지도 않았다. 나중에는 남성도 위민스 와이어 사용자 중에서 10퍼센트를 차지했다. 그보다는 "훨씬 긍정적인 장소였죠. 우리를 보호하는 섬이 필요한 게 아니라, '와, 이걸로 우리가 할 수 있는 일이 이렇게 많다니. 그렇다면 해보자'라는 의도가 컸어요."[4]

위민스 와이어 사용자들은, 언제든 접속할 수 있는 여성 커뮤니티가 가진 힘을 금세 깨달았다. 이 네트워크는 가정폭력 관련 정보, 의회 여성의원 연락처, 학자금 지원 목록, 전문 단체, 여성이 운영하는 사업체, 힐러리 클린턴 연설문 등을 제공했다.[5] 공개 포럼에서는 사용자들끼리 조언을 공유했는데, 고상한 전문가나 잡지가 말하는 "뭐 뭐 하는 법"이 아니라 오늘날 여느 온라인 지원 포럼에서 볼 수 있는 "저는 어떻게 했냐면…"이었다. 1994년, 클린턴 행정부의 건강보험계획안에 산부인과가 포함되지 않은 것이 밝혀지면서 두 명의 위민스 와이어 회원이 이를 사람들에게 알리고 "백악관 전화폭탄 조직"을 결성했다.[6] 3일 뒤 그들은 승리의 공지를 올렸다. 그들의 행동이 먹혀든 것이다. 소셜 미디어의 클릭티비즘[+]이 시작되기 20년 전에 이미 위민스 와이어 구독자들은 온라인 커뮤니티를 동원해 현실 세계의 변화를 촉구하는 행동을 실천한 것이다.

위민스 와이어 사무실은 건물 2층의 카펫이 깔린 공간으로, 마린과 팰로앨토 중간쯤에 있는 사우스 샌프란시스코의 노동자 거리에 있었다. 정보기술을 담당한 모르몬교 냉담자 필리스부터 나중에 불교 승려가 된 로즈와 언어학 박사 수잔까지, 직원은 모두 여성이었다. 낸시는 공용 공간에서 사용자들의 모임을 주최했고, 언론사에서 찾아오면 엘런과 낸시가 사우스 샌프란시스코 위쪽의 황갈색 언덕에서 포즈를 잡고 키가 큰 풀밭에서 그들의 머리 위로 끝없이 불어오는 바람을 맞으며 서로를 끌어안고 사진을 찍었다.

그러나 목적의식을 공유했음에도 낸시와 엘런은 어떻게 공

+ clicktivism. 클릭**click**과 행동주의**activism**의 합성어로, 온라인 정치·사회 참여를 의미함.

동창립자가 되었을까 싶을 정도로 달랐다. 20년 연상인 낸시는 온라인과 오프라인 양쪽에서 커뮤니티 형성에 깊은 뿌리를 두고 있었고, 히피식 자기 의존 세계와 제2세대 페미니즘의 의식 고취 문화 세계의 영향을 받았다. 그러한 가치를 반영해 초기 위민스 와이어 시스템의 색인에는 임신중단, 여성학 프로그램, 레즈비언 육아 정보는 물론이고, 보스턴 여성건강서 공동사업체와 전미 여성기구 등의 단체로 곧장 이어지는 링크가 걸려 있었다. 낸시에게 위민스 와이어는 페미니스트 커뮤니티를 위한 공간이자 페미니스트 커뮤니티에 의한 공간이며, 남성은 부수적인 역할을 할 뿐인 급진적 네트워크였다. 그녀는 "다양성을 육성하고 … 개인적으로, 지적으로, 또는 참여를 통해 기여할 능력을 갖춘" 창립 가입자들이 닻을 내린 목소리 네트워크를 상상했다.[7]

반면, "유용한 정보를 공유한다는 측면에서는 커뮤니티를 좋아했어요. 하지만 저는 커뮤니티를 위한 커뮤니티를 꿈꾸는 사람은 아니었죠"라고 엘런은 말했다.[8] 그녀는 기업가 마인드를 가진 신세대 페미니스트였고, 중역 회의실에 관심을 두었다. 한 명의 유저로서 그녀는 좀 더 직접적인 정보를 얻을 수 있는 곳에 흥미가 있었다. 일화나 경험을 공유하는 부정확한 채널보다 뉴스그룹과 데이터베이스를 통해 답을 얻고 싶어 했다. 그 결과, 위민스 와이어에는 *정보 리소스*와 *교환*이라는 두 개의 큰 축이 별개로 존재했다. 두 개의 기둥 사이에서 우선권의 균형을 맞추기는 쉽지 않았다. 위민스 와이어의 홍보 담당자 나오미 피어스는 미디어의 본질에 대해 의견이 충돌했던 장면을 기억했다. "인터넷의 본질이 정보냐 커뮤니티냐를 두고 격렬한 논쟁이 벌어졌죠. 저는 이 토론의 흐름이 크게 *양쪽*으로 흘러가는 걸 보았어요. 논쟁의 강도가 이것이냐 저것이냐, 둘 중 하나를 골라야 하는 지경까지 갔다는 건 정답이 둘 *다*라는 뜻이겠죠."[9]

15달러의 월 사용료와 시간당 연결 요금으로 위민스 와이어 구독자는 둘 다를 즐겼다. 그날의 헤드라인과 뉴스그룹을 볼 수 있는 것은 물론이고, 이메일, 여성 단체가 제공하는 정보, "허스토리herstory" 전담 코너, 금융, 기술, 육아, 교육, 그 밖에도 여성이 관심을 갖는 각종 주제에 접근할 수 있었다. 위민스 와이어에서 진행 중인 대화에 신규 가입자가 합류하는 것을 환영하는 종합 포럼 "행아웃"은 엄청난 트래픽을 일으켰다. "집에서 애들을 키우는 여성은 격리되고 고립되어 있을 거라고 생각했어요"라고 낸시가 말했다. "퀼트 모임은 어디에 있나요? 아고라는 어디에 있나요? 다 같이 즐길 수 있는 마을 광장은 어디에 있나요?"[10] 사람들의 채팅 내용을 보면서 낸시는 자신의 본능적 감각을 자축했다. 그녀가 바라고 예상한 대로 퀼트 모임이 화면으로 옮겨왔다.

수많은 초기 디제라티+는 온라인 대화가 사람들 간의 격차를

+ 디지털 세계를 이끄는 새로운 지식인.

줄일 것이라 믿었다. 인터넷만큼 기술적으로 육체와 말을 분리할 수 있는 공간은 없기 때문이다. 그렇다면 컴퓨터 게시판은 "정신의 문명"을 창조할 것이다. 한 지지자는 그 문명이 마침내 인종, 젠더, 능력, 계급의 실체가 사라지는 장소라고 선언하기에 이르렀다. 그러나 현실은 달랐다. 스테이시 혼이 오랜 세월 동안 에코를 운영하며 배운 것처럼, 사람들은 사이버공간에 자신의 모든 것을 들고 왔다. 그들의 사회적 규율, 그들이 어렵게 얻은 진리, 그리고 그들의 짐까지.

여성이 지배하는 흔치 않은 사이버공간 '위민스 와이어'가 바로 그 증거였다. 웰이 유머러스한 지식인들이 무한 경쟁을 벌이는 장소, 다시 말해 자신의 말과 글을 소유하고 의견을 굽히지 않는 논쟁가에게 보상이 돌아가는 개척 시대의 거친 서부였다면, 위민스 와이어로 다이얼을 돌리는 것은 낯선 외국으로 떠나는 기분을 선사했다. 사용자의 90퍼센트가 여성인 역전된 성별 비율 속에서 대화는 정중하고 협력적으로 이루어졌다. 웰에는 "가식적인 우두머리 수컷들이 많았다"라고 낸시가 말했다.[11] 그러나 위민스 와이어의 여성들은 "서로 너무 예의 바르고 친절해서 흥미로운 대화를 유도하려면 가끔씩 일부러 사람들을 자극하곤 해야 했어요."[12]

월드 와이드 웹으로의 진출

낸시 라인과 엘렉 팩은 사우스 샌프란시스코의 사무실에서 벗어나 위민스 와이어를 운영하고 있을 때 웹을 처음 접했다. 때는 1994년, 넷스케이프가 최초의 웹 브라우저 '모자이크'를 밀어내고 곧 미국 동부와 서부 양쪽에서 얼리 트루 빌리버들의 표준이 되었다. 하이퍼텍스트 웹에 가로막힌 유료 서비스 AOL, 컴퓨서브, 프로디지, 델파이처럼 위민스 와이어도 갈림길에 서 있었다. 위민스 와이어가 지금 형태로 잘 버텨주길 바라거나 웹에 맞춰 모든 것을 재설계해야 했다.

지금 우리에겐 뻔해보일지 모르지만 그리 간단한 선택이 아니었다. 웹은 분명 중요했지만 위험 부담이 있었다. 웹으로 옮겨간다는 것은 기존 유료 구독자 수천 명을 버린다는 뜻이었다. 그리고 다이얼 접속 시대에 위민스 와이어는 구독자 말고 다른 수입원이 없었다. 웹이 등장하기 이전에는 사업과 커뮤니티를 동시에 성공적으로 운영할 수 있었다고 낸시가 내게 설명했다. 실제로 둘은 서로를 보완하고 강화했다. "초기 비즈니스 모델은 사람들이 얼마나 오래 *접속해 있느냐*에 초점을 맞췄어요. 사람들이 계속 참여하게 하기 위해 커뮤니티가 필요했죠."[13] 비록 규모는 비교할 수조차 없지만, 오늘날의 소셜 미디어 대기업 또한 같은 관점에 도달했다는 사실은 주목할 만하다. 2010년에 페이스북이 개인 그룹

제도를 도입한 이유는 특정 분야별 온라인 커뮤니티에서 깊이 형성된 유대관계를 활용하려 했기 때문이다. 이 제도는 지금까지 유저가 플랫폼에 참여하는 원동력이 되어왔다. 2017년에 잡지 〈뉴욕〉이 쓴 것처럼, "페이스북은 커뮤니티를 새로 만들어내기 때문에 좋다. 커뮤니티는 페이스북을 존재하게 하기 때문에 좋다."[14]

하지만 위민스 와이어 초창기에 엘런은 온라인 커뮤니티의 본질적 가치에 신경 쓰지 않았다. 지속 가능할지언정 수익성이 낮다고 판단했기 때문이다. MBA 학위를 들고 실리콘밸리에 입성한 그녀에게 위민스 와이어는 다른 스타트업과 그리 다르지 않았다. 그녀는 엘리베이터도 없고 대리석 대신 카펫이 깔린 사우스 샌프란시스코의 2층 사무실보다 더 큰 걸 원했다. 1994년에 웹이 출범하자 엘런은 웹 진출의 토대를 마련하기 위한 벤처 자본을 찾아 실리콘밸리를 들쑤시고 다녔다.[15] "저는 항상 사업을 더 확장하고 싶었어요."[16]

위민스 와이어를 홍보하고 다니는 도중에 엘런은 업계 30년 경력 베테랑인 마를린 맥대니얼을 소개받았다. 실리콘밸리 먹이사슬의 끝까지 올라간 몇 안 되는 여성이었다. 마를린은 기술 산업계의 젤리그*이기도 했다. 1960년대에 시스템 분석가이자 프로그래머로 일하며 컴퓨터 걸로서 경험을 쌓았고, 1970년대에는 제

✚ Zelig. 어떤 상황에서도 자유자재로 변신하는 사람.

록스 파크의 콩주머니 무리와 어울려 보냈다. 또 한때는 제이크 파인러의 스탠퍼드 멘토인 더글러스 엥겔바트와 함께 그의 시스템을 상업화하려 했으나 실패한 경험도 있었다. 1980년대의 호황기에는 직원 번호 40번으로 썬 마이크로시스템즈에 합류했고 거기에서 "마치 로켓을 탄 것처럼" 꼭대기까지 올라갔다.[17] 엘런을 만났을 무렵에는 이미 여러 유명한 스타트업의 성공적인 출범에 참여했고 실리콘밸리에서 많은 존경을 받았다. 엘런은 마를린에게 사업 계획서와 꽃다발을 보냈다.[18]

당시 위민스 와이어에는 상환 능력을 보여줄 만큼 구독자가 많지 않았고, 엘런은 이미 평생 모은 돈을 회사에 쏟아부은 터였다. 엘런과 낸시는 벤처 캐피털 회사를 납득시키는 데 어려움을 겪고 있었다. 잠재적 투자자 대부분이 여성 네트워크의 개념을 웃음거리 이상으로 취급하지 않는 남성들이었기 때문이다. "물론 이해하는 사람도 있었죠"라고 엘런이 기억했다.[19] 그러나 "'우리 와이프한테 보라고 해야겠네요'라는 전형적인 반응만 돌아올 뿐이었어요. 그들은 실제로 위민스 와이어를 시장이나 기회로 진지하게 생각하지 않았어요. 우리를 비주류라고 생각했을 거예요." 그러나 이 그림에 마를린이 들어 있다면 위민스 와이어가 진지하게 받아들여질 공산이 컸다.

"회사를 위한 자금을 조달하기는 쉽지 않았어요"라고 마를린은 말했다.[20] 그녀 생각에 이것은 성별 문제가 아니었다. 위민스 와이어의 사업 계획은 미래지향적이지 않았고, 퍼스트 클래스 BBS는 이미 한물간 시스템이었다. 그러나 위민스 와이어라는 브랜드는 최초라는 타이틀을 갖고 있었고, 웹을 상업적 매체로 사용한다는 발상은 여전히 솔깃하고 새로웠다. 위민스 와이어의 컨설턴트가 되기로 한 마를린은 엘런과 낸시와 함께 홍보에 나섰다. 그러나 그녀의 신뢰도가 의도치 않은 결과를 낳았다. "마침내 규모는 작지만 내실 있는 벤처 캐피털 회사 하나가 투자를 약속했는데, 제가 CEO가 되어야 한다는 조건을 내걸었어요."[21] 마를린이 말했다. "그게 첫 번째 위기였죠."

마를린은 수 세대에 걸쳐 컴퓨터 개발의 역사를 가로지른 원조 얼리 어답터였고, 위민스 와이어가 AOL 같은 공룡과 싸워서는 콘텐츠나 서비스 제공 업체로 살아남을 수 없다는 걸 알았다. AOL은 전국의 잠재적 신규 사용자 수백만 명에게 우편으로 설치 디스크를 뿌릴 만큼의 재력이 있었다. 1990년대 초반에 일찌감치 웹을 접했던 그녀는 이러한 위험에도 불구하고 웹이 엘런과 낸시에게 주어진 유일한 기회임을 알았다. "정말 큰 결정을 내려야 했어요. 기업을 시작한다는 게 쉬울 거라고 생각한다면 오산이에요. 아래에 물이 있는지 알지도 못한 채 절벽으로 뛰어내려야 하거든요."[22] 단 한 가지만 확실했다. 위민스 와이어는 더 이상 커뮤니티 서비스가 아니었다. 그것은 미디어 기업이었다.

곧이어 위민스 와이어는 마이크로소프트, 컴퓨서브, 월드 와이드 웹을 위한 "전자 잡지"를 만드는 데 집중하기 위해 독립적인 다이얼 접속 서비스를 포기하겠다고 발표했다. 마를린이 중재한 첫 번째 빅 딜은 유저들을 설득해 월 9.95달러의 컴퓨서브 서비스로 갈아타게 하면서, 수년에 걸쳐 그들의 플랫폼에서 위민스 와이어 커뮤니티를 처분하는 일을 조율한 것이다.[23] 마를린은 시스템 전체 이메일을 통해 다음과 같이 선언했다. 이것은 다양하고 문화적으로 풍부한 대규모 여성 온라인 커뮤니티를 구축할 기회입니다. ("컴퓨서브가 돈을 주고 우리 구독자들을 사 간 거죠"라고 그녀가 나에게 말했다.[24]) 이런 변화가 기존 위민스 와이어 커뮤니티에 잔류한 사람들에게 파문을 일으키자 낸시는 줄지어 탈출하는 사용자들을 이끌고 회사에서 나갔다. "그들은 이걸 컴퓨서브와 위민스 와이어 사이의 파트너십이라고 불렀어요."[25] 강제 이주된 한 포럼 중재자가 말했다. "하지만 제가 가입한 위민스 와이어가 몇 달 동안 존재하지 않는다는 건 확실했죠. 커뮤니티 모델에서 정보 제공 업체로 전환하는 과정이었으니까요." 1995년의 핼러윈데이, 위민스 와이어의 구식 모뎀 회선이 작동을 멈췄다.

낸시는 당시에 침묵을 지켰지만 좋았을 리가 없다. 그녀는 인터넷이 본질적으로 커뮤니티 기술이라고 믿었던 얼리 어답터 세대 출신이었다. 낸시에게 구독자는 소비자 이전에 주민이었다. 그러나 마를린은 낸시의 구식 평등주의 비전을 이해하지 못했다. "낸시는 CEO와 피라미드 구조 대신 … 원탁의 기사들과 함께 회사를 운영하고 싶어 했어요."[26]

마를린은 1995년 한 해 동안 MSN, 블룸버그, 야후! 같은 회사들과 유통 파트너십을 확보하는 데 주력했고, 그해 8월부터 엘런과 함께 웹상에서 위민스 와이어를 개시했다. 회사의 주요 온라인 서비스는 콘텐츠 제공이었다. 바느질 모임보다 잡지에 더 가까운 매체, 여성들이 주가를 확인하고 별자리점을 보는 등의 *일을 할 수 있는* 장소가 된 것이다. 사업 개시 직후 엘런이 한 기자에게 말했던 것처럼, 위민스 와이어 직원과 프리랜서들이 쓴 기사는 로이터 뉴스 서비스에서 가져온 소식, "바비 인형에서 보스니아에 이르는" 주제에 관한 포럼과 나란히 배치되었다.[27] 위민스 와이어는 모든 면에서 잡지가 되었다. "사업 모델을 안구✚와 광고로 전환했어요"라고 낸시가 말했다.[28] "어떻게 해서든 사람들이 그곳을 지나가게 하는 데 혈안이 되었죠. 그들이 거기에서 얼마나 머무르고, 또 무엇을 하는지는 중요하지 않았어요. 그저 다른 잡지처럼 안구를 팔았을 뿐이에요."

✚ eyeball. 마케팅 메시지에 노출된 고객.

웹에서 광고를 팔다

첫 번째 벤처 자본을 투입한 결과, 위민스 와이어는 사우스 샌프란시스코에서 샌마테오의 더 좋은 사무실로 이전했다. 상품 개발 부사장이 된 엘런은 샌프란시스코와 뉴욕을 오가며 미디어 파트너를 만나고, 웹에서 새롭게 시작한 위민스 와이어를 '잡지스럽게' 운영할 편집팀을 꾸렸다. 그녀는 잡지 〈워킹 우먼〉의 전직 편집자였던 로리 크레치머를 편집장으로 앉혔고, 디스커버리 채널의 노련한 영업 매니저인 지나 그루보를 데려왔다. 지나는 웹에서 처음 위민스 와이어 기사를 읽자마자 개종했다. "전 말했죠. '이건 말도 안 돼.' 그들은 여성이 지적이라고 생각했어요. 돈도 있고, 스스로 투자를 한다고 여겼죠. 자신만의 패션을 결정할 수 있고, 입어라 입지 말아라 하는 소리 따위는 듣고 싶어 하지 않는다고요. 그들의 목소리에는 거들먹거림이 없었죠. 우주에서 이런 목소리를 들어본 적이 한 번도 없었다고 느꼈어요."[29]

온라인에서 여성 브랜드의 가능성을 모두가 알아본 것은 아니었다. 지나가 1996년에 있었던 투자 회의에 관한 이야기를 들려주었다. "마를린, 엘런, 저, 그리고 자금관리 이사가 보스턴에 있는 은행에 갔어요. 어떤 은행인지는 말하지 않을게요. 아무튼 우리는 모두 검은 재킷과 검은 바지를 입고 있었어요. 각자 노트북을 들었고요. 그리고 1980년대 분위기의 회의실로 들어갔죠."[30] 탁자에는 양복, 하얀 와이셔츠, 도드라진 넥타이 차림을 한 일곱 명의 은행가들이 앉아 있었다. "우리가 설득하기 시작했어요. 여성은 아직 온라인에서 다수가 아니지만 곧 다수가 *될 거라고*요. 그리고 여성이 어떻게 온라인에서 물건을 사고 정보를 찾게 될 것인지 설명했죠. 그랬더니 우리를 정신 나간 사람처럼 보더라고요. 마치 '내 아내는 컴퓨터의 컴 자도 모르는데'라고 말하는 것 같았어요. 그들은 우리를 보면서 *저 인간들이 맛이 갔다*라고 생각했고, 우리는 *이 인간들이 하나도 못 알아먹었구나*라고 생각했어요." 회의가 끝나고 여자들은 거리로 나와 웃었다. 그것밖에 할 수 없었기 때문이다.

은행가들은 틀렸고, 여자들은 그들이 틀렸다는 걸 알았다. 1990년대가 흘러가면서 웹은 현실의 성별 인구통계를 반영하기 시작했다. 텍스트 기반 BBS 클럽하우스, 멀티 유저 도메인, 뉴스그룹이 취미 활동가, 기술자, 얼리 어답터, 그리고 10대 남자애들에게 지배되었다면, 웹은 여성을 위한 수문을 열었다. 1998년에 3960만 명의 여성이 온라인에 접속했고, 2000년에는 처음으로 온라인에서 여성의 수가 남성을 넘어섰다. 이런 변화는 모든 연령대에서 여성 사용자들이 쇄도하고 있다는 사실을 여실히 드러냈고, 어느 유명한 시장조사 회사가 "여성의 월드 와이드 웹이다"라고까지 선언할 정도가 되었다.[31] 이 시류를 타고 위민스 와이어는 이름을 위민닷컴으로 바꾸었다.

"절벽에서 뛰어내렸을 때, 우리는 비즈니스 모델을 만들어야 했어요." 마를린이 말했다.[32] 그 비즈니스 모델이란 바로 광고였다. 위민닷컴은 시장에 최초로 등장한 덕분에 시장에서 최고가 되었다. 웹에 존재하는 거의 유일한 여성 공간으로서, 솔직하고 기술에 정통한 위민닷컴의 목소리는 동네 마트에 전시된 화려한 여성 잡지—그때나 지금이나 섹스 정보와 다이어트 식단으로 채워진—에 대한 신선한 대안을 약속했다. 사이버공간에 대한 섹시한 X세대 안내자 사이버걸닷컴과 육아 커뮤니티에서 여성 네트워크가 된 아이빌리지와 함께, 위민닷컴은 새로운 종류의 여성 미디어를 대표했다. 진정성 있고 연결되어 있으며 똑똑한 미디어. 그리고 높은 수익을 거두는 기업.

여성이 소비자 구매의 80퍼센트 이상을 차지했기 때문에 광고주들은 이른바 여성 월드 와이드 웹의 성장을 세심하게 살폈고, 위민닷컴은 이를 재빨리 기회로 삼았다.[33] 지나가 이끄는 팀이 처음으로 웹에서 광고를 팔았다. 돈을 받고 의류회사 리바이스에 사이트의 섹션 하나를 내주었는데, 이는 오늘날 협찬 콘텐츠sponsored content라고 부르는 광고 방식이다. 리바이스의 섹션 "그곳에 가다"는 웹사이트 관리자나 사설탐정처럼 근사한 직업을 가진 여성을 소개하는 코너로, 〈워드〉에서 미국의 극한 직업을 탐방해 인기를 얻은 "직업의 세계" 코너와 유사했다. 웹 초창기에는 대형 브랜드들이 온라인에 광고를 싣고 싶어 안달이었지만, 가격과 규모와 조건에 대한 기준이 없었고 조회수가 얼마만큼의 광고 효과로 이어질지 아는 사람도 없었다. 그러나 트래픽은 측정할 수 있었고, 위민닷컴의 트래픽은 훌륭했다. 위민스 와이어의 초기 다이얼 접속 서비스가 고작 1,500명의 유료 가입자로 운영된 반면[34], 1996년에 위민닷컴의 조회수는 매달 750만에 달했다.[35] "우리는 지도 위에 있었어요"라고 엘런은 기억했다.[36] "아무도 우리만큼 여성의 눈을 가지지 못했죠."

워드닷컴과 마찬가지로 위민닷컴도 넷스케이프 브라우저의 "가볼 만한 곳"으로 선정되어 일찍부터 트래픽이 증가했지만, 거기에는 기억하기 쉬운 URL 주소도 한몫했다. 몇 년 뒤에 구글이 나타나기 전까지 사람들은 웹을 항해하기 위해 주소창에 URL을 직접 쳐야 했다. 그다음 야후 같은 디렉터리 사이트에서 하이퍼링크를 따라가거나, 각 사이트의 관리자가 개인적으로 정리해놓은 전용 "링크 페이지"를 탐색했다. 이런 상황에서 women.com 같은 주소는 특히 유용했다. 사람들이 심심풀이로 주소창에 쳐볼 확률이 높았기 때문이다.

1997년, 위민닷컴은 다음의 자매 사이트와 연결된 네트워크로 확장했다. 위민스 와이어, 머니모드, 임신사이트, 건강을 위한 예방 아이디어, 베아트리체의 웹 가이드, 온 가족이 함께하는 크레욜라. 이 중 셋은 후원 업체가 되어 돈을 지불하고 위민닷컴의 자매 사이트가 된 다음 트래픽의 일부를 쪼개어 가졌다. 리바이스 광고를 시작으로, 위민닷컴은 피델리티 인베스트먼츠, 혼다, 도요타, AT&T, 코카콜라, 프록터 앤드 갬블, 아메리칸 익스프레스 등에 더 많은 광고 공간을 팔았다. 업계의 한 리서치 회사에 따르면, 위민닷컴은 웹에서 가장 수익성이 높은 사이트 중 하나였다.[37] 1996년에 리바이스 광고가 1만 달러에 팔렸는데, 2년이 지나자 배너 광고와 협찬 콘텐츠가 수십만 달러에 판매됐고, 1998년 말에 어떤 팝업 광고는 무려 100만 달러가 넘어갔다. "우리는 무에서 수천만 달러에 이르는 수익을 창출했습니다."[38] 위민닷컴의 실장 지나 그루보가 말했다.

이 모든 것은 위민스 와이어와는 거리가 멀었다. 만약 위민스 와이어에 정신적 조상이 있다고 한다면 아마 리소스 원에 사는 사람들이었을 것이다. 위민스 와이어에는 커뮤니티 메모리의 유기적 지역성과 사회복지 서비스 명부의 사회의식이 있었다. 위민스 와이어의 콘텐츠가 "현재의 뉴스와 사건을 강조하고 정치적 행동을 격려"한 반면[39], 위민닷컴은 완전히 다른 생물이었다. 위민스 와이어에서 위민닷컴으로의 진화는 온라인에서 여성의 공간을 확보하려는 초기의 노력이 얼마나 빨리 여성에게 상품을 판매하는 사업으로 변질되고 여성의 웹 전체가 상품화되었는지 보여준다. 얼마 지나지 않아, 벤처 투자를 받고 파산하지 않기 위해 광고비를 적극적으로 찾아다닌 위민닷컴은 자신이 대체하려 했던 잡화점의 여타 잡지와 구분할 수 없게 되었다. 펄프에서 픽셀로 도약했음에도 불구하고, 위민닷컴은 〈코스모폴리탄〉보다 나은 것이 없었다. 아니, 바로 〈코스모폴리탄〉 그 자체였다.

트랙 위의 두 경주용 자동차

마를린과 엘런이 웹 놀이를 시작했을 때 그들은 동네에서 유일한 게임말이었다. 그러나 여성의 웹은 빠르게 붐비기 시작했다. 1998년, 방송국 임원인 제럴딘 레이본이 옥시전 미디어의 출범을 선언했다. 옥시전 미디어는 웹이 딸려 있는 케이블 채널로, 독립 웹진에서 데려온 똑똑한 X세대 직원이 관리했다. "소녀 취향 잡지들"의 작은 네트워크에서 시작한 칙클릭은 테크노 레즈비언이나 언짢은 주부 같은 이름을 가진 청년층 여성 사이트 58개의 제휴 네트워크가 되었다.[40] 그러나 그들을 잠 못 들게 하는 경쟁자가 딱 하나 있었으니, 바로 아이빌리지였다.

아이빌리지의 CEO인 캔디스 카펜터는 고급 정장 차림을 한 만만치 않은 고객이었다. "그녀는 가증스럽지만 흥미로운 사람이었어요."[41] 마를린이 감탄과, 또 다른 감정이 섞인 말투로 내게 말했다. 카펜터는 참견쟁이 부모들이 모인 AOL 커뮤니티를 키워 여성 웹사이트 17개를 하나로 통합한 잘나가는 회사로 만들었고, 거대 벤처 캐피털 투자, 기업 제휴, 빅 머니 광고, 그리고 전자상거래로 진입한 초기 벤처들의 투자를 통해 기업을 운영했다. 아이빌리지는 커뮤니티 모델에 기반해 세운 회사였다. 대표 상품은 포럼이었는데, 그곳에서 여성들은 산후우울증과 유방암 이야기부터 업무 스트레스와 말 안 듣는 사춘기 아이에 대한 조언까지 모든 것을 공유했다.

카펜터는 커뮤니티가 방문객들을 아이빌리지에 다시 찾아오게 할 것이며, 그러면서 사이트의 조회수—식별 가능한 자산이 없는 사업에서 중요한 측정 지표였던—를 늘려주리라는 것을 알았다. 아이빌리지는 포럼 덕분에 올라가는 재방문 트래픽을 기가 막히게 잘 활용했다.[42] 아이빌리지의 임신부 모임에 가입한 여성은 어느새 자신이 아마존닷컴에서 육아서를 보고 있거나 아이빌리지의 자매 전자상거래 사이트인 아이베이비에서 아기 옷을 고르고 있다는 사실을 깨닫게 된다. 비디오 판매 업체인 타임 라이프 비디오, 텔레비전 네트워크 QVC, 그리고 AOL에서 경력을 쌓은 카펜터는 네트워크의 사회 동역학을 엄청난 벤처 자금의 가치가 있는 사업으로 바꾸면서 아이빌리지 커뮤니티를 "화폐화"했다.

1999년에 아이빌리지와 위민닷컴은 더 많은 광고를 따고 미디어 메트릭스—시청률 조사 시스템인 닐슨 랭킹의 초기 웹 버전—50위 안에 들어가기 위해 경쟁하는 "트랙 위의 두 경주용 자동차 같았다"라고 마를린이 설명했다.[43] 지나 그루보는 "우리는 모든 것을 두고 경쟁했어요"라고 말했다.[44] 그리고 서로 앞서거니 뒤

서거니 하는 노력 속에서 아이빌리지와 위민닷컴은 점점 평균에 가까워졌다. 커뮤니티 사이트로 출발한 아이빌리지는 호기심을 자극하는 기사를 쓰기 시작했고, 아이빌리지 포럼의 인기를 의식한 위민닷컴은 유사한 형태의 포럼을 추가했다. 위민닷컴에서 편집장으로 오래 근무한 로리 크레치머는 이 현상을 다음처럼 간단히 표현했다. "버거킹과 맥도날드, 펩시와 코카콜라처럼 한 시장에 두 브랜드가 경쟁하는 경우가 종종 있다. 개인적으로 나는 코카콜라를 좋아한다."[45]

1998년, 마를린은 포괄적인 브랜드 파트너십을 대가로 위민닷컴의 지분 가운데 상당량을 허스트 커뮤니케이션즈에 팔았다. 이렇게 만들어진 위민닷컴 네트워크 주식회사는 허스트의 여성잡지 브랜드 〈굿 하우스키핑〉 〈타운&컨트리〉 〈마리끌레르〉 〈레드북〉, 그리고 〈코스모폴리탄〉의 호스트가 되었다. 이는 위민닷컴에 정통성을 부여했지만, 그것의 콘텐츠는 웹이 막아주리라 기대했던 대중시장 매체와 구분할 수 없게 되었다. 1990년대 말에 이르러 허스트와의 합병과 상업 매체로서의 웹의 폭발이 결합된 결과로 위민닷컴은 점점 더 많은 공간을 조잡한 잡지 파트너에게 할애하면서 주류로 자리 잡았다. 과장된 선전이 위민닷컴 전체를 잠식했다. "성공을 보장하는 체중감량 팁 71가지!" "시어머니 때문에 답답해 미칠 것 같나요?"

웹 전반에 걸쳐 여성 사이트에서도 같은 일이 일어나고 있었다. 페미니즘은 질 낮은 오락물에, 정치 논평은 유행하는 다이어트와 별자리점과 궁합 계산기에 자리를 내주었다. 웹은 더 이상 주간지 〈피플〉의 시시한 내용으로부터 잠깐이라도 대피할 수 있는 장소가 아니었다. 섹스와 별자리점이 그 어떤 것보다 많은 트래픽을 끌어모았다. "웹은 〈마드무아젤〉보다 〈미즈〉에 더 가깝다고 생각한 사람들—모든 여성은 좀 더 지적인 것을 목말라한다고 믿은—은 혼자만의 착각에 빠진 것이다"라고 〈살롱〉의 한 평론가가 강조했다.[46]

여성 웹의 정체성을 확인하고 개발하려는 초기 노력은 원래의 의도가 역전되는 효과를 불러일으켰다. 캐나다 학자이자 이론가인 레슬리 리건 셰이드가 지적한 것처럼, 위민닷컴과 아이빌리지 같은 사이트가 더 공격적으로 여성 독자의 구미에 맞출수록, 그 사이트들은 커뮤니티에 머무는 사람들이 죄다 소비자 통계에 포함되고 광고 클릭을 할 때까지 그들을 더욱 방치하게 된다. 이것은 오늘날에도 중요한 문제인데, 온라인 미디어는 광고주, 가입자, 독자의 상반된 요구 속에서 균형을 맞추기 위해 고군분투하기 때문이다. 그러나 이 상황은 초창기 웹의 의기양양한 분위기 속에서 유난히 더 암울해 보였다. 여성들은 자율권과 커뮤니티를 위해 온라인에 왔지만, 고작 몇 년 만에 청바지와 아기 옷과 로션의 판매 대상이 되었다.

2000년에 〈뉴욕 타임스〉에 실린 한 통렬한 사설이 경종을 울렸다. 여성 온라인 미디어의 상업적 성공은 "치명적인 문화 분리주의"의 징후로서, 여성 취향 영화부터 리얼리티 TV쇼와 패션 잡지까지 오로지 여성 소비자를 속여 지갑을 열도록 설계된 감상적인 '여성 문화'가 어디든 은밀하게 확산되는 과정을 보여준다. 〈뉴욕 타임스〉의 프랜신 프로스는 이렇게 썼다. "궁극적인 속임수가 있다. 바로 마케팅 연구가 주도한 사기이자, 여성들에게 행해진 끔찍한 유인 판매다. 그들은 다른 사람과의 관계를 약속받고 커뮤니티에 돈을 지불하지만, 사실은 점점 더 깊은 고립과 은둔을 구매하고 있을 뿐이다."[48]

인터넷 기업의 몰락

닷컴버블 시대의 가장 흥미로운 유물은 퍽드컴퍼니닷컴 FuckedCompany.com이다. 퍽드컴퍼니닷컴은 실리콘앨리의 붕괴를 판타지 스포츠 게임으로 해석한 웹사이트로, 매일매일 업계의 새로운 "퍽fucks(파산 가능성이 있는 회사)"들을 심각성에 따라 '정리해고' '고통스러운 언론 보도자료' '빈 사무실' 등으로 각각 등급을 매겨서 올렸다. 심각도 점수 100점을 받은 회사는 퍽드컴퍼니 명예의 전당으로 은퇴했고, 실제로는 파산했을 가능성이 높지만 끝을 향해 휘청거리는 동안 언제든 베팅할 수 있었다. 긴장한 기술직 노동자들은 이 사이트를 지표로 사용했고, 어떤 이들은 직접 게임을 하기도 했다. 밀레니엄이 바뀐 후 닷컴에서 돈을 버는 유일한 방법은 닷컴 회사들의 사망에 대한 구체적인 내용을 두고 도박을 하는 것이었다.

2000년 12월, 퍽드컴퍼니는 새로운 공지를 올렸다.[49]

> Women.com, 영계들이 뭘 좋아하는지 읽을 수 있는 내 최애 사이트. 비키니 차림의 아름다운 여성 85명을 해고함.
>
> 심각도: 45

여성 웹은 90년대 후반에 백만 달러짜리 광고를 팔면서 승승장구했고 전례 없는 트래픽을 기록했다. 사이트들이 과장된 클릭 낚시질이나 하는 웹으로 전락한 것을 문화 관측통들이 한탄할 때조차, 여성 웹에 대한 금융계의 관심은 최고조에 달했다. 당시의 많은 대형 인터넷 기업들처럼 위민닷컴과 아이빌리지 모두 적절한 시기에 주식 공모를 통해 이러한 관심을 은행에 전달해야 한다는 압박을 느꼈다.

1999년에 아이빌리지가 먼저 증권 거래위원회에 유가증권 신고서 S-1을 제출했다. 기대가 컸다. 캔디스 카펜터는 "엄청난 손실, 희박한 물리적 자산, 내세울 만한 기술의 부재, 높은 직원 경비 지출 속도, 막강한 신흥 경쟁자"를 가진 회사를 투자 가치가 대단히 높은 대상으로 탈바꿈시킨 최고의 수완가였다.[50] 다우존스 산업평균지수가 사상 최고가를 기록한 직후인 아이빌리지의 기업공개 전날, 회사는 이미 여러 차례의 투자 라운드를 거쳐 3150만 달러라는 화려한 메자닌 라운드+의 정점에 올랐다.

아이빌리지는 공모가를 25달러로 정했으나 시장이 개장하자 95.88달러에 입찰이 시작되어 카펜터, 그녀의 사업 파트너 낸시 에반스, 그리고 투자자들은 단 몇 초 만에 백만장자가 되었다. 아이빌리지 사무실 직원들은 기쁨에 넋이 나갔고, 카펜터는 기자에게 "천장에서 떨어져 나온 것" 같다고 말했다.[51] 그녀 자신의 지분은 8000만 달러의 가치가 있었다. 이는 실리콘앨리 역사상 가장 성공적인 기업공개였다.

위민닷컴은 이 모든 과정을 예의 주시했다. "아이빌리지가 먼저 공개되어 속이 쓰렸죠"라고 마를린이 말했다. 그녀와 엘런은 여성이 운영하는 웹 사업이 월스트리트의 무차별적인 십자 과녁 속에서 얼마나 잘 해낼지 보고 싶은 마음에 그들의 라이벌들을 추적해왔다. 아이빌리지의 대성공은 어떤 면에서 좋은 징조였다. 시장이 여성 매체를 진지하게 받아들이고 큰돈을 걸 의향이 있다는 사실을 보여주었기 때문이다. 그러나 마를린은 과연 번개가 연속해

+ 메자닌 상품은 채권과 주식의 중간 정도의 수익성과 위험성을 가지는 금융 상품을 말한다. 아이빌리지 관련 메자닌 상품의 판매가 성공을 거두었다는 뜻이다.

서 내리칠지 확신하지 못했다. "정말 충격이 컸어요. 제가 말했죠. '젠장, 우리가 먼저 나갔어야 했는데.'"[52] 위민닷컴 네트워크 주식회사는 두 달 후에 유가증권신고서를 제출했다. "투자 은행들이 갑자기 찾아오기 시작하는 걸 보고 이때다 싶었죠. 시기적절한 결단이었고, 아마 우리가 사용할 수 있는 유일한 창구였을 거예요." 그해 10월, 마를린과 엘런은 그들의 새로운 종목코드가 타임스퀘어 전광판에서 돌아가는 걸 지켜보았다. WOMN.

위민닷컴의 기업공개는 아이빌리지만큼 두드러지지는 않았지만 지극히 타당한 수준이었다.[53] 10달러의 공모 주가는 거래 첫날 배에 가까이 뛰었고, 그달 말에는 23달러까지 올랐다. 이후 화제를 몰고 온 광고 캠페인에 힘입어 위민닷컴은 미디어 메트릭스 탑 50에서 근소한 차이로 아이빌리지를 앞서기까지 했고[54], 그로 인해 아이빌리지는 〈월스트리트 저널〉에 위민닷컴이 그 순위를 차지한 것은 단지 허스트와 합병했기 때문이라고 넌지시 에두르는 대응 글을 올려야 했다. **업계를 선도하는 브랜드와 이것저것 끌어모아 만든 웹사이트에는 차이가 있습니다.** 그러나 주요 경쟁자의 적개심에도 불구하고 업계 분석가들은 위민닷컴 네트워크 주식회사가 향후 몇 년간 주도적인 인터넷 기업이 될 것으로 전망했다.

하지만 겨우 1년이 지나 모든 것이 허물어졌다.

내가 위민닷컴의 운명을 묻자 마를린은 나한테까지 들릴 정도로 한숨을 내쉬었다. "별로 즐거운 얘깃거리는 아니죠. 저는 평생 동안 한 분기에 실제로 매출이 감소하는 회사에 있어본 적이 없었어요. 저는 혼자가 아니었지만, 상장 기업으로서 그것을 보고 해야 했어요. 우리 주식은 하락하기 시작했고, 재앙이 임박했다는 걸 알 수 있었죠."[55] 마를린은 망하지 않으려면 회사를 합병해야 한다고 이사회에 제안했다. "일단 시장에서 타격을 입으면 산송장이 되는 건 한순간이니까요. 전 빨리 움직였죠."

2001년 2월 5일, 위민닷컴은 예상치 못한 발표를 했다. 위민닷컴 네트워크는 4700만 달러의 가치가 있는 복잡한 주식 거래를 거쳐 최대 경쟁사인 아이빌리지에 인수될 터였다. 합병이 완결되지 않은 가운데 아이빌리지는 나스닥으로부터 그들의 회사 주가가 상장 폐지 직전 수준으로 낮다는 통보를 받았고, 합병 직후에 두 배가 된 회사는 이내 직원 절반을 해고했다. 〈월스트리트 저널〉은 단호하게 결론지었다. "인터넷은 여성의 관심이라는 틈새시장에서 다수의 광고 위주 사이트를 유지할 수 없다."[56]

상황은 그렇게 심각하지 않았을지도 모른다. 어찌 되었건, 오늘날 광고로 운영되는 많은 여성 사이트와 앱들은 뻥튀기된 콘텐츠, 신랄한 페미니스트 논평, 그리고 그 사이의 모든 것을 제공하면서 잘나가고 있다. 지금과 초기 여성 웹사이트의 차이는 후자가 자신을 포털, 즉 여성이 자신에게 필요한 모든 인터넷을 한꺼번에 얻을 수 있는 원스톱 쇼핑몰로 상상했다는 사실이다. 이것은 여성이 온라인에서 소수였던 초창기에는 먹혔을지도 모른다. 그러나 웹이 자라면서 사용자들도 성장했다. 사람들은 차츰 여성 포털의 필요성을 느끼지 못하게 되었다. 왜 금융에 관심 있는 여성이 블룸버그로 직접 가지 않고 위민닷컴의 머니 페이지를 검색하겠는가? 보그 웹사이트가 버젓이 있는데 뭣 하러 아이빌리지에서 패션 조언을 얻겠는가? 시장이 하나 이상의 여성 웹사이트를 먹여 살리지 못하는 것이 아니었다. 일단 온라인에 접속하면, 그때부터는 여성들의 몫이었기 때문이다.

13장 걸 게이머

컴퓨터에 성별이 없는 건 당연하다. 그러나 컴퓨터가 누구를 위한 것인가, 즉 누가 컴퓨터를 만들고 누가 구매하고 누가 사용하는지에 대한 사회적 이해는 세대에 따라 변화를 거듭했다. 19세기에는 여성이 곧 컴퓨터였고, 1950년대에 프로그래밍이 전문화 과정을 거쳐 남성화될 때까지 컴퓨터는 여성의 놀잇감이었다. 아파넷은 군 기관 및 학술 기관에서 만든 기술적 골격 위에 구축되었는데, 이 기반시설 자체가 남성 중심의 환경에서 설계되었으므로 아파넷 역시 남성의 지배를 받았다. 초기 하이퍼텍스트는 컴퓨터 과학의 주변부에서 여성이 설계했지만, 이들의 아이디어를 대중화한 것은 남성이었다. 마침내 웹 초창기에 개인용 컴퓨터가 보급되면서 여성이 다시 한번 무대에 등장했고, 한 세대 동안 여성

문화 노동자와 기업가가 영향력을 발휘했다. 이 모든 시간 동안 기술은 항상 거기에 누가 무엇을 추가했는지를 반영해왔다.

사회과학자 제인 마골리스가 언급했듯이, "어린 시절에는 흔히 컴퓨터가 남성의 영역으로 여겨진다. 이는 대개 컴퓨터에 대한 흥미와 성공을 남자아이 또는 남성과 연결 짓는 사회·문화적 작업 때문이다."[1] 마골리스의 표현을 빌리자면, 결국 여성들은 "수많은 외부 영향의 쓰디 쓴 열매"를 맛보며 점차 낙담하게 된다. 이러한 암묵적 제한은 기술 문화의 모든 층에서 작용한다.[2] 학교 컴퓨터실에서, 컴퓨터가 누나의 방이 아닌 어린 남동생의 방에 설치되는 가정에서, 괴짜 남성을 치켜세우는 대중시장 매체에서 그렇다. 그리고 사회학자 셰리 터클이 지적한 대로 *충돌*✚과 *실행*✚✣이라는 용어로도 부족해, 문제가 발생한 프로그램을 *중단*✚✣✚하겠냐고까지 물을 정도로 무심하고 무례한 컴퓨터 운영체제에서도 그렇다. 또한 이 과정은 아동의 젠더 사회화에서 가장 초기 단계에 시작된다.

1990년대 중후반, 월드 와이드 웹 여성들이 숨 가쁘게 진화하는 정보 생태계에서 영역을 확보하며 분투하는 동안, 여성 컴퓨터 사용자들의 감성과 정신을 사로잡기 위한 또 다른 각축장이 생

✚ crash. 영어로 '파멸' '붕괴'라는 뜻이 있음.
✚✣ execution. 영어로 '처형'이라는 뜻이 있음.
✚✣✚ abort. 영어로 '임신을 중단하다'라는 뜻이 있음.

겨났다. 그곳은 온라인도 학계도 아니었지만 양쪽 모두에 깊은 영향을 끼쳤다. 더 정확히 말하자면, 이 싸움은 컴퓨터에 대한 여자아이들의 첫인상을 새롭게 바꾸고, 접근성과 대표성을 동등하게 정당화하는 활동을 통해 그들의 열정을 모니터로 향하게 하려는 투쟁이었다. 바로 컴퓨터 게임이다.

게임계의 전투적 인식론자

브렌다 로럴은 컴퓨터와 처음 마주친 두 번의 순간에 대해 이야기했다.

첫 번째는 그녀가 열두 살일 때였다. 이야기는 1962년 핼러윈데이의 오하이오주에서 시작한다. 그때 자신이 입었던 옥수수 핼러윈 의상에 대해 그녀는 능청스럽게 "앤디 워홀의 시대였거든요"라고 말했다.[3] 로럴의 엄마는 육각 철조망에 노란 솜을 옥수수 알갱이처럼 채운 의상을 만들어 브렌다에게 뒤집어씌우고는 동네 마트에서 열리는 핼러윈 의상 대회에 내보냈다. 밖이 잘 보이지도 않는 상태로 뒤뚱뒤뚱 걸으면서 브렌다는 자신이 일등을 할 거라고 확신했다. 그러나 다른 아이가 이겼고, "온 세상이 자신에게 총을 겨눈다고 생각한"[4] 그의 엄마가 철물점 매니저인 담당자에게 불만을 표시하자 그는 진열되어 있던 상품 하나를 위로의 선물로 주었다. "에니악"이라고 쓰인 작은 플라스틱 상자였다. "컴퓨터예요"라고 매니저가 말했다.

장난감 에니악에는 질문이 인쇄된 카드 한 묶음이 들어 있었다. 매니저가 카드 더미에서 "지구와 달 사이의 거리는?"이라는 문제가 적힌 맨 위 장을 집어 들어 기계에 넣고 옆쪽 손잡이를 돌리자 반대쪽에서 정답이 적힌 카드 뒤면이 나왔다. 브렌다는 눈속임을 알아채지 못했고, 실제로 에니악 컴퓨터가 여성 프로그래머들의 도움으로 이 문제의 답을 알아냈다는 사실은 더군다나 몰랐겠지만, 어쨌든 세상에 우주와 연관된 기계가 있다는 사실만으로도 크게 감동했다. "그때 깨달았다. 내가 육각 철조망에서 나와 교과서와 타자기의 시대를 벗어나 아주 어려운 질문도 컴퓨터가 척척 대답해주는 영광의 시대로 이동했다는 것을."[5]

두 번째 이야기 속 브렌다는 좀 더 나이가 들었다. 때는 1970년대, 브렌다는 오하이오 주립대에서 극문학 박사학위 과정을 밟고 있었다. 핼러윈 의상 대회에서 아깝게 우승을 놓친 아이에게 어울리는 미래였다. 하루는 근처 연구소에서 일하는 절친 조 밀러가 일과를 마친 후 브렌다를 실험실에 데려가 그녀의 인생에서 두 번째 컴퓨터를 보여주었다. 브렌다의 표현을 빌리자면, 그것은 "화성에서 온 픽셀"을 그리고 있었다.[6] 어린 시절 장난감 에니악을 보며 상상했던 것처럼 별에게 말을 건네는 기계였다. 그녀는 무릎을 꿇었다. "이게 뭔지는 모르겠지만, 하나 갖고 싶다."

운 좋게 조는 작은 소프트웨어 회사를 차렸다. 애플과 마이크로소프트가 업계를 독점하기 이전 시절이었다. 조의 회사는 초창기 가정용 컴퓨터 시스템 '사이버비전'의 프로그램을 제작했는데, 당시 이 시스템은 지금은 세간에서 잊힌 몽고메리 워드에서 독점 판매했다. 사이버비전은 모니터를 텔레비전으로, 마우스를 리모컨으로 대신했고, 프로그램은 오디오와 데이터를 별개의 채널에서 실행하는 표준 라디오 스테레오 카세트, 즉 "사이버세트"에서 작동했다. 개인용 컴퓨터로서 사이버비전은 시대를 크게 앞서간 제품이었다. 가정용 자산 관리 프로그램, 컬러 게임, 교육용 프로그램, 어린이를 위한 애니메이션 동화까지 갖가지 프로그램이 제공됐고, 모두 2K RAM 위에 블록 픽셀로 구현되었다.

이 중에서 애니메이션 동화는 브렌다가 최초로 시도한 소프트웨어 예술이었다. 브렌다는 원래 동화를 연출했는데, 그녀가 제작한 로빈 후드 이야기는 오하이오 주립대 캠퍼스의 참나무 사이에서 정기적으로 공연되었고 아이와 어른 모두에게 인기가 있었다. 비록 브렌다의 프로그래밍 지식은 부족했지만, 조는 그녀에게 자기 회사로 와서 사이버비전의 픽셀 우화를 디자인해달라고 부탁했다. 이 일이 그녀를 가르쳤다. 브렌다는 "힘든 줄도 모르고 그래픽 디자인부터 프로그래밍, 커피 타는 일까지 가리지 않고 하면서" 컴퓨터 세계에 몰입했다.[7] 당시에는 종이에 연필로 코드 도식을 작성한 다음, 그것을 수작업으로 사이버비전의 CDP1802 마이크로프로세서가 이해하는 어셈블리어로 변환했다. 1970년대에 수많은 아마추어들이 가져다 쓴 이 마이크로프로세서는 소비자용 마이크로컴퓨터에서 사용된 통합 칩이었다. 브렌다는 골디락스와 세 마리 곰[+]을 4색 픽셀 애니메이션으로 힘겹게 창작하면서 스스로 깨우쳤다.

몽고메리 워드의 1978년 봄 카탈로그에서 가장 눈에 띄는 상품인 사이버비전의 첫 번째 버전은 첫해에 1만 대를 팔았는데, 오하이오주 콜럼버스에 있는 컴퓨터 회사치고 나쁘지 않은 성적이었다. 그러나 개인용 컴퓨터 시장은 작았고 경쟁은 치열했다. 시어스는 아타리 시스템을, 라디오섁은 자사 제품인 탠디 컴퓨터를 밀고 있었다. 그리고 아케이드 게임의 황금시대도 이미 진행되고 있었다. 1979년에 사이버비전이 도산했을 때, 브렌다는 여전히 학위논문을 마치지 못한 상태였다. 그래도 상관없었다. 그녀는 이제 게임 디자이너였다. 아타리에 취직한 브렌다는 캘리포니아로 가는 길에 처음 바다를 보았다.

나는 브렌다의 집 정원에 앉아 아이스티를 마시며 이야기를 나누었다. 그녀는 부자연스럽게 허리를 세우고 앉아 아메리칸 스피릿 담배를 빨아들였다. 브렌다는 두 번째 허리 수술을 마치고 회복 중이었다. 헝클어진 은색 곱슬머리는 자홍색과 남청색으로 포

[+] 골디락스라는 여자아이와 세 마리 곰이 등장하는 영국 동화.

인트를 주었다. 이야기를 나누는 중에 일본 이름을 가진 근육질의 고양이 두 마리가 정원 주위를 기어 다녔다. 이 정원은 5에이커 규모의 훼손되지 않은 대지에 자리한 진짜 숲이었고, 샌프란시스코에서 두 시간 동안 경치 좋은 길을 달리면 도착하는 포톨라 레드우즈 근처에 있었다. 그녀 뒤쪽의 톱밥 위에는 전복 껍데기 더미가 쌓여 있었고, 태양이 벤치를 가로지르며 그 더미를 비추었다. 브렌다와 그녀의 남편은 전복을 아주 좋아한다. 그들은 북캘리포니아 해안에 맨몸으로 들어가 쇠 지레로 바위에 붙어 있는 오팔색 껍데기를 비틀어 떼내곤 했다. 전복을 채취하는 비결은 전복이 먼저 눈치채기 전에 작업에 들어가는 것이라고 브렌다가 내게 일러주었다. 하등동물인 이매패들도 해류의 변화를 느끼면 껍데기를 닫아버린다. 브렌다가 마침내 전복을 따는 데 성공하기까지 4년이 걸렸다. 그날은 잠수 중에 자신이 왼손잡이라는 사실이 불현듯 떠올라 쇠 지레를 왼손에 바꿔 잡은 다음 빨판을 단숨에 사정없이 잡아당겼다. *쩌억!* 이런 일화가 브렌다라는 사람을 다 설명하지는 못하겠지만 적어도 덧붙일 것은 있다. 무지개로 채워진 정원을 소유하고, 필요하다면 지렛대 같은 감춰진 팔로 은밀하게 힘을 발휘하는 여성. 모두 끝내주는 특징이다.

캘리포니아에서 브렌다는 아타리 400과 800 컴퓨터용 소프트웨어를 기획했다. 아타리는 아케이드 게임으로 이름을 떨쳤으므로 새로 출시한 개인용 컴퓨터에서 자사의 상징적인 게임들을 실행하길 원했다. 브렌다는 아타리 대표작들을 새 컴퓨터에 이식하는 데 많은 시간을 들였고, 나중에는 거의 미칠 지경이 되었다. 게임은 컴퓨터 가격의 10분의 1밖에 안 되는 게임 콘솔에서 더 잘 실행되었기 때문이다. 브렌다의 팀이 〈미즈 팩맨〉까지 옮기고 난 어느 날, 그녀는 컴퓨터 부서 사장을 좇아가 말했다. "정말 더는 못 참겠어요. 잘 보세요."[8] 브렌다는 화이트보드에 개인 자산 관리, 교육, 문서 편집까지 아타리가 가정용 컴퓨터로서 게임 말고도 할 수 있는 모든 기능을 나열했다. "그랬더니 사장이 그러더라고요. '자네 월급은 이제 두 배가 되었네. 앞으로 나에게 보고하게.'"

이것이 브렌다가 직접 뛰어 끌어내는 도약이다. 브렌다가 할 수 있는 일을 부서의 기업 감독관들이 애타게 찾는다는 걸 알았을 때, 그녀는 길 건너에 있는 아타리 연구실로 자원해서 갔다. 그곳에는 앨런 케이가 수장으로 있었는데, 그는 객체지향 프로그래밍 분야에서 선구적인 업적을 남겼으며, 컴퓨터 데스크톱의 창들이 서로 중첩될 수 있게 설계한 것으로 유명한 컴퓨터 과학자였다. 케이는 브렌다를 데리고 있으면서 아타리에서 몇 년 더 일하게 했다. 케이의 연구실에서 브렌다는 아리스토텔레스의 『시학』을 바탕으로 인공지능 시스템을 디자인했고, 컴퓨터 게임용으로 매력적인 새로운 시나리오를 만들었다. 이후 브렌다는 회사를 액티비전으로 옮겨 〈매니악 맨션〉 같은 게임들을 제작했고 다음에는 애플로 갔다. 그곳에서 브렌다는 LSD의 선구자 티머시 리어리 같은 급진적인 친구들을 인간-컴퓨터 인터페이스 그룹에 참여하게 했다. 그리고 그사이 어디쯤에서 마침내 학위논문을 마무리 지었다. 그녀는 이 논문에서 컴퓨터 프로그램이 연극과 유사하다고 주장했다. 둘 다 대본이 있고, 같은 방식으로 공연하지도 공연되지도 않는다.

브렌다의 집은 마드론 숲을 뚫고 일차선 도로를 몇 킬로미터나 내려가야 나온다. 집으로 들어가는 진입로에 분필로 그린 미로가 있고, 거실 선반에는 고전 〈스타트렉〉 기념품을 진열해놓았다. 사무실 문에는 **브렌다 로럴 박사, 전투적 인식론자**라고 쓰인 명패가 붙어 있었다. 계단 밑 낮은 벽장에서 바구니—옷감, 5월제 기념 기둥 리본, 초록색 철사가 팔꿈치처럼 구부러진 조화造花를 담은—를 한쪽으로 치우니, 그 뒤에 플라스틱 욕조가 보였다. 갖가지 기념품이 가득했다. 그녀가 함께 기록 보관소를 뒤져보자고 약속한 터였다.

상자 안에 들어 있는 것은 전부 보라색이었다. 플라스틱 조개껍데기 안에 비닐로 진공 포장된 장난감 피규어들이 있었다. 트레이딩 카드 세트, 보라색 벨벳 가방에 든 오팔색 구슬, 브렌다가 퍼플 문 대표였을 때 제작한 〈로켓의 어려운 결정〉이나 〈로켓의 어드벤처〉와 같은 제목의 CD-ROM이 보라색 상자에 들어 있었다. 그녀가 풀어진 리본과 퇼을 선반에 다시 구겨 넣고 있을 때, 나는 디스크 뒤에 인쇄된 퍼플 문 회사의 신념을 읽었다. *깊은 우정. 자*

연에 대한 사랑. 쿨하다는 자신감. 꿈꿀 수 있는 용기. 그것이 바로 소녀들이다. 그들이 퍼플 문 모험에서 발견하고 공유하는 것이다. 퍼플 문이 소녀들을 위해 존재하는 이유다.

소녀들을 위한 퍼플 문

1992년, 브렌다는 마이크로소프트 공동 창업자인 폴 앨런이 후원하는 팰로앨토 싱크탱크 인터벌 리서치에 취직했다. 인터벌은 개발보다는 연구 위주의 회사였다. 연구원들은 화상회의와 인터랙티브 비디오처럼 아직 흔하지 않은 기술들을 연구하며 잡초 속에서 헤맸다. 브렌다 자신도 막 잡초 속에 들어갔다 나온 터였다. 그녀는 인터벌에 취직하기 직전에 가상현실 회사인 텔레프레전스 리서치를 설립했다가 1년 만에 접었다. 그녀는 종종 자신을 "충돌 테스트용 인형 클럽"의 회원이라고 말했는데, 경제성이 입증되지 않은 상황에서도 뭔가를 만들기 위해 질주하는 몽상가라는 뜻이었다. 그녀는 그것이 "불편하지만 멋지고 거친 탑승"이라고 말했다.[9] 결과는 고통스러울지라도, 충돌 테스트용 인형들은 언제나 앞에 다가오는 것들을 본다.

가상현실을 개발하면서 브렌다가 한 가지 알게 된 것이 있다. 남성과 여성이 가상현실을 각각 다르게 경험한다는 사실이다. "가상현실에 관해 설문조사를 하면, 남자들은 보통 유체이탈을 경험한 것 같다고 말해요. 하지만 여자들은 자신의 감각기관이 다른 환경으로 옮겨가는 것 같다고 말하죠."[10] 이것은 별 차이가 아닐지도 모르지만, 브렌다가 성별과 기술의 관계를 파악하고 그것을 통해 기술 디자인의 작은 불균형이 누가 그것을 사용하고 누가 혜택을 얻으며 누가 수익을 얻는지에 중요한 결정적 효과를 미친다는 점을 생각하게 되기에 충분했다. 인터벌에서 브렌다는 개인용 컴퓨터가 이끄는 세계에서 성장하는 세대, 즉 자신의 딸들과 같은 또래의 아이들을 연구하는 데 집중했다. 인터벌에서의 첫 4년 동안 브렌다는 작지만 의미 있는 질문을 던졌다. 왜 소녀들은 컴퓨터 게임을 하지 않을까?

많은 아이들이 게임을 통해 처음으로 컴퓨터를 접한다. 그러나 브렌다가 인터벌 리서치에 막 들어갔을 무렵 초등학교 4~6학년 아이들 사이에서 컴퓨터를 주로 사용하는 건 압도적으로 남자아이들이었다.[11] 당시 연구원들이 조사한 바에 따르면, 여자아이들은 컴퓨터를 문서 편집 같은 과제를 하기 위한 수단으로 보는 반면에, 남자아이들은 "게임하고 프로그래밍하면서 가지고 노는 장난감"으로 보는 경향이 있었다.[12] 이런 행동은 친숙함을 기르고, 이는 곧 능숙함으로 이어진다. 컴퓨터를 공붓벌레 남학생들이나 좋아하는 것으로 사회화하는 경향은, 오랫동안 천천히 진행된 소프트웨어 공학화에서 비롯되었다. 이러한 경향은 또한 1980년대와 1990년대에 걸쳐 대중문화에 자리매김했고, 자신감 없는 남자애들이 이상형의 여성을 "프로그래밍"하는 〈위험한 게임〉 〈기숙사 대소동〉 〈신비의 체험〉 같은 영화, 그리고 컴퓨터 및 컴퓨터 게임 마케팅에서 계속해서 재현됐다.

4년간 미국에서 1,000명에 가까운 아이들과 500명의 성인을 설문한 결과, 브렌다는 컴퓨터에 대한 접근 가능 여부나 심지어 미디어에서 컴퓨터가 다뤄지는 모습이 문제의 핵심이 아니라는 걸 알게 되었다. 그것은 앞뒤가 맞지 않았다. 학교나 집에 컴퓨터가 있는데도 사용하지 않는 여자아이들이 많았고, 또한 여자아이들이 *선천적으로* 컴퓨터 게임 능력이 부족하거나 게임에 관심이 없다는 주장을 입증하는 연구는 없었다. 브렌다가 보았을 때 문제의 근원은 소프트웨어였다. 여자아이들이 컴퓨터 게임을 하지 않는 건 남자아이들을 위한 게임밖에 없기 때문이다.

1992년에서 1996년까지 브렌다 연구팀이 설문한 여자아이들은 게임을 하면서 느낀 감정을 돌려 말하지 않았다. 그들은 계속해서 죽는 게 싫었다. 게임 속 폭력에 스트레스를 받았다. 난이도가 높은 최종 보스와 싸워서 이기거나, 죽지 않고 지형물을 빨리 지나가야 하거나, 숙련된 조종을 강조하는 게임 방식을 그다지 좋아하지 않았다. "여자아이들에게는 능숙한 손재주가 교우 관계에 딱히 도움이 되지 않아요. 이 아이들은 경험적인 과정을 원하죠"라고 브렌다는 설명했다.[13] 브렌다가 설문한 여자아이들은 레벨을 올리고 악당을 무찌르고 시간 기록을 깨기 위해 계속해서 도전하는 것보다는 가상 세계를 탐험하고 그 안에서 캐릭터와 장소 사이의 관계를 알아내는 것을 더 좋아했다. 브렌다가 연구를 시작하고 몇 년 안 되어 출간된 『스크린 위의 삶』에서 사회학자 셰리 터클은 일반적으로 남성이 컴퓨터를 숙달하고 지배해야 하는 도전 과제로 보는 반면, 여성은 컴퓨터를 협력해야 할 대상과 도구로 본다고 주장했다. 그녀의 설명에 따르면, "이 부드러운 숙달"은 음악가와 악기의 관계처럼 친밀한 감정으로 컴퓨터와 연결될 것을 요구한다.[14] 이들은 친밀하게 대화하고 관계를 맺기를 원한다.

음악가들이 연주를 통해 조화를 이루는 것처럼, 브렌다는 여자아이들이 게임을 할 때 그 게임이 원래 여럿이 하는 게임이든 아니든 함께 플레이한다는 것을 발견했다. 그녀는 여자아이들에게 협력은 자연스러운 일이고 놀이에서 이루어지는 사회 경험이 게임 자체의 목적만큼이나 중요하다는 결론을 내렸다. 브렌다의 피실험자들은 퍼즐, 발견, 그리고 흡인력 있는 스토리 속에서 기계와의 대화에 몰입하는 것을 좋아했다. 생각해보면 그 나이 때 나는 분명히 그랬던 것 같다. 1993년에 CD-ROM 게임 〈미스트〉를 깨고는, 기분이 좋아서 친한 친구들과 카펫 위를 펄쩍펄쩍 뛰었던 기억이 난다.

이것은 충분히 개발로 이어질 수 있는 연구였다. 1996년, 인터벌은 브렌다의 연구팀으로 자회사 퍼플 문을 설립하고 여자아이들을 위한 게임을 제작했다.[15] 남학생들이 여학생이 좋아하지 않는 게임을 하느라 학교 컴퓨터실을 독차지한다면, 나중에 여학생들이 컴퓨터 사용 능력이 필요한 직장과 세상에서 불이익을 받게 되리라 추론하는 것은 합리적이다. 그렇다면 여자아이들이 좋아하는 게임을 만들면 된다. 어느 여성 게임 디자이너가 말한 것처럼, "오늘 여자아이들이 기술을 가지고 놀 수 있게 북돋우지 않는다면, 내일 여성들이 기술에서 뛰어나길 기대할 수 없다."[16] 이는 사업적인 면에서도 현명한 발상이었다. 여자아이들은 대표적인 미개척 시장이었다. 여학생들을 끌어들일 컴퓨터 게임을 만들기만 한다면 게임 산업은 두 배로 커질 터였다.

이런 생각은 아이들이 가상의 바비에게 옷을 입히며 놀게 한 마텔사의 CD-ROM 게임 〈바비의 패션 디자이너〉가 그해 예기치 않게 성공했다는 사실에 영향을 받은 것으로 보인다. 바비 게임은 최초로 가장 많이 팔린 "여아용 게임"으로, 1996년에 〈둠〉이나 〈퀘이크〉 같은 슈팅 게임을 뛰어넘고 60만 개가 팔렸다. 게임 업계가 모두 깜짝 놀랐다.

〈바비의 패션 디자이너〉는 여아 게임 시장을 조명했고, 소녀들이 현실과 컴퓨터 사이에서 느끼는 간극을 좁혔다. 바비의 디지털 의상은 출력한 다음 잘라서 진짜 바비 인형에게 풀로 붙여 입힐 수 있었다. 그러나 게임 역학의 관점에서 보면, 이 게임은 어떤 한계를 뛰어넘은 것은 아니었다. 캐릭터에게 옷을 입히는 아이디어조차 새롭지 않았다. '남아용' 게임에서도 아바타를 마음대로 만드는 형태로 옷 입히기 기능을 제공하고, 이는 대개 본격적으로 모험이 시작되기 전에 이루어진다. 이걸 보면 퍼플 문 이전에 게임 업계가 여아용 게임에 접근했던 전형적인 방식을 알 수 있다. 게임 디자이너들은 주로 기존 게임 역학에서 껍질만 바꿔 더 쉬운 버전으로 포장하곤 했다. 〈바비의 패션 디자이너〉의 전작으로 1991년에 출시된 슈퍼닌텐도용 〈바비〉 역시 마찬가지였다. 금화를 향수병으로, 괴물을 비치볼로 대체했을 뿐이다. 그것은 드레스를 입은 남아용 게임이었고, 브렌다는 이를 경멸하듯 "핑크 레고와 동급인 컴퓨터 게임"이라고 불렀다.[17]

퍼플 문은 다른 방식으로 접근했다. 브렌다의 회사는 '소년들'의 게임을 여성스럽게 다듬는 일 대신, 복잡한 캐릭터와 스토리를 만드는 데 집중했다. "남아용 게임에서 나오는 캐릭터는 대부분 설득력이 없을 뿐 아니라 너무 허접해서 도저히 재밌는 이야기를 끌어낼 수가 없어요."[18] 퍼플 문은 주인공인 8학년 여학생 로켓 모바도와 위스퍼링 파인스 중학교 친구들이 나오는 스토리 게임 시리즈를 두 개 제작했다. 로켓 게임에는 레벨도 반복적인 시도도 타이머도 순위표도 없었다. 심지어 이길 필요도 없었다. 브렌다는 이 게임을 감정의 예행연습 공간에 비유했다. 〈로켓의 새로운 학교〉에서 로켓은 사춘기 소녀라면 결코 낯설지 않은 상황에 직면한다. 그녀는 친구를 만들어야 하고 까다로운 사회적 상황을 헤쳐나가야 하며 자신이 어떤 유형의 사람인지 결정해야 한다. 로켓은 범생이 메이비스를 파티에 초대할까? 다른 친구의 비밀 일기장을 읽을까? "더 원스"라는 인기 있는 패거리와 어울릴까? 다른 친구가 괴롭힘을 당하는 걸 보고 나설까?

플레이어는 갈림길에 서서 이 질문들에 대답한다. 학교 첫날에 교실로 들어가면서 로켓은 자신이 어떤 사람이 될지를 결정해야 한다. 선택은 로켓의 머릿속에서 이루어진다. 세 명의 로켓이 속마음을 나타내는 말풍선을 공유하고, 각각 개별 스토리로 이어진다. '무서워 로켓'은 '난 할 수 있어 로켓'과는 다른 길을 간다. '난 할 수 있어 로켓'은 교실 맨 뒷자리를 두고 알파걸과 말다툼을 하게 된다. 이것은 사회성 개발을 위한 하이퍼텍스트 버전의 '끝없는 게임'으로, 언제든 학교 첫날로 돌아가 게임을 반복할 수 있다. 로켓 게임을 하며 인격 형성기를 보낸 한 열렬한 퍼플 문 신봉자는 이 게임이 자신의 성격 발달에 어떤 영향을 미쳤는지 회상했다. "상대에게 경솔하게 대답하는 대신에 어떤 말을 할지 미리 생각해보고 그 말이 어떤 영향을 미칠지 고민하던 시기를 분명히 기억해요. 사람들과 사귀고 또 잘 지내는 방법을 배우는 데 정말 도움이 많이 됐어요."[19]

사회 수업은 위스퍼링 파인스 중학교에만 한정되지 않았다. 초기 소셜 네트워크라 할 수 있는 퍼플 문 웹사이트는 로켓 게임의 세계를 온라인으로 확장해 아이들이 자신이 가장 좋아하는 캐릭터에 대해 자세히 알고 또 다른 친구들을 만날 수 있게 했다. 인터벌 창립자는 로켓 게임 시제품을 처음 보았을 때 "남자애들용으로도 만들 수 있겠소?"라고 물을 뿐이었지만[20], 퍼플 문 웹사이트는 여자아이들의 우주, 즉 요샛말로 *팬덤*이 되었다. 소녀들은 위스퍼링 파인스 학교 소식지에 기사를 보내 기존 줄거리를 중심으로 자신만의 이야기를 지어냈고, 로켓 포럼에서 시간을 보내며 게임 속 가상의 보물들을 교환했다. 다른 대형 웹사이트와 달리 퍼플 문 사이트는 안전했다. 아이들이 부모를 통해 계정에 등록했고 웹사이트에 비상 단추가 내장되어 있었기 때문이다. 브렌다가 특유의 열정적인 어투로 말했다. "간단해요. 문제가 생기면 비상 단추를 누르면 되거든요. 그러면 화면이 자동으로 캡처되어 전송됩니다. 우리는 문제를 일으킨 사람을 찾아 부모에게 전화로 경고해요."[21] 퍼플 문 웹사이트는 게임만큼이나 영향력이 컸다. 1997년에는 조회수나 체류 시간에서 모두 디즈니 웹사이트를 넘어섰고, 수많은 소녀들을 위한 온라인 세계의 토대가 되었다.

퍼플 문은 로켓 시리즈의 자매품인 〈비밀 통로〉 시리즈를 출시했다. 로켓 게임이 사회성을 강조했다면, 〈비밀 통로〉는 "우정의 모험"이었고 학교라는 압박이 큰 환경과 달리 편안하고 비밀스러운 공간에서 진행됐다. 예를 들어 〈숲속의 비밀 통로〉는 나무 위의 집에서 시작한다. 사용자의 선호에 따라 창문 밖으로 웅장한 산, 꽃들이 만발한 시내, 말들이 달리는 황토빛 풍경이 보인다.

방 안에는 "우정 상자"가 있는데, 그 안에는 도움이 필요한 여자친구들이 있다. 그중 한 명을 선택해 하트를 누르면 그 여자아이가 자신의 비밀을 말해준다. 미코는 자기가 공부를 너무 잘해서 다른 여자애들이 자기를 싫어할까 봐 걱정한다. 데이나는 축구대회에서 자기 팀이 져서 크게 실망했다. 휘트니는 새엄마와 잘 지내지 못한다. 〈숲속의 비밀 통로〉의 목적은 속삭이는 나무가지와 일몰을 따라 여행하면서 다른 소녀들을 돕는 것이다. 도중에 퍼즐을 풀면 보상으로 보석을 주는데, 각각 소녀가 문제를 극복하는 데 필요한 덕목을 상징한다. 보석은 자기 자신을 믿어야 한다는 약속과 함께 반짝이는 목걸이 부적 선물이 된다.

〈숲속의 비밀 통로〉와, 이후에 출시된 〈바다로 가는 비밀 통로〉는 〈로켓의 새로운 학교〉와는 다른 정서적 필요를 충족시켰다. 이 시리즈는 조용하고 느릿하고 명상적인 게임으로, 여학생들에게 "내면에서 감정적 자원을 찾는 법, 다른 사람을 관찰하고 말로 표현하지 않은 필요에 반응하는 방법"을 가르쳤다.[22] 〈비밀 통로〉 시리즈는 혼자 하는 게임으로 만들어졌다. 로켓 시리즈가 아이들로 하여금 부끄럽거나 수치스러운 일을 직접 겪지 않고 다양한 사회 행동을 시도하는 정서적 탐색을 도운 반면에, 〈비밀 통로〉 시리즈는 여자아이들이 공감과 친절과 연대의 가치를 이해하고 변화를 통해 그것이 마음에 닻을 내리도록 도왔다. 〈비밀 통로〉의 수줍은 아이는 〈로켓〉의 사춘기를 앞둔 자신감 넘치는 아이가 된다.

그 과정에서 절대적으로 옳은 방법은 없다. 좀 더 순탄한 경로는 있겠지만, 퍼플 문의 게임들은 현실을 반영했다. 아이들은 로켓을 마냥 달콤하게 플레이할 수도 있지만, 때로는 나쁜 결정이 오히려 로켓에게 행운을 가져다주기도 한다. 학교에서 가장 인기 많은 남학생 루벤과 음악실에서 만나 그가 피아노를 치며 부르는 세레나데를 듣게 되는 일처럼 말이다.

퍼플 문은 총 여섯 개의 게임을 출시했다. 처음 두 제품은 출시된 해에 〈존 매든 풋볼〉 같은 업계의 대작들을 물리치고 올해의 가장 많이 팔린 게임 톱 100에 진입했다. 여성의 웹처럼, 이 게임은 컴퓨터 사용의 성별 역학관계에서 일어난 엄청난 변화를 상징했다. 퍼플 문이 자리를 잡을 무렵 이른바 "걸 게임"이 우후죽순 생겨났다. 마텔은 〈바비의 패션 디자이너〉의 성공을 업고 바비 인터랙티브 게임—오션 어드벤처, 파티 초대장을 디자인하고 출력하는 게임, 그리고 따로 설명이 필요 없는 〈바비의 매직 헤어 스타일러〉 등—을 추가로 출시했다. 한편 세가는 〈코스모폴리탄 나만의 꾸미기〉로 경쟁했고, 러닝 컴퍼니는 〈아메리칸 걸〉 시리즈를 제작했다. 게임 디자이너 테리사 덩컨은 몽환적인 얼터너티브 록 스토리 게임인 〈촙 수이〉 〈제로 제로〉 〈스마티〉로 성공을 거두었다. 아메리칸 레이저 게임스의 자회사인 허 인터랙티브는 고등학교를 배경으로 한 또 다른 어드벤처 게임인 〈맥킨지&컴퍼니〉와 인기 있는 낸시 드루 게임 시리즈를 제작했다. 이처럼 걸 게임의 수가 임계치에 도달하자 증폭 효과가 일어났다. 더 많은 스튜디오들이 걸 게임에 뛰어들면서 걸 게임이 마트 진열대를 더 많이 차지하게 되었다. 걸 게임 부흥기에 초등학교를 다닌 어느 퍼플 문 게이머는 나와의 인터뷰에서 어린 시절 컴퓨터 코너는 *언제나* 당연히 여자아이용 게임으로 채워져 있는 건 줄 알았다고 말했다.

걸 게임 운동은 1990년대 전반에 걸쳐 여성을 내세운 사업들이 승승장구함과 동시에 일어났다. 퍼플 문과 같은 수많은 주류 걸 게임 스튜디오들은 여성이 소유하거나 여성 직원을 고용했고, 기업의 여성화라는 전국적인 유행과 함께 진행되었다. 당시에 화젯거리가 된 이 현상은 대중매체에서도 흥미롭게 다루었다. 토크쇼 〈나이트라인〉은 걸 게임 특집을 방영했고, 〈타임〉은 퍼플 문 소개 기사에서 "자기만의 롬+"이 필요한 소녀들에 대한 농담을 했다. 이러한 관심은 게임계와 학술계에서 더 많은 이야기를 끌어냈고, 관련 주제로 여러 학술 문헌도 출판되었다. 당시의 흥분은, 걸 게임으로 인해 "컴퓨터 게임을 하고 자란 여자아이들이 게임 소프트웨어를 설계하는 여성이 되고, 그러면서 여학생 친화적인 게임이 더욱 많이 양산되고, 나아가 더 많은 여성 게이머들이 쏟아진다는 '선순환'을 창조한다"라는 가정을 토대로 일어난 것이었다.[23] 그러나 2000년 무렵 퍼플 문을 포함한 가장 인지도 높은 스튜디오들

+ rom. 읽기 전용 기억장치.

이 차츰 묻혀버리면서 걸 게임 유행은 사실상 끝이 났다.

〈바비의 패션 디자이너〉 이후로 어떤 걸 게임 스튜디오도 블록버스터급 제품을 만들지 못했다. 업계 관측자들은 마침내 〈바비의 패션 디자이너〉의 성공조차 마텔의 브랜드 인지도에서 비롯한 요행으로 치부했다. 당시에는 일반적인 미국 여자아이가 평균 아홉 개의 바비 인형을 갖고 있었으니 말이다. 그러나 많은 비평가들은 걸 게임의 밑바탕을 이루는 가치관에 문제가 있다고 지적했고, 대놓고 여아용 게임을 제작하는 것은 아이들을 억지로 분홍빛 보라색 어항으로 밀어 넣어 그들을 망치는 결과를 낳는다고 주장했다. 비평가들은 왜 성별을 나누는 대신 모든 아이들이 다 같이 즐길 수 있는 게임을 만들지 않았는지 물었다. 〈퐁〉이나 〈테트리스〉 같은 초기의 역대급 성공작들은 뚜렷한 성별이 드러나지 않는다. 성별 이슈 자체도 1980년대에 아타리가 팩맨에 분홍색 리본을 달아 〈미즈 팩맨〉을 만들면서 시작되었다.

브렌다의 연구 결과는 그녀가 남자아이들만 슈팅이나 어드벤처 게임을 즐긴다고 믿게 했지만, 그때나 지금이나 많은 여학생들도 외계인에게 폭탄을 던지거나 기관총을 난사해 악당을 섬멸하는 게임을 좋아한다. 1990년대 말에 자칭 "게임 걸"이라는 사람이 쓴 것처럼, "퍼플 문과 다른 '걸 게임' 회사가 깨닫지 못한 것은, 비록 〈바비의 패션 디자이너〉 같은 게임을 위한 시장이 있긴 하지만 그에 못지않게 남자아이들이 하는 게임을 하고 싶어 하는 여자아이들의 시장도 크다는 사실이다."[24]

퍼플 문은 아이들의 삶에 게임이 미치는 영향에 관한 훨씬 더 폭넓은 문화적 담론에 휘말렸고, 이들이 소녀를 대상으로 취한 접근법은 본질주의로 여겨졌다. 한 영향력 있는 사설에서 페미니스트 비평가 레베카 아이젠버그는 퍼플 문을 낳은 연구에 의문을 품으면서 "인기와 패션"에 치중한 로켓 게임은 "그들이 맞서 싸운다고 주장한 바로 그 고정관념을 강화할" 뿐이라고 주장했다.[25] 브렌다 로럴은 자신이 면담한 여학생들의 사회적 현실을 반영하기 위해 위스퍼링 파인스 중학교를 디자인했지만, 비평가들은 퍼플 문이 소녀성에 대해 지나치게 편협한 관점을 제공하고 페미니스트들이 해체하기 위해 그토록 애쓰고 있는 배제와 소속의 패턴을 강조한다며 맹비난했다. 여자아이들은 그들이 이미 알고 있는 세상의 만화 버전보다 더 나을 자격이 있지 않은가? 내가 브렌다에게 묻자 그녀는 좀 더 현실적인 답변을 내놓았다. 그녀는 대중문화 차원에서 개입하고 있었고, 그러려면 폭넓은 호소가 필요했다. "자기가 플레이하는 캐릭터를 인지하지 못한다면 사람들이 받아줄 리가 없어요."[26]

1999년, 인터벌은 퍼플 문의 전원을 뽑았다. 회사의 끝은 우아하지 못했다. "폴 앨런이 챕터 7(청산파산)을 신청했어요. 우리는 챕터 7에서 나와 챕터 11(관리대상)로 돌아가자고 말해야 했죠. 그래야 이 망할 것을 마텔에 헐값에라도 팔아 사람들에게 월급을 줄 테니까요. 꼴이 우습게 됐죠."[27] 브렌다는 전 세계 소녀들이 깊은 우정을 나누는 퍼플 문 웹사이트를 폐쇄해야 했다. 또 하루아침에 직원 대부분을 해고해야 했다. 퍼플 문은 실리콘밸리와는 반대로 직원의 80퍼센트가 여성이었다. 그해 산호세에서 열린 게임 개발자 학회에서 브렌다는 퍼플 문의 실패를 장기적인 발전보다 단기적인 이익을 중시하는 기술 시장과, 물질적인 상품 판매보다 무형의 웹 사업에 집착하는 시장 탓으로 돌렸다. "나는 고객과 아이디어를 둘 다 성장시키는 데 도움을 줄 연구와 디자인 접근법과 관련해 이야기하기로 약속했었습니다." 〈뉴욕 타임스〉에 따르면 그녀는 청중에게 이렇게 말했다. "그러나 퍼플 문은 막대한 기업 공개 자금을 받거나 모두를 부자로 만들 수 있도록 후하게 인수되지도 못했으므로, 제가 옹호하는 방법이 꼭 효과가 있는 것은 아니라고 결론짓더라도 여러분을 이해합니다."[28] 브렌다는 이후에 『유토피아적 기업가』라는 제목으로 책을 썼다.

바비는 싹쓸이 쇼핑으로 로켓을 샀다. 마텔은 1999년에 퍼플 문을 인수하면서, 게임 〈카르멘 샌디에이고〉를 제작한 러닝 컴퍼니와 아메리칸 걸 인형 및 게임으로 유명한 플레전트 컴퍼니까지 함께 인수해 게임 그룹이 완전히 문을 닫는 것을 막았고, 실질적으로 걸 게임 운동을 굴복시켰다. "마텔은 바비 프랜차이즈를 보호하려고 했어요. 그래서 나머지를 모두 사들이면서 확인 사살을 했죠"라고 브렌다가 말했다.[29] 그러나 1990년대 후반에 비디오게임에서 인지도가 가장 높은 여성 캐릭터는 로켓도, 심지어 바비도 아니었다. 풍만한 가슴과 몸에 달라붙는 옷으로 여성성을 과장한 〈툼 레이더〉의 라라 크로프트였다.

퍼플 문을 접은 브렌다는 자신의 집에서 장례 전야제를 치렀다. 고풍스러운 식탁 위에 놓인 소형 플라스틱 보관함에는 로켓 조각상이 매장되어 있었고, 회사의 전 직원과 친구들이 그 주위로 모여들었다. 보관함 옆에는 "검은 초, 보라색 붓꽃 꽃다발, 거의 다 마신 아이리시 위스키병"이 나란히 놓였다. 브렌다는 잔에 술을 따른 다음 게임의 미래가 되리라 점찍었던 붉은 머리의 작은 소녀를 추도했다. "우리는 언제나 치유하려고 노력했습니다. 엉망이었던 어린 시절, 부당한 대우, 형편없는 자존감을. 우리는 그녀와 함께하면서 치유하려고 했습니다."[30] 브렌다에게는 딸이 셋 있었다. 따라서 그녀의 사명은 개인적인 것이기도 했을 것이다. 퍼플 문이 처음으로 게임을 출시했을 때 그들은 사춘기에 들어서기 직전이었고, 회사가 문을 닫았을 때는 겨우 몇 살 더 먹은 상태였다. 어린 시절의 마지막 단계를 통과하는 여느 통로가 그러하듯, 아이들의 어린 시절은 그리 길지 않았다. 딸들은 엄마를 위로하기 위해 분홍색 실에 로켓 피규어를 매달아 2층에서 천사처럼 내려오게 했다.

집을 나서려는데 브렌다가 급하게 사무실로 가더니 구석의 제단에서 무언가를 꺼내 왔다. 달처럼 생긴 우유빛 구슬. 〈비밀 통로〉 오리지널 버전에 나오는 보석 중 하나였다. 퍼플 문은 소녀들이 보석을 수집하고 거래할 수 있도록 작은 보라색 벨벳 가방에 보석을 여섯 개씩 넣어 묶음으로 판매했다. 브렌다가 보석을 자랑스럽게 건넸다. 보석 뒤에는 단어 하나가 새겨져 있었다. 성숙. 아마도 내가 인생의 다음 단계를 잘 넘기도록 도와줄 힘의 목걸이를 완성하는 데 필요한 덕목일 것이다. 고작 플라스틱 장난감이 누군가에게 철들라고 말하는 건 별로 어울리지 않는 것 같다. 그러나 신성한 물건들이 놓인 제단 옆에 서 있는 브렌다를 보고, 이내 깨달았다. 나에게 철 좀 들라고 말하는 게 아니었다. 방법을 가르쳐 주고자 했던 것이다.

보석은 숲을 가로지르는 긴 길을 따라 나와 함께 집으로 돌아왔다.

사이버 페미니스트

1992년 여름, 오스트레일리아 시드니의 한 미술관 옆에 밤새 광고판 하나가 세워졌다. 5.5미터나 되는 길이에 이상한 이미지들이 잔뜩 그려져 있었다. 구형의 DNA 파편, 칼집 모양의 색깔 있는 쐐기, 그리고 머리에 유니콘 뿔을 달고 근육을 과시하며 소라 껍데기에서 나오고 있는 한 쌍의 거울상 여성. 한가운데에는 물방울처럼 볼록한 구체에 글씨가 쓰여 있다. **우리는 안에서부터 상징을 파괴하는 신세계 무질서의 바이러스다. 빅 대디 메인프레임의 파괴자들. 클리토리스는 매트릭스로 직행하는 선이다.**[1]

너무 늦지 않게 사이버 페미니스트가 당도했다.

〈21세기 사이버 페미니스트 선언문〉이라는 제목의 이 작품은 애들레이드에서 온 네 명의 여성 예술가—조지핀 스타스, 줄리앤 피어스, 프란체스카 다 리미니, 버지니아 배럿—로 구성된 팀 비너스 매트릭스VNS Matrix가 제작한 것이다. 배럿이 몇 년 전에 나에게 설명해주었듯이, 이들의 "불경스러운 텍스트"는 "고대와 미래, 환상과 현실이 뒤섞인 테크노 공간 속 여성, 젠더, 섹슈얼리티의 새로운 표상"에 대한 자유 연상으로 하룻밤만에 쓰였다. 1991년, 비너스 매트릭스는 에이다 러브레이스가 최초로 컴퓨터 프로그램을 종이에 적은 지 1세기하고도 절반이 지난 지금 새 시대가 도래했음을 알리며 도시의 벽마다 선언문을 붙이고 전 세계 기술 잡지와 페미니스트 예술가에게 팩스를 보냈다. 이제는 여성이 네트워크의 바이러스이자 신호이자 맥박이 될 때였다.

영국에서 온 한 학생이 광고판 선언문을 보고 사진을 찍어 영국에 있는 담당 교수인 문화이론가 새디 플랜트에게 보냈다. 그녀 또한 비슷한 정신에서 수업 커리큘럼을 짜던 중이었다. 1997년에 출간한『제로 플러스 원』에서 플랜트는 비너스 매트릭스가 "클리토리스는 매트릭스로 직행하는 선이다"라는 문장을 통해, 그들을 둘러싼 세상에서 "점차 스스로를 조립하는 … 추상적인 커뮤니케이션 네트워크"와 자궁(매트릭스matrix는 라틴어로 자궁이라는 뜻) 둘 다를 의미하려 했다고 설명했다. 이는 네트워크로 조직된 컴퓨터를 향한 여성의 육체적 연결성, 다시 말해 에이다 러브레이스와 셀 수 없이 많지만 아직 헤아리지 못한 여성 컴퓨터들로부터 시작해 기술 그 자체보다 먼저 등장한 연결성을 환기한다. 플랜트가 자신의 책에서 보여주고자 추적한 계보이자, 내가 이 책에서 보여주고자 의도한 것과도 같다.

새디 플랜트와 비너스 매트릭스는 1990년대 중반에 웹이 세상을 재편성하기 시작한 무렵 아주 잠깐 번성했던, 거칠고 숨 막힐 듯 유토피아적인 예술 운동 사이버 페미니즘의 여군주로 여겨진다. 사이버 페미니즘은 여러 면에서 초기 인터넷 문화의 반체제적이고 기술 유토피아적인 느낌을 불러일으키며, 컴퓨터가 매개하는 통신이 자유로운 정신문명을 창조할 것이라고 믿었던 웨스트코스트 사이버 히피의 정신을 계승한다. 자신을 사이버 페미니스트라고 기꺼이 선언한 예술가, 코더, 게임 디자이너, 작가 집단이 비너스 매트릭스가 "빅 대디 메인프레임"이라 부른 것을 전복했다. 세계의 기술적 기반, 즉 남성이 건설한 중심 골격에 견고히 새겨진 가부장제를 말이다. 배럿은 다음과 같이 말했다. "기술 개발 환경은 대단히 건조하고 데카르트적이며 숭배심이 넘칩니다. 그곳은 무비판적이고 압도적으로 남성이 지배해요. 그곳은 그렇게 코드화된 남성주의적 공간이고, 코드의 문지기들은 기술 생산의 통제권을 유지합니다."[2]

수 세대에 걸쳐 여성들이 이룩한 기술적 성취가 시간, 무관심, 네트워크 자체의 계속해서 변화하는 프로토콜에 의해 묻힌 후, 사이버 페미니스트들은 현재의 기술에서 그들의 자리를 큰소리로 주장하고자 했다. 사이버 페미니스트 사상가와 예술가는 자유로운 사고와 표현을 위한 전례 없는 플랫폼으로 인터넷을 이해했다. 그들에게 인터넷은 메인프레임에 잠복한 바이러스와 같았다. "사이버"라는 접두사가 이 생각을 상징했다. 사이버문화, 사이버델릭+, 사이버펑크, 그리고 물론 사이버슬래커까지, 당시에는 어디에나 "사이버"라는 말이 붙어 전자 네트워크라는 장소도 형체도 없는 세계에 대한 집단 환각을 불러일으켰다. 사이버 페미니스트들은 지리적 제한도, 정의된 규약도 없는 온라인 공간이라는 개념에 매료되었고, 그곳에서 새로운 종류의 페미니즘이 항해를 시작해 광섬유와 비트의 대양을 자유롭게 떠다니게 될 것이라고 믿었다. 프란체스카 다 리미니가 말하기를, "인터넷은 덜 규제되고, 덜 상품화된 공간입니다. 몰mall이라기보다는 몰maul이자 모maw였죠.++ 가능성은 끝이 없는 것 같았어요."[3]

1990년대 초반에 온라인에 접속한 많은 여성들에게 사이버 페미니즘은 모든 면에서 페미니즘의 새로운 커다란 물결이었다. 과거 세대가 서로의 거실에 모여 의식을 고취하는 시간을 가지며 생각은 세계적으로 실천은 지역적으로 했다고 한다면, 인터넷은 픽셀과 코드가 피켓과 주먹을 대신하는 전 지구적 거실을 만들며 차별을 무너뜨렸다.

+ cyberdelic. '사이버'와 '사이키델릭'을 합친 말로 1980년대와 1990년대에 유행한 새로운 반체제문화를 뜻함.

++ mall은 쇼핑센터를, maul은 럭비 경기 중 공을 가진 선수가 잡혔을 때 동료들이 함께 몸싸움하는 것을, maw는 구렁텅이를 뜻한다.

실제로, 웹에서 활동한 초대 페미니스트들은 접근이 곧 평등의 사안임을 이해했고, 2세대 페미니즘의 조직과 활동 경험을 새로운 매체로 번역하는 법을 배웠다. 웹에서 진행된 최초의 페미니즘 활동에는 학대 피해자를 위한 정보를 전달하는 웹사이트, 페미니스트 포럼, 그리고 가정폭력에 대항하는 GIF 촛불시위 애니메이션 등이 포함된다. 캐나다 페미니스트 잡지 〈위민스페이스〉의 편집자인 스칼릿 폴록과 조 서턴은 다음과 같이 썼다. "사람들이 새로운 통신 기술에 널리 익숙해지면서, 페미니스트들의 도전거리는 우리가 온라인상에서 그들을 맞이할 준비가 되어 있느냐 하는 것이 되었다."[4]

사이버 페미니스트 예술가들은 혁명적인 CD-ROM을 만들고, 웹 기반 멀티미디어 작품을 창작하고, 가상 세계를 구축하는 등 즐거움과 지식을 찾아 네트워크를 헤엄치며 다양한 형태의 운동을 시도했다. 그들은 〈21세기 사이버 페미니스트 선언문〉처럼 울부짖는 선동의 글을 썼다. 또한 연합, 메일링 리스트, 토론 그룹을 형성했다. 토론 그룹 가운데 하나인 올드보이 네트워크는 사이버 페미니즘이 무엇보다 "생존과 힘과 재미의 문제"가 되어야 한다고 선언했다.[5] 비너스 매트릭스는 심지어 〈올 뉴 젠〉이라는 비디오게임까지 만들었다. 이 게임에서 플레이어들은, 지금까지 오이디푸스 콤플렉스를 바탕으로 기술산업 복합체를 구현해온 빅 대디 메인프레임을 해킹한다. 이들은 빅 대디와 그의 패거리인

"써킷보이+, 길거리 싸움꾼, 그 밖의 머저리들"을 흙으로 덮어 망각의 세계에 묻어버리고 거기에 신세계 무질서의 씨를 뿌려 지구에서 남근 권력의 지배를 종식해야 한다.

네트워크와 마찬가지로 운동은 광범위하게 다양한 방식으로 이루어졌다. 1999년에 스위스의 예술 평론가 이본느 폴카트는 "사이버 페미니즘은 복수형으로만 존재합니다"라고 말했다.[6] "사이버 페미니즘"이라는 단어의 사용이 절정에 이르렀을 때에도, 웹 혁명 여명기의 페미니즘을 하나의 고정된 방식으로 접근하려는 시도는 결코 환영받지 못했다. 오히려 이 단어는 여러 입장에서 통용되었고, 그것들 중 일부는 상호 배타적이었다. 1997년에 독일 카셀에서 열린 제1회 사이버 페미니스트 국제학회에서 참석자들은 용어에 정의를 내리는 것에 반대하고, 대신 모두 단결하여 사이버 페미니즘이 *아닌* 것에 대한 목록으로 100개의 "안티테제"를 제안했다. 목록에 포함된 것들은 다음과 같다. 사이버 페미니즘은 사고파는 물건이 아니다, 포스트모던이 아니다, 튀기 위한 복장이 아니다, 나들이가 아니다, 언론 조작이 아니다, 착한 것이 아니다, 자크 라캉이 아니다, 과학소설이 아니다. 그리고 무엇보다 제일 내 마음에 드는 것은 "심심한 남자애들을 위한 재미없는 장난감에 관한 것이 아니다"이다.[7]

+ circuit boy. 성소수자들의 대규모 댄스 파티인 써킷파티에 주기적으로 참가하는 게이 남성.

하지만 1999년에 사회과학자 레나테 클라인이 썼듯이, 사적인 자리에서 사이버 페미니스트들은 "새로운 밀레니엄을 위한 가상의 테크노 천국"으로 칭송되는 것이 결과적으로 "20세기 말 현실에서는 여성혐오"로 이어질 가능성을 염려했다.[8] 만일의 사태에 대비해 그들은 온라인 속에서 여성이 다채롭고 대담하며 생생한 존재로 신속하게 자리매김하길 바랐다. 여성의 타고난 권리인 기술 문화와 여성 사이의 영구적인 연관성이 충분히 인지될 수 있도록 말이다.

그러나 오늘날 온라인에서 여성으로 살아간다는 것은 여성과 소수집단을 늘상 따라다니는 동일한 불안감을 동반한다. 또한 묵살당하고 배제되고 괴롭힘당하리라는 두려움은 현실과 마찬가지로 디지털 영역에서도 감지된다. 촘촘하게 연결된 기술의 그물과 그 안에서 점차 증가하는 감시 시설은 신상 털기, 사이버 스토킹, 악플, 불법 성착취 영상 같은 새로운 형태의 폭력으로 이어졌다. 초기의 수많은 사이버문화 사상가들과 함께 사이버 페미니스트들은 젠더와 차별을 초월하는 방법의 하나로서 익명성을 옹호했지만, 되려 그 익명성이 웹 전체에서 폭력적인 여성혐오의 언어를 가능하게 했다. 유튜브 댓글에서, 포럼에서, 레딧과 포챈에서, 그리고 사람들의 입에 오르내리는 여성들의 이메일 편지함이나 트위터 답글에서 말이다. 온라인에 가장 먼저 접속했던 여성들을 도취시킨 무형의 참신함이 변질되었다. 그것은 게임 비평가 캐서린 크로스가 적절히 표현한 "현실과 비현실의 뫼비우스 띠"가 되었다.[9] 이 띠 안에서 인터넷 문화는 "편리할 때는 현실이, 그렇지 않을 때는 비현실이 되고, 사람들을 다치게 할 만큼 실재하지만, 그것을 정당화하기에 충분할 만큼 비실재적인" 것이 되었다.

하나의 운동으로서 사이버 페미니즘은 닷컴버블이 터지면서 함께 사라졌다. 버지니아 배럿은 "당시 우리는 해야 할 일을 했습니다"라고 설명했다.[10] "여성의 정체성을 가진 사람과 페미니스트로서 우리가 해야 할 일은 가부장제와 자본주의 체제의 지배와 통제에 큰 영향을 미친 강력한 새로운 기술에 접근하기 위해 문지기들을 무너뜨리는 것이었습니다." 웹이 상업화되면서 인터넷이 성차별주의, 그리고 계급, 인종, 능력, 나이의 차별 문제로부터 그 누구도 자유롭게 하지 못할 것이라는 사실이 분명해졌다. 그렇기는커녕 인터넷은 실제 세계에서와 같은 패턴과 역학을 지속시켰다. 자본주의 체제는 승리했고, 개인 브랜드는 왕으로 군림한다. 망 중립성을 위한 투쟁이 줄곧 계속되는 것으로 알 수 있듯이, 문지기들은 여전히 열쇠를 쥐고 놓지 않는다.

사이버 페미니스트들도, 그들의 선조들도 실패한 것이 아니다. 디지털과 현실의 경계가 거의 완벽하게 중첩함에 따라 디지털 세계가 현실 세계의 문제를 그대로 물려받은 것뿐이다. 뫼비우스의 띠를 펜으로 따라가면 출발했던 자리로 다시 돌아온다. 이런 연속적인 표면에서는 경계를 가르는 것이 더욱더 어려워진다. 이

제 컴퓨터는 점점 더 작아지고, 우리와 함께 침대 위로 올라간다. 심지어 우리가 잘 때조차 호흡을 측정한다. 우리가 세상을 탐색할 때면 우리가 하는 말을 듣고 가는 길을 추적한다. 소셜 네트워크는 우리가 원하는 것을 먼저 알고 그것을 팔아 제국을 세웠다. 우리의 의견은 알고리즘 피드백의 지속적인 순환 속에서 거품 안에 갇혀 형성된다. 좋든 나쁘든 우리는 네트워크가 되었다. 몸도, 다른 모든 것들도.

그러나 좋은 일일 수도 있다. 우리가 모니터 화면과 더 가까운 곳에서 사회를 지도로 그릴수록 그 사회를 변화시킬 수 있는 더 강력한 도구를 만들어내는 것이기 때문이다. 온라인에서는 거짓말도 충분히 널리 알려지면 진실이 된다. 소셜 미디어는 우리가 여행하고 먹고 혁명을 시작하는 방식을 새로이 만들었다. 우리에게 가장 친밀한 기술에 내재된 모든 결정은 우리의 삶, 우리의 도시, 우리의 사회 구조, 그리고 무엇이 옳고 진짜이며 진실인지에 대한 우리의 집단 경험에 영향을 미친다. 기술을 창조할 때 우리는 그저 세상을 본뜨는 것이 아니다. 우리는 실제로 세상을 만든다. 그리고 우리가 그 책임의 놀라운 본질을 이해하는 한, 그것을 다시 새롭게 만들 수 있다.

탁자 위에 다양성이 더 많이 올라갈수록, 화면 속 결과가 더 흥미로워지고 사람이 더 많아지고—스테이시 혼은 *냅둬!*라고 말하겠지만—더 낫다. 가치 있는 일에 이바지하기 위해 반드시 도달해야만 하는 합당한 유형의 공학자도, 특별한 차원의 사고도 없다. 합당한 교육도, 합당한 경력도 없다. 때로는 심지어 계획도 없다. 인터넷은 사람에 의해, 사람을 위해 만들어진다. 그리고 우리가 시키는 대로 한다.

우리는 세계를 새로이 만들 수 있다.

그러려면 첫 번째 단계는 명확하게 보는 것이다. 창고에서 부를 일군 사람들, 천재적인 컴퓨터 괴짜, 브로그래머[+]의 신화를 당연하게 여기는 대신, 기술의 역사에서 가장 중요한 시점에 실제로 누가 있었는지 보아야 한다. 다음 단계는 선배들의 승리와 생존 전략을 전부 익히는 것이다. 나는 이 책이 도움이 되는 전략을 몇 개나마 찾아냈길 바란다. 러브레이스의 인습타파적 사고방식, 그레이스 호퍼의 미래지향적 끈기, 리소스 원 여성들의 동지애, 변화하는 네트워크 세계의 혼돈 속에서 제이크 파인러가 보았던 선명한 비전, 용기에 대한 제이미 레비의 펑크록 정신의 밑그림, 그리고 늘 그랬듯이 인터넷은 거칠고 요상하고 혼란스러운 놀이터라는 비너스 매트릭스의 구체적 자기 확신이 주는 든든한 지원까지.

마지막 단계가 가장 어렵다. 지금 시작하는 것이다.

[+] 세련되고 부유하고 유행에 민감한 프로그래머를 일컫는 말.

감사의 말

책을 쓴다는 것은 궁극적인 라이프핵[+]이다. 영웅들을 만날 수 있는 더 좋은 방법이 있는지 모르겠다. 나를 위해 수첩과 하드 드라이브와 기억을 열어준 분들께 큰 신세를 졌다. 그분들의 이야기가 전부 이 책의 최종본에 들어간 건 아니지만, 모두 내 사고에 헤아릴 수 없는 영향을 끼쳤다. 퍼트리샤 윌콕스, 패멀라 하르트 잉글리시, 셰리 레종, 조안 레프코위츠, 마야 숀, 크리스 메이시, 리펠센스타인, 엘리자베스 "제이크" 파인러, 메리 스탈, 래디아 펄먼, 알리자 셔먼, 엘런 팩, 낸시 라인, 나오미 피어스, 스테이시 혼, 마리사 보, 제이미 레비, 하워드 미텔마크, 데임 웬디 홀, 애넷 와그

+ life hack. 삶에서 마주치는 온갖 문제를 해결하는 솜씨. 프로그래머들이 과부화된 정보를 관리하기 위해 사용하던 기술에서 유래함.

너, 캐시 마셜, 주디 멀로이, 캐런 캐틀린, 니콜 얀켈로비치, 지나 그루보, 로리 크레치머, 마를린 맥대니얼, 나오미 클라크, 브렌다 로럴, 에이드리언 예니크, 에이미 브룩먼, 앙투아네트 라파지, 신시아 듀발, 헬렌 발리 제이미슨, 주디 앤더슨, 줄리 버크, 리사 브레니스, 린 핀치, 파벨 커티스, 짐 범가드너, 그리고 이브. 나는 매 순간 경외감에 물들어 감사함을 느끼는 목격자였지만, 이것은 시작에 불과하다. 기술의 역사에는 내가 이 책에 다 실을 수 없었던 여성들에 대한 흥미로운 이야기가 더 많다. 앞으로 이 주제에 관한 책들이 더욱더 많이 출간되어 읽을 수 있기를 진심으로 바란다.

그동안 도와주신 분들께도 감사의 마음을 전한다. SFMOMA에 있는 로버트 케트와 마티나 하이드포글은 박물관의 상설 전시품에서 〈워드〉의 CD-ROM 기록을 참조하도록 도와주었다. 인터넷 명예 전당의 웬드 커버는 나를 초기 네트워킹 개척자들과 연결해주었다. 컴퓨터 역사박물관의 시드니 굴브론슨 올슨은 커뮤니티 메모리에 대한 질문에 답해주었다. 인터넷 기록보관소의 성인 같은 사람들과 그들의 웨이백 머신이 없었다면 닷컴시대 챕터는 쓰지 못했을 것이다. 나는 전문적인 역사학자가 아니다. 따라서 이 책 전반에 걸쳐, 특히 초반부에서 인용한 컴퓨터 역사학자들의 연구에 깊이 감사드린다. 그들은 세상을 바꾸는 일을 하고 있고, 많은 경우에 터무니없이 배제된 것을 바로잡는다. 문서가 나를 압도했을 때, 나는 내가 아는 최고의 작가에게 힘을 빌렸다. 브라이언 머천트는 전쟁 이야기, 소프트웨어 전략, 그리고 전반부 챕터와 초고 내용에 관한 중요한 통찰을 공유해주었다. 코리나 러플린은 연구논문, PDF, 피드백으로 가득한 이메일들을 능숙하게 처리했다. 캐스린 보렐 주니어는 아주 소중한 홍보 담당자였고, 궁극의 사이버 페미니스트 아디 와그넥트는 이 책을 빈틈없이 읽으며 전문적인 내용을 짚어주었다.

몹시 사려 깊고 의욕이 넘치는 저작권 대리인 세라 레비트가 없었다면 이 책은 "다음에"라고 이름 붙인 폴더에 들어 있는 3쪽짜리 문서에 그치고 말았을 것이다. 그녀는 내가 상상했던 것보다 훨씬 큰 것을 보았고, 나를 그곳에 데려가 주었다. 내 담당 편집자 스테퍼니 프레리치에게도 감사의 말을 전한다. 그녀는 여성 이야기에 열정을 보여주었고 이 책을 잡초 더미에서 꺼낼 수 있게 도와주었으며 나를 믿고 지지해주었다. 올리비아 펠루소와 포트폴리오에 있는 모든 이들은 함께 걷는 내내 나를 세심히 보살펴 주었다. 교열 편집자 줄리앤 바르바토와 제작 편집자 라이언 보일은 시간을 들여 내게 가장 어려웠던 부분을 명확하게 바로잡아 주었다. 부모님 콜린 에반스와 로진 에반스에게도 감사드린다. 내게 델을 사주고 무조건적인 지지를 보내주셨다. 그리고 조나 벡톨트. 그는 내 자아에서 나를 끌어내어 주었다. 가장 어두운 동굴로 나와 함께 거침없이 들어가준 것에 감사한다. 당신은 빛이다.

주

1장 컴퓨터 구합니다

1 A Computer Wanted," *New York Times*, May 2, 1892.

2 James Gleick, *The Information: A History, A Theory, A Flood* (New York: Vintage Books, 2012), 84.

3 Charles Babbage, *On the Economy of Machinery and Manufactures* (London: Charles Knight, Pall Mall East, 1832), 153.

4 David Alan Grier, *When Computers Were Human* (Princeton, NJ: Princeton University Press, 2005), 276.

5 Sadie Plant, *Zeroes + Ones: Digital Women and the New Technoculture* (London: Fourth Estate, 1998), 66.

6 George Gordon Byron, *Lord Byron: Selected Letters and Journals*, ed. Leslie A. Marchand (Cambridge, MA: Harvard University Press, 1982), 58.

7 Charles Babbage, *Passages from the Life of a Philosopher* (New Brunswick, NJ: Rutgers University Press, 1994), 116-117.

8 Ibid., 117.

9 Gleick, *The Information*, 101-105.

10 Betty Alexander Toole, *Ada, the Enchantress of Numbers: Prophet of the Computer Age* (Mill Valley, CA: Strawberry Press, 1992), 6.

11 Ibid., 21.

12 Ibid., 156-157.

13 B. V. Bowden, "A Brief History of Computation," in *Faster Than Thought: A Symposium on Digital Computing Machines*, ed. B. V. Bowden (London: Pitman and Sons, 1953), 22.

14 Toole, *Ada, the Enchantress*, 33.

15 Sophia Elizabeth De Morgan, *Memoir of Augustus De Morgan* (London: Longmans, 1882), 89.

16 Toole, *Ada, the Enchantress*, 83.

17 Ibid., 101.

18 Ibid., 172.

19 Ibid., 182.

20 Ibid., 147.

21 Ibid., 155.

22 Plant, *Zeroes + Ones*, 32.

23 Benjamin Wooley, *The Bride of Science: Romance, Reason, and Byron's Daughter* (New York: McGraw-Hill, 1999), 340-341.

24 Toole, *Ada, the Enchantress*, 290.

25 B. V. Bowden, preface to *Faster Than Thought*, xi.

26 아니라는 말도 있긴 하지만, 전해지는 이야기에 따르면 피커링은 항성 스펙트럼 사진 건판을 조사하기 위해 고용한 남자 조수들이 마음에 안 들자 플레밍을 고용했다고 한다. 그는 사무실을 박차고 나가면서 자신의 스코틀랜드 출신 하녀도 그들보다는 일을 더 잘할 거라고 호언장담했는데, 물론 옳은 말이었다.

27 Grier, *When Computers Were Human*, 83.

28 Gabriele Kass-Simon, *Women of Science: Righting the Record* (Bloomington: Indiana University Press, 1993), 100.

29 Grier, *When Computers Were Human*, 81.

30 Ibid., 276.

31 Beverly E. Golemba, *Human Computers: The Women in Aeronautical Research* (unpublished manuscript, 1994), 43, https://crgis.ndc.nasa.gov/crgis/images/c/c7/Golemba.pdf

32 Sarah McLennan and Mary Gainer, "When the Computer Wore a Skirt: Langley's Computers, 1935-1970," *NASA News & Notes* 29, no. 1 (2012), https://crgis.ndc.nasa.gov/crgis/images/c/c3/Nltr29-1.pdf

33 Jim Hodges, "She Was a Computer When Computers Wore Skirts," 2008, www.nasa.gov/centers/langley/news/researchernews/rn_kjohnson.html

2장 어메이징 그레이스

1 그녀는 이곳에서 수학 박사학위를 받은 불과 11번째 여성이었다.

2 Kathleen Broome Williams, *Grace Hopper: Admiral of the Cyber Sea* (Annapolis, MD: Naval Institute Press, 2004), 12.

3 Williams, *Grace Hopper*, 16.

4 그레이스 머리 호퍼, 1968년 7월, 우타 메하츠바흐Uta Merzbach와의 인터뷰, Computer Oral History Collection, Archives Center, National Museum of American History, Smithsonian Institution, 16, http://amhistory.si.edu/archives/AC0196.pdf

5 Ibid., 28.

6 Ibid., 25.

7 Ibid.

8 Ibid., 26.

9 Ibid., 29.

10 Kurt W. Beyer, *Grace Hopper and the Invention of the Information Age* (Cambridge, MA: MIT Press, 2009), 37.

11 호퍼, 1968년, 메하츠바흐와의 인터뷰, 29.

12 그레이스는 8비트 코딩에 너무 익숙해서 자기도 모르게 수표책의 잔고를 8진법으로 쓰곤 했다.

13 호퍼, 1968년, 메하츠바흐와의 인터뷰, 29.

14 Ibid.

15 Beyer, *Grace Hopper*, 314.

16 호퍼, 1968년, 메하츠바흐와의 인터뷰, 31.

17 에이킨은 1962년 4월 〈ACM 커뮤니케이션〉에 실린 은퇴 기사에서 그를 "심지가 굳고 독립적이며 외골수 성격에다, 학문적 진실성과 수행과 성취에 있어서 기준이 매우 높은 … 가차 없는 감독이다"라고 묘사할 정도로 명성이 널리 알려져 있었다.

18 그레이스 머리 호퍼, 1972년 7월, 베스 루버트Beth Luebbert와 헨리 트롭Henry Tropp과의 인터뷰, Computer Oral History Collection, Archives Center, National Museum of American History, Smithsonian Institution, 29, http://amhistory.si.edu/archives/AC0196.pdf

19 Ibid., 47.

20 하워드 에이킨, 1973년 2월, 헨리 트롭과 I. B. 코헨I. B. Cohen과의 인터뷰, Computer Oral History Collection, Archives Center, National Museum of American History, Smithsonian Institution, 44, http://amhistory.si.edu/archives/AC0196.pdf

21 Ibid.

22 Fred R. Shapiro, "Etymology of the Computer Bug: History and Folklore," *American Speech* 62, no. 4 (1987): 376-378.

23 호퍼, 1972년, 루버트와 트롭과의 인터뷰, 27.

24 그레이스 머리 호퍼, 1969년 1월, 우타 메하츠바흐와의 인터뷰, Computer Oral History Collection, Archives Center, National Museum of American History, Smithsonian Institution, 13, http://amhistory.si.edu/archives/AC0196.pdf

25 Ibid., 10.

26 Williams, *Grace Hopper*, 13.

27 호퍼, 1968년, 메하츠바흐와의 인터뷰, 4.

28 Thomas Haigh, Mark Priestly, and Crispin Rope, *ENIAC in Action: Making and Remaking the Modern Computer* (Cambridge, MA: MIT Press, 2016), 298.

29 Mark Priestley and Thomas Haigh, *Working on ENIAC: The Lost Labors of the Information Age*, http://opentranscripts.org/transcript/working-on-eniac-lost-labors-information-age

30 존 모클리, 1973년 6월, 우타 메하츠바흐와의 인터뷰, Computer Oral History

Collection, Archives Center, National Museum of American History, Smithsonian Institution, 22, http://amhistory.si.edu/archives/AC0196.pdf

31 Jean Jennings Bartik, *Pioneer Programmer: Jean Jennings Bartik and the Computer That Changed the World* (Kirksville, MO: Truman State University Press, 2013), 9.

32 Nathan Ensmenger, *The Computer Boys Take Over: Computers, Programmers, and the Politics of Technical Expertise* (Cambridge, MA: MIT Press, 2010), 15.

33 Bartik, Pioneer Programmer, 13.

34 Haigh et al., *ENIAC in Action*, 96-97.

35 1973년 1월, 헨리 트롭과의 인터뷰, Computer Oral History Collection, Archives Center, National Museum of American History, Smithsonian Institution, 70, http://amhistory.si.edu/archives/AC0196.pdf

36 Ibid.

37 Kay McNulty, quoted in W. Barkley Fritz, "The Women of ENIAC," *IEEE Annals of the History of Computing* 18, no. 3 (Fall 1996): 16.

38 H. H. Goldstine and Adele Goldstine, "The Electronic Numerical Integrator and Computer (ENIAC)," *IEEE Annals of the History of Computing* 18, no. 1 (Spring 1996), 10.

39 진 J. 바틱과 프랜시스 E. "베티" 스나이더 홀버튼, 1973년 4월, 헨리 트롭과의 인터뷰, Computer Oral History Collection, Archives Center, National Museum of American History, Smithsonian Institution, 19, http://amhistory.si.edu/archives/AC0196.pdf

40 Ibid., 21.

41 모클리, 1973년, 트롭과의 인터뷰, 66.

42 바틱과 홀버튼, 1973년, 트롭과의 인터뷰, 29.

43 Fritz, "The Women of ENIAC," 1996, 1096.

44 *The Computers: The Remarkable Story of the ENIAC Programmers*, directed by Kathy Kleiman (2016, Vimeo), VOD.

45 Bartik, *Pioneer Programmer*, 84.

46 Ibid., 84-85.

47 Ibid., 92.

48 Ibid., 95.

49 Ibid., 85.

50 Ibid., 25.

51 Jean Jennings Bartik, "Oral History of Jean Bartik: Interviewed by Gardner Hendrie," July 1, 2008, Computer History Museum, 31, www.computerhistory.org/collections/oralhistories

52 바틱과 홀버튼, 1973년 4월, 트롭과의 인터뷰, 55

53 T. R. Kennedy, "Electronic Computer Flashes Answers, May Speed Engineering," *New York Times*, February 15, 1946.

54 Jennifer S. Light, "When Computers Were Women," *Technology and Culture* 40 (1999): 474.

55 Ibid.

56 Bartik, *Pioneer Programmer*, 85.

57 바틱, 2008년 7월, 가드너 헨드리Gardner Hendrie와의 인터뷰, 31.

58 Janet Abbate, *Recoding Gender: Women's Changing Participation in Computing* (Cambridge, MA: MIT Press, 2012), 37.

59 Light, "When Computers Were Women," 475.

60 Ibid., 473.

61 Bartik, *Pioneer Programmer*, 21.

62 Jennifer S. Light, "Programming," in *Gender and Technology: A Reader*, ed. Nina Lerman, Ruth Oldenziel, and Arwen P. Mohun (Baltimore, MD: The Johns Hopkins University Press, 2003), 295.

3장 전성기

1 Williams, *Grace Hopper*, 17.

2 호퍼, 1969, 메하츠바흐와의 인터뷰, 15.

3 Ibid.

4 Abbate, *Recoding Gender*, 42.

5 Bartik, *Pioneer Programmer*, 140.

6 프랜시스 E. "베티" 홀버튼, 1983년 4월, 제임스 로스James Ross와의 인터뷰, Charles Babbage Institute, Center for Information Processing, University of Minnesota, Minneapolis, 10, www.cbi.umn.edu/oh

7 호퍼, 1969년, 메하츠바흐와의 인터뷰, 3.

8 Bartik, *Pioneer Programmer*, 138-140.

9 Ibid., 123.

10 Captain Grace Hopper, "Oral History of Captain Grace Hopper: Interviewed by Angeline Pantages," December 1980, Computer History Museum, 27, www.computerhistory.org/collections/oralhistories

11 Beyer, *Grace Hopper*, 171.

12 호퍼, 1969년, 메하츠바흐와의 인터뷰, 10.

13 홀버튼, 1983년, 로스와의 인터뷰, 6-7.

14 Bartik, *Pioneer Programmer*, 123.

15 호퍼, 1969년, 메하츠바흐와의 인터뷰, 3.
16 Grace Murray Hopper, "Keynote Address," in *History of Programming Languages*, ed. Richard L. Wexelblat (New York: Academic Press, 1981), 9.
17 *UNIVAC Conference, OH 200* (Oral history on May 17 – 18, 1990, Washington, DC, Charles Babbage Institute, University of Minnesota, Minneapolis, http://purl.umn.edu/104288).
18 *UNIVAC Conference*, 1990.
19 Ibid.
20 홀버튼, 1983년, 로스와의 인터뷰, 14.
21 *UNIVAC Conference*, 1990.
22 홀버튼, 1983년, 로스와의 인터뷰, 14.
23 Beyer, *Grace Hopper*, 217-218.
24 호퍼, 1968년, 메하츠바흐와의 인터뷰, 8.

4장 바벨탑

1 Jean Sammet, *Programming Languages: History and Fundamentals* (Englewood Cliffs, NJ: Prentice-Hall, 1969), 44-53.
2 John Backus, "Programming in America in the 1950s: Some Personal Impressions," in *A History of Computing in the Twentieth Century*, eds. N. Metropolis, J. Howlett, and Gian-Carlo Rota (New York: Academic Press, 1980), 127.
3 Abbate, *Recoding Gender*, 76.
4 Douglas Hofstadter, *Gödel, Escher, Bach: An Eternal Golden Braid* (New York: Basic Books, 1979), 290.
5 1950년대에 많은 사람들이 그랬듯이, 그레이스는 "유니박"을 "컴퓨터"라는 의미로 사용했다.
6 Grace Hopper, "The Education of a Computer," ACM '52, Proceedings of the 1952 ACM National Meeting, Pittsburgh, 243-249.
7 Ibid.
8 Abbate, *Recoding Gender*, 86.
9 호퍼, 1980년, 팬테이지스Pantages와의 인터뷰, 7.
10 이 성경 은유는 그레이스 호퍼에 의해 사용되고 굳어졌다. 심지어 분야 최초의 주요 분석서인 진 세멧의 고전 『프로그래밍 언어*Programming Languages: History and Fundamentals*』의 표지는 백 가지 언어의 이름이 새겨진 탑이 장식했다.
11 R. W. Bemer, "A View of the History of COBOL," *Honeywell Computer Journal* 5, no. 3 (1971): 131.

12 1959년 당시 다음과 같은 제조사들이 해당된다. IBM, 허니웰, RCA, 제너럴 일렉트릭, 버로스Burroughs, 엔시아르사National Cash Register, 필코Philco, 실베이니아Sylvania, 인터내셔널 컴퓨터 & 태뷸레이터International Computers and Tabulators, 그리고 레밍턴 랜드와 스페리 자이로스코프Sperry Gyroscope의 합병으로 생겨난 스페리 랜드.

13 Ensmenger, *The Computer Boys*, 94.

14 Betty Holberton, "COBOL Session: Transcript of Discussant's Remarks," in *History of Programming Languages*, 262.

15 진 세멧은 젊은 프로그래머였을 때 군수산업체인 스페리에서 일한 적이 있다. 1955년에 스페리는 레밍턴 랜드를 인수해 스페리 랜드가 되었다. 종종 밤 열차를 타고 필라델피아까지 간 세멧은 유니박 컴퓨터가 운송되기 전에 프로그램을 돌려보며 그레이스 호퍼 프로그래밍 부서의 베타 테스터로 일했다. 그녀는 언제나 그레이스의 열렬한 숭배자였다. Steve Lohr, *Go To: The Story of the Math Majors, Bridge Players, Engineers, Chess Wizards, Maverick Scientists, and Iconoclasts—the Programmers Who Created the Software Revolution* (New York: Basic Books, 2008), 47.

16 Ensmenger, *The Computer Boys*, 96.

17 Ibid., 100-101.

18 공평하게 말하자면, 데이크스트라는 프로그래밍 언어를 깐깐하게 평가하는 편이었다. 그는 포트란에 대해 이렇게 썼다. "포트란이 존재했다는 사실을 빨리 잊을수록 좋다. 사고의 운반체로서 포트란은 더 이상 정확하지 않기 때문이다." 한편, 프로그래밍 언어 PL/I에 대해서는 "치명적인 질병으로 드러났다"라고 썼다. Edsger W. Dijkstra, *Selected Writings on Computing: A Personal Perspective* (New York: Springer-Verlag, 1982), 130.

19 *The New Hacker's Dictionary*, 3rd ed., comp. Eric S. Raymond (Cambridge, MA: MIT Press, 1996), 115.

20 Sammet, "COBOL Session," 266.

21 Ibid., 4.

22 Denise Gürer, "Pioneering Women in Computer Science," *Communications of the ACM* 38(1): 45-54, https://courses.cs.washington.edu/courses/csep590/06au/readings/p175-gurer.pdf

23 Abbate, *Recoding Gender*, 84.

24 Ibid., 81.

5장 컴퓨터 걸스

1 Lois Mandel, "The Computer Girls," *Cosmopolitan*, 1967, 52-56.

2 Ibid.

3 Nathan Ensmenger, "Making Programming Masculine," in *Gender Codes: Why Women Are Leaving Computing*, ed. Thomas Misa (Hoboken, NJ: Wiley, 2010).

4 Ibid.

5 Abbate, *Recoding Gender*, 92.

6 Frederick Brooks, *The Mythical Man-Month: Essays on Software Engineering* (Boston: Addison-Wesley, 1975), 8.

7 Ensmenger, *The Computer Boys*, 147.

8 Abbate, *Recoding Gender*, 90.

9 Ensmenger, *The Computer Boys*, 239.

10 Ensmenger, "Making Programming Masculine."

11 Abbate, *Recoding Gender*, 103.

12 호퍼, 1968년, 메하츠바흐와의 인터뷰, 17.

13 Abbate, *Recoding Gender*, 109.

14 Plant, *Zeroes + Ones*, 33.

15 Ibid., 37.

6장 세상에서 가장 긴 동굴

1 이후에 노예 가이드들은 이 물고기를 팔아 자유를 사는 데 필요한 돈을 마련했다.

2 Roger W. Brucker, "Mapping of Mammoth Cave: How Cartography Fueled Discoveries, with Emphasis on Max Kaemper's 1908 Map" (Mammoth Cave Research Symposia, Paper 4, October 9, 2008, http://digitalcommons.wku.edu/mc_reserch_symp/9th_Research_Symposium_2008/Day_one/4)

3 Ibid.

4 Richard D. Lyons, "A Link Is Found Between Two Major Cave Systems," *New York Times*, December 2, 1972, www.nytimes.com/1972/12/02/archives/a-link-is-found-between-two-major-cave-systems-link-found-between-2.html?_r=0

5 Patricia P. Crowther, Cleveland F. Pinnix, Richard B. Zopf, Thomas A. Brucker, P. Gary Eller, Stephen G. Wells, and John P. Wilcox, *The Grand Kentucky Junction: A Memoir* (St. Louis, MO: Cave Books, 1984), 96.

6 Roger W. Brucker and Richard A. Watson, *The Longest Cave* (Carbondale: Southern Illinois University Press, 1976), 213.

7 Ibid., 171.

8 Dennis G. Jerz, "Somewhere Nearby Is Colossal Cave: Examining Will Crowther's

Original 'Adventure' in Code and in Kentucky," *Digital Humanities Quarterly* (2007), www.digitalhumanities.org/dhq/vol/1/2/000009/000009.html

9 James Gillies and Robert Caillau, *How the Web Was Born: The Story of the World Wide Web* (Oxford: Oxford University Press, 2000), 15.

10 Brucker and Watson, *The Longest Cave*, 171.

11 Crowther et al., *The Grand Kentucky Junction*, 10.

12 Ibid., 19-20.

13 Ibid., 20.

14 Brucker and Watson, *The Longest Cave*, xvii.

15 Brucker, "Mapping of Mammoth Cave."

16 Joseph P. Freeman, *Cave Research Foundation Personnel Manual*, 2nd ed. (Cave City, KY: Cave Research Foundation, 1975).

17 Julian Dibbell, "A Marketable Wonder: Spelunking the American Imagination," *Topic Magazine* 2, www.webdelsol.com/Topic/articles/02/dibbell.html

18 Richard Powers, *Plowing the Dark* (New York: Picador, 2001), 307.

19 Jerz, "Somewhere Nearby Is Colossal Cave."

20 Tracy Kidder, *The Soul of a New Machine* (New York: Back Bay Books, 1981), 88.

21 www.legacy.com/obituaries/dispatch/obituary.aspx?n=john-preston-wilcox&pid=145049233

22 Jerz, "Somewhere Nearby Is Colossal Cave."

23 Walt Bilofsky, "Adventures in Computing," *Profiles: The Magazine for Kaypro Users* 2, no. 1 (1984): 25, https://archive.org/stream/PROFILES_Volume_2_Number_1_1984-07_Kaypro_Corp_US/PROFILES_Volume_2_Number_1_1984-07_Kaypro_Corp_US_djvu.txt

24 Steven Levy, *Hackers: Heroes of the Computer Revolution*, 25th Anniversary Edition (Sebastopol, CA: O'Reilly Media, 2010), 113.

25 Jerz, "Somewhere Nearby Is Colossal Cave."

26 Mary Ann Buckles, "Interactive Fiction: The Computer Storygame 'Adventure'" (PhD thesis, University of California, San Diego, 1985).

27 Espen J. Aarseth, *Cybertext: Perspectives on Ergodic Literature* (Baltimore, MD: Johns Hopkins University Press, 1997), 108.

28 Thomas J. Misa, "Gender Codes: Defining the Problem," in *Gender Codes: Why Women Are Leaving Computing*, ed. Thomas J. Misa (Hoboken: Wiley-IEEE Computer Society Press, 2010), 3.

29 "Bytes for Bites: The Kitchen Computer," Computer History Museum, www.computerhistory.org/revolution/minicomputers/11/362

30 Jesse Adams Stein, "Domesticity, Gender, and the 1977 Apple II Personal

Computer," *Design and Culture* 3, no. 2 (2011): 193-216.

7장 리소스 원

1 Charles Raisch, "Pueblo in the City: Computer Freaks, Architects and Visionaries Turn a Vacant San Francisco Candy Factory into a Technological Commune," *Mother Jones*, May 1976, accessed February 5, 2017, https://books.google.com/books?id=aOYDAAAAMBAJ&lpg=PA27&dq=mother*20jones20pueblo20in20the20city20charles*20raisch&pg=PA28#v=onepage&q&f=true

2 리 펠센스타인, 2017년 3월 7일, 저자와의 인터뷰.

3 패멀라 하르트 잉글리시, 2017년 2월 6일, 저자와의 인터뷰.

4 Optic Nerve, "Project One," 1972, Pacific Film Archive Film and Video Collection, https://archive.org/details/cbpf_000052

5 하르트 잉글리시, 2017년 2월 6일, 저자와의 인터뷰.

6 Ibid.

7 Stewart Brand, "SPACEWAR: Fanatic Life and Symbolic Death Among the Computer Bums," *Rolling Stone*, December 7, 1972.

8 펠센스타인, 2017년 3월 7일, 저자와의 인터뷰.

9 Jane R. Speiser, *Roadmap of the Promised Land* (Turin: Edizioni Angolo Manzoni, 2006), 45.

10 하르트 잉글리시, 2017년 2월 6일, 저자와의 인터뷰.

11 Stewart Brand, *II Cybernetic Frontiers* (New York: Random House, 1974), 49-50.

12 Ibid., 50.

13 Lee Felsenstein, "Community Memory: The First Public-Access Social Media System," in *Social Media Archaeology and Poetics*, ed. Judy Malloy (Cambridge, MA: MIT Press, 2016), 91.

14 Ibid., 89.

15 Levy, *Hackers*, 128.

16 하르트 잉글리시, 2017년 2월 20일, 저자와의 인터뷰.

17 펠센스타인, 2017년 4월 9일, 저자에게 보낸 이메일.

18 셰리 레종, 2017년 2월 20일, 저자와의 인터뷰.

19 크리스 메이시, 2017년 2월 20일, 저자와의 인터뷰.

20 레종, 2017년 2월 20일, 저자와의 인터뷰.

21 조안 레프코위츠, 2017년 3월 26일, 저자와의 인터뷰.

22 Ibid.

23 레종, 2017년 2월 20일, 저자와의 인터뷰.

8장 네트워크

1 Janet Abbate, *Inventing the Internet* (Cambridge, MA: MIT Press, 1999), 1.

2 Elizabeth "Jake" Feinler, "Oral History of Elizabeth (Jake) Feinler: Interviewed by Marc Weber," September 10, 2009, Computer History Museum, 4, www.computerhistory.org/collections/oralhistories

3 Elizabeth Jocelyn Feinler, "Interview by Janet Abbate," IEEE History Center, July 8, 2002, http://ethw.org/Oral-History:Elizabeth_%22Jake%22_Feinler

4 Ibid.

5 이것 또한 SDS-940에서 실행되었고, 항간에 떠도는 소문에 따르면 리소스 원에 간 기계가 바로 SDS-940이라고 한다.

6 엘리자베스 "제이크" 파인러, 2017년 9월 1일, 저자와의 인터뷰.

7 Leonard Kleinrock, "An Early History of the Internet [History of Communications]," *IEEE Communications Magazine* 48, no. 8 (August 2010).

8 파인러, 2017년 9월 1일, 저자와의 인터뷰.

9 Ibid.

10 Ibid.

11 Garth O. Bruen, *WHOIS Running the Internet: Protocol, Policy, and Privacy* (Hoboken, NJ: Wiley, 2016), 27.

12 Elizabeth Feinler, "Host Tables, Top-Level Domain Names, and the Origin of Dot Com," *IEEE Annals of the History of Computing* 33, no. 3 (March 2011), http://ieeexplore.ieee.org/stamp/stamp.jsp?arnumber=5986499

13 파인러, 2017년 9월 1일, 저자와의 인터뷰.

14 Ibid.

15 엘리자베스 "제이크" 파인러, 마크 웨버Marc Weber와의 인터뷰, 14.

16 Ibid.

17 파인러, 2017년 9월 1일, 저자와의 인터뷰.

18 Ibid.

19 Ibid.

20 Ibid.

21 Ibid.

22 파인러, 웨버와의 인터뷰, 9.

23 파인러, 2017년 9월 1일, 저자와의 인터뷰.

24 Internet Society, "Elizabeth Feinler—INTERNET HALL OF FAME PIONEER," 4:40, filmed April 23, 2012, posted to YouTube May 8, 2012, https://youtu.be/idb-7Z3qk_o

25 메리 K. 스탈, 2017년 9월 7일, 저자와의 인터뷰.

26 파인러, 2017년 9월 1일, 저자와의 인터뷰.
27 파인러, 웨버와의 인터뷰, 19.
28 Ibid., 26.
29 Bruen, *WHOIS Running the Internet*, 7.
30 스탈, 2017년 9월 7일, 저자와의 인터뷰.
31 Feinler, "Host Tables."
32 Ibid.
33 스탈, 2017년 9월 7일, 저자와의 인터뷰.
34 파인러, 2017년 9월 1일, 저자와의 인터뷰.
35 Ibid.
36 Rebecca J. Rosen, "Radia Perlman: Don't Call Me the Mother of the Internet," *The Atlantic*, March 3, 2014, www.theatlantic.com/technology/archive/2014/03/radia-perlman-dont-call-me-the-mother-of-the-internet/284146
37 파인러, 마크 웨버와의 인터뷰, 28.
38 래디아 펄먼, 2017년 6월 22일, 저자와의 인터뷰.
39 Ibid.
40 Ibid.
41 Ibid.
42 Ibid.
43 Ibid.
44 Ibid.
45 Ibid.
46 Imagining the Internet, "Internet Hall of Fame 2014: Radia Perlman," 16:48, filmed April 7, 2014, posted to YouTube April 15, 2014, https://youtu.be/G3zJuMht5Kk
47 펄먼, 2017년 6월 22일, 저자와의 인터뷰.
48 Ibid.
49 Imagining the Internet, "Internet Hall of Fame 2014: Radia Perlman," 16:48, filmed April 7, 2014, posted to YouTube April 15, 2014, https://youtu.be/G3zJuMht5Kk
50 펄먼, 2017년 6월 22일, 저자와의 인터뷰.
51 Radia Perlman, *Interconnections: Bridges, Routers, Switches, and Internetworking Protocols* (Boston: Addison-Wesley, 2000), 58.
52 펄먼, 2017년 6월 22일, 저자와의 인터뷰.

9장 커뮤니티

1 Reyner Banham, *The Architecture of Four Ecologies* (Berkeley: University of California Press,

2009), 5.

2 Abbate, *Inventing the Internet*, 2.

3 이러한 편리함은 우연히 생겨나지 않았다. 1978년에 최초로 BBS 소프트웨어를 작성한 두 남성은 그들의 시카고 마이크로컴퓨터 클럽이 뉴스레터를 공유하길 원했기 때문에 혹독한 중부의 눈 폭풍 속에서도 그 소프트웨어를 만든 것이다.

4 Madeline Gonzales Allen, "Community Networking, an Evolution," in *Social Media Archaeology and Poetics*, 291.

5 Jason Scott, *BBS: The Documentary*, https://archive.org/details/BBS.The.Documentary

6 Ibid.

7 "First Memories: Aliza Sherman," Women's Internet History Project, last modified March 26, 2015, http://womensinternethistory.org/2015/03/first-memories-aliza-sherman

8 Stewart Brand, *Whole Earth Software Catalog* (New York: Quantum Press/Doubleday, 1984), 4.

9 낸시 라인, 2017년 2월 8일, 저자와의 인터뷰.

10 나오미 피어스, 2017년 2월 16일, 저자와의 인터뷰.

11 Cliff Figalo, "The WELL: A Regionally Based On-Line Community on the Internet," in *Public Access to the Internet*, eds. Brian Kahin and James Keller (Cambridge, MA: MIT Press, 1995), 55.

12 라인, 2017년 2월 8일, 저자와의 인터뷰.

13 *Encyclopedia of New Media*, ed. Steve Jones (Thousand Oaks, CA: Sage Reference Publications, 2003), 481.

14 Horn, *Cyberville*, 72.

15 스테이시 혼, 2016년 5월 26일, 저자와의 인터뷰.

16 Ibid.

17 Ibid.

18 Horn, *Cyberville*, 44.

19 혼, 2016년 5월 26일, 저자와의 인터뷰.

20 Horn, *Cyberville*, 44.

21 혼, 2016년 5월 26일, 저자와의 인터뷰.

22 Ibid.

23 Casey Kait and Stephen Weiss, *Digital Hustlers: Living Large and Falling Hard in Silicon Alley* (New York: HarperCollins, 2001), 56.

24 마리사 보, 2016년 7월 26일, 저자와의 인터뷰.

25 Horn, *Cyberville*, 147.

26 Marisa Bowe, "Net Living: The East Coast Hang Out," *Wired*, March 1, 1993, www.wired.com/1993/03/net-living-the-east-coast-hang-out

27 Horn, *Cyberville*, 76.

28 Stacy Horn, "Echo," in *Social Media Archaeology and Poetics*, 246.

29 혼, 2016년 5월 26년, 저자와의 인터뷰.

30 Ibid.

31 알리자 셔먼, 2016년 6월 2일, 저자와의 인터뷰.

32 Horn, *Cyberville*, 92.

33 혼, 2016년 5월 26일, 저자와의 인터뷰.

34 Horn, *Cyberville*, 246.

35 Ibid., 87.

36 "First Memories: Aliza Sherman."

37 인기 있었던 MUD 람다무는 11개의 성별을 제공했다. 캐릭터는 개별 남성이거나 여성, 또한 복수일 수도 있었다. 복수일 때는 일종의 무리 또는 자아로 나타나며, 대명사 "I" 또는 군주로서 "we"(과거에 왕이 자신을 가리킬 때 I 대신 we를 사용한 것을 뜻함.—옮긴이)만을 사용했다. 중성의 성별은 고유한 대명사를 사용했는데, 중성 캐릭터 "스플랫splat"은 별표를 사용해서, "스피박spivak"은 "e" "em" "eir" "emself"로 표기했다.

38 Pavel Curtis, "Mudding: Social Phenomena in Text-Based Virtual Realities," https://w2.eff.org/Net_culture/MOO_MUD_IRC/curtis_mudding.article

39 Allucquére Rosanne Stone, "Will the Real Body Please Stand Up?: Boundary Stories About Virtual Cultures," in *Cyberspace: First Steps*, ed. Michael Benedikt (Cambridge, MA: MIT Press, 1992), 84.

40 혼, 2016년 5월 26일, 저자와의 인터뷰.

41 Horn, *Cyberville*, 87.

42 Ibid., 102.

43 혼, 2016년 2월 26일, 저자에게 보낸 이메일.

44 혼, 2016년 5월 26일, 저자와의 인터뷰.

45 Ibid.

46 Echo NYC About Page, December 1998, https://web.archive.org/web/19990508065020/http://www.echonyc.com/about

47 Jason Cherkovas, "New York's New Media Ground Zero," in *Silicon Alley: The Rise and Fall of a New Media District*, ed. Michael Indergaard (New York: Routledge, 2004), 32.

48 하워드 미텔마크, 2016년 7월 21일, 저자와의 인터뷰.

49 Horn, *Cyberville*, 113.

50 미텔마크, 2016년 7월 21일, 저자와의 인터뷰.

51 보, 2016년 7월 26일, 저자와의 인터뷰.

52 Ibid.

53 Horn, *Cyberville*, 39.

54 Howard Rheingold, *The Virtual Community: Homesteading on the Electronic Frontier* (Cambridge, MA: MIT Press, 2000), 235.
55 Rheingold, *The Virtual Community*, 26.
56 Adrian Chen, "The Laborers Who Keep Dick Pics and Beheadings Out of Your Facebook Feed," *Wired*, October 23, 2014, www.wired.com/2014/10/content-moderation
57 Horn, *Cyberville*, 96.
58 미텔마크, 2016년 7월 21일, 저자와의 인터뷰.
59 Horn, "Echo," 245.
60 Horn, *Cyberville*, 53.
61 혼, 2016년 5월 26일, 저자와의 인터뷰.

10장 하이퍼텍스트

1 Jay David Bolter, *Writing Space: The Computer, Hypertext, and the History of Writing* (Hillsdale, NJ: Lawrence Erlbaum Associates, 1991), 24.
2 Jorge Luis Borges, *Ficciones* (New York: Grove Press, 1962), 100.
3 데임 웬디 홀, 2017년 1월 18일, 저자와의 인터뷰.
4 Richard FitzNeal (Richard Fitz Nigel), *Dialogus de Scaccario, the Course of the Exchequer, and Constitutio Domus Regis, the King's Household*, ed. and trans. Charles Johnson (Oxford: Oxford University Press, 1983), 64.
5 홀, 2017년 1월 18일, 저자와의 인터뷰.
6 "1986: A Child's View of the Future," *Domesday Reloaded*, BBC, www.bbc.co.uk/history/domesday/dblock/GB-424000-534000/page/16
7 홀, 2017년 1월 18일, 저자와의 인터뷰.
8 Web Science Trust, "Professor Wendy Hall: Making Links," 50:28, filmed July 14, 1997, posted to YouTube March 12, 2017, https://youtu.be/cFa3e-VkgMk
9 웬디 홀, 2013년 10월 8일, 짐 알 칼릴리Jim Al-Khalili와의 인터뷰, *The Life Scientific*, BBC Radio 4.
10 홀, 2017년 1월 18일, 저자와의 인터뷰.
11 Ibid.
12 "1979: IRA Bomb Kills Lord Mountbatten," *On This Day August 27*, BBC, http://news.bbc.co.uk/onthisday/hi/dates/stories/august/27/newsid_2511000/2511545.stm
13 "1986: Punks in Romsey," *Domesday Reloaded*, BBC, www.bbc.co.uk/history/domesday/dblock/GB-432000-120000/page/4
14 Web Science Trust, "Professor Wendy Hall: Making Links," 50:28, filmed July 14,

1997, posted to YouTube March 12, 2017, https://youtu.be/cFa3e-VkgMk
15 홀, 2017년 1월 18일, 저자와의 인터뷰.
16 W. Hall and D. Simmons, "An Open Model for Hypermedia and Its Application to Geographical Information Systems," Proceedings of Eurographics '92, Cambridge, UK.
17 니콜 얀켈로비치, 2017년 1월 9일, 저자와의 인터뷰.
18 캐시 마셜, 2017년 1월 11일, 저자와의 인터뷰.
19 Cathy Marshall, "The Freshman: Confessions of a CalTech Beaver," in *No Middle Initial*, February 25, 2011, http://ccmarshall.blogspot.com
20 캐시 마셜, 2016년 12월 19일, 저자와의 인터뷰.
21 Ibid.
22 컴퓨터 역사박물관에는 황토색 콩주머니 소파가 하나 있는데, 소프트웨어 엔지니어 아델 골드버그가 임신 중에 이 소파에 앉아 있는 것이 얼마나 어려운지 이야기하는 비디오와 함께 전시되어 있다. "일단 그 안에 들어가면 일어설 수 없었어요." 다시 말해 제록스 파크에 여성이 많지 않았다는 뜻이다. 그러나 그들은 모두 특별한 일을 했다. www.computerhistory.org/revolution/input-output/14/348/2300
23 마셜, 2016년 12월 19일, 저자와의 인터뷰.
24 Cathy Marshall and Judy Malloy, "Closure Was Never a Goal of This Piece," in *Wired Women: Gender and New Realities in Cyberspace*, ed. Lynn Cherny and Elizabeth Reba Weise (Seattle: Seal Press, 1996), 64-65.
25 마셜, 2017년 1월 11일, 저자와의 인터뷰.
26 Rob Swigart, "A Writer's Desktop," in *The Art of Human-Computer Interface Design*, eds. Brenda Laurel (Boston: Addison- Wesley, 1990), 140.
27 Randall H. Trigg and Peggy M. Irish, "Hypertext Habitats: Experiences of Writers in NoteCards," HYPERTEXT '87, Proceedings of the ACM Conference on Hypertext, 89-108.
28 디지털 노트카드에 관한 애플의 아이디어는 제록스 파크에서 개발된 것과 놀라울 정도로 유사하지만, 독자적으로 개발되었을지도 모른다. 비슷한 사무실 은유를 빌리는 것은 민주적으로 "널리 퍼질 수 있는 아이디어 중 하나"였다고 캐시는 말한다.
29 Esther Dyson, *Release 1.0*, November 25, 1987.
30 홀, 2017년 1월 18일, 저자와의 인터뷰.
31 마셜, 2017년 1월 11일, 저자와의 인터뷰.
32 Ibid.
33 Trigg and Irish, "Hypertext Habitats," 89-108.
34 Catherine C. Marshall, Frank M. Shipman III, and James H. Coombs, "VIKI: Spatial Hypertext Supporting Emergent Structure," ECHT '94, Proceedings of the 1994

ACM European Conference on Hypermedia technology, 13-23.
35 Alison Kidd, "The Marks Are on the Knowledge Worker," CHI '94, Proceedings of the SIGCHI Conference on Human Factors in Computing Systems, 186-191.
36 "List of Demonstrators: Hypertext '91," World Wide Web Consortium, www.w3.org/Conferences/HT91/Denoers.html
37 흥미롭게도 CERN에서 1년간 일했던 여학생 니컬라 펠로는 어떤 컴퓨터에서나 실행되는 텍스트 기반 웹 브라우저—라인 모드Line Mode 브라우저—를 만들었다. 실용적이었고 별로 화려하지 않았다. 버너스리는 그래픽 웹사이트의 개념을 선보이기 위해 기꺼이 방방곡곡으로 넥스트를 끌고 다녔다.
38 마셜, 2016년 12월 19일, 저자와의 인터뷰.
39 홀, 2017년 1월 18일, 저자와의 인터뷰.
40 마셜, 2016년 12월 19일, 저자와의 인터뷰.
41 Lynda Hardman, "Hypertext '91 Trip Report," *ACM SIGCHI Bulletin* 24, no. 3 (July 1, 1992).
42 Frank M. Shipman III, Catherine C. Marshall, and Mark LeMere, "Beyond Location: Hypertext Workspaces and Non-Linear Views," in Proceedings of ACM Hypertext '99, Darmstadt, Germany, 121-130.
43 Wendy Hall, "Back to the Future with Hypertext: A Tale of Two or Three Conferences," in Proceedings of ACM 18th Conference on Hypertext and Hypermedia 2007, Manchester, UK, 179-180.
44 Jason Hennessey and Steven Xijin, "A cross disciplinary study of link decay and the effectiveness of mitigation techniques," *BMC Bioinformatics201314* (Suppl. 14): S5. http://bmcbioinformatics.biomedcentral.com/articles/10.1186/1471-2105-14-S14-S5
45 데임 웬디 홀, 2017년 3월 1일, 저자와의 인터뷰.
46 Ibid.
47 Les Carr, Wendy Hall, Hugh Davis, and Rupert Hollom, "The Microcosm Link Service and Its Application to the World Wide Web," in Proceedings of the First World-Wide Web Conference, 1994, Geneva.
48 홀, 2017년 3월 1일, 저자와의 인터뷰.
49 Carr et al., "The Microcosm Link Service."
50 홀, 2017년 3월 1일, 저자와의 인터뷰.
51 Web Science Trust, "Professor Wendy Hall: Making Links."
52 홀, 2017년 2월 28일, 저자와의 인터뷰.
53 Ibid.

11장 미스 아우터 보로

1 Abbate, *Inventing the Internet*, 5.

2 보, 2016년 7월 26일, 저자와의 인터뷰.

3 "Between PLATO and the Social Media Revolution," May 10, 1983, http://just.thinkofit.com/between-plato-and-the-social-media-revolution

4 David R. Woolley, "PLATO: The Emergence of Online Community," in *Social Media Archaeology and Poetics*, ed. Judy Malloy (Cambridge, MA: MIT Press, 2016), 115.

5 Marisa Bowe, "Wednesday September 18, 1974," Staff Homepages, Word.com, http://web.archive.org/web/19970615070535/http://www.word.com:80/newstaff/mbowe/one/date30b.html

6 Marisa Bowe, "When I Grow Up," Vice.com, November 30, 2004, www.vice.com/read/when-I-v11n3

7 보, 2016년 7월 26일, 저자와의 인터뷰.

8 Digital Archaeology, "www.word.com, circa 1995," 5:18, posted to YouTube June 2011, www.youtube.com/watch?v=mxEhqmpymnQ

9 보, 2016년 7월 26일, 저자와의 인터뷰.

10 Ibid.

11 Ibid.

12 Horn, *Cyberville*, 21.

13 Ibid., 78.

14 Kait and Weiss, *Digital Hustlers*, 78.

15 보, 2016년 7월 26일, 저자와의 인터뷰.

16 제이미 레비, 2016년 8월 6일, 저자와의 인터뷰.

17 Jaime Levy, "Web Content Producer," in *Gig: Americans Talk About Their Jobs*, eds. John Bowe, Marisa Bowe, and Sabin Streeter (New York: Three Rivers Press, 2000), 364.

18 레비, 2016년 8월 6일, 저자와의 인터뷰.

19 Jaime Levy, "Jaime Levy and Electronic Publishing from Life and Times KCET in 1993," 5:33, posted to YouTube June 2015, https://youtu.be/t5aQCQ7-WYU

20 Ibid.

21 Ibid.

22 Jaime Levy, *UX Strategy: How to Devise Innovative Digital Products That People Want* (Sebastopol, CA: O'Reilly Media, 2015), 119-122.

23 Jaime Levy, "*Dateline NBC*—'Can You Be a Millionaire? featuring Jaime Levy (2000),'" 10:19, posted to YouTube September 2016, https://youtu.be/v_oMcjFkI0

24 Austin Bunn, "Upstart Start-ups," *Village Voice*, November 11, 1997, www.

villagevoice.com/news/upstart-start-ups-6423803

25 Kait and Weiss, *Digital Hustlers*, 79.

26 "Designer Dossier: Jaime Levy, Cyberslacker," *Computer Player*, June 1994, www.ehollywood.net/presskit/computerplayer/body.htm

27 Levy, "Jaime Levy and Electronic Publishing from Life and Times KCET in 1993."

28 레비, 2016년 8월 6일, 저자와의 인터뷰.

29 "Designer Dossier: Jaime Levy, Cyberslacker."

30 "IBM's Cyberslacker," *New York*, June 13, 1994, http://jaimelevy.com/press/newyork2.htm

31 레비, 2016년 8월 6일, 저자와의 인터뷰.

32 Ibid.

33 Andrew Smith, *Totally Wired: The Wild Rise and Crazy Fall of the First Dotcom Dream* (New York: Simon & Schuster, 2012).

34 Kait and Weiss, *Digital Hustlers*, 225-227.

35 *We Live in Public*.

36 레비, 2016년 8월 6일, 저자와의 인터뷰.

37 Michael Indergaard, *Silicon Alley: The Rise and Fall of a New Media District* (New York: Routledge, 2004), 1.

38 레비, 2016년 8월 6일, 저자와의 인터뷰.

39 Vanessa Grigoriadis, "Silicon Alley 10003," *New York*, March 6, 2000, http://nymag.com/nymetro/news/media/Internet/2285

40 Kait and Weiss, *Digital Hustlers*, 47.

41 보, 2016년 7월 26일, 저자와의 인터뷰.

42 Ibid.

43 Kait and Weiss, *Digital Hustlers*, 78.

44 보, 2016년 7월 26일, 저자와의 인터뷰.

45 Marisa Bowe, in "Wiring the Fourth Estate: Part One of the FEED Dialog on Web Journalism," 1996, https://web.archive.org/web/19970225063402/http://www.feedmag.com/96.06dialog/96.06dialog1.html

46 고등학교 졸업 댄스파티 다음 날 일기: "다이어리diary라는 말을 참을 수 없다. 설사diarrhea가 생각나기 때문이다. 그리고 분홍색 드레스를 입고 장밋빛 볼과 곱슬머리에 넋을 잃은 눈을 하고는, 작고 귀여운 마음이 기뻤다 슬펐다 하며 매일의 사건들을 써내려가는 계집애가 생각난다."

47 Marisa Bowe, "Letter from the Editor," Word.com, Autumn 1995, http://web.archive.org/web/19990912085004/http://www.word.com/info/letter/index.html

48 보, 2016년 7월 26일, 저자와의 인터뷰.

49 "The Thirty Most Powerful Twentysomethings in America: Jaime Levy," *Swing*

magazine, January 1996, http://jaimelevy.com/press/swing.htm
50 보, 2016년 7월 26일, 저자와의 인터뷰.
51 Steve Silberman, "Word Down: The End of an Era," *Wired*, March 11, 1998, https://web.archive.org/web/20080425015225/http://www.wired.com/culture/lifestyle/news/1998/03/10829
52 "So What's a Web Browser, Anyway?" *New York Times*, August 14, 1995, http://jaimelevy.com/press/newyorktimes.htm
53 Michael Kaplan, "Word Up?!," *Digital Creativity*, June – July 1996, 37.
54 Kait and Weiss, *Digital Hustlers*, 79.
55 보, 2016년 8월 29일, 저자와의 인터뷰.
56 Ibid.
57 레비, 2016년 8월 6일, 저자와의 인터뷰.
58 Jason Calcanis, "Cybersurfer's Silicon Alley," *PAPER*, March 1996, 122.
59 레비, 2016년 8월 6일, 저자와의 인터뷰.
60 보, 2016년 8월 29일, 저자와의 인터뷰.
61 Indergaard, *Silicon Alley*, 1.
62 보, 2016년 7월 26일, 저자와의 인터뷰.
63 Ibid.
64 Ibid.
65 Kaplan, "Word Up?!"
66 나오미 클라크, 2017년 3월 25일, 저자와의 인터뷰.
67 보, 2016년 7월 26일, 저자와의 인터뷰.
68 "Hit & Run 05.31.01," www.suck.com/daily/2001/05/31.
69 Silberman, "Word Down."
70 클라크, 2017년 3월 25일, 저자와의 인터뷰.
71 Lisa Napoli, "From Oil to Fish to the Internet: Zapata Tries Another Incarnation," *New York Times*, May 18, 1998.
72 Kaitlin Quistgaard, "On the Edge and Under the Wing," *Wired*, September 1, 1998, https://web.archive.org/web/20101107173917/http://www.wired.com/culture/lifestyle/news/1998/09/14682
73 Silberman, "Word Down."
74 레비, 2016년 8월 6일, 저자와의 인터뷰.
75 Levy, "Web Content Producer," 364.
76 그 당시 일렉트로닉 할리우드 주위를 맴돈 사람 중에 〈데이트라인〉에서 카메오로 출연한 제네시스 P 오리지, 클레이 셔키, 그리고 제이미가 성을 기억하지는 못하지만 성인용품을 취급했던 건 분명한 "타냐"가 있었다.
77 Grigoriadis, "Silicon Alley 10003."

78 Jaime Levy, "CyberSlacker – Episode 7 (Job Hunting Blues)," 5:41, posted to YouTube May 11, 2012, https://youtu.be/9rjVSRssz04
79 Jaime Levy, "CyberSlacker, Episode 8 (The Secret Sauce)," 6:05, posted to YouTube May 11, 2012, https://youtu.be/DbB0x BX9yEE
80 Indergaard, *Silicon Alley*, 149.
81 Ibid., 139.
82 Levy, "Web Content Producer," 367.
83 레비, 2016년 8월 6일, 저자와의 인터뷰.
84 Indergaard, *Silicon Alley*, 142.
85 Kait and Weiss, *Digital Hustlers*, 297.
86 레비, 2016년 8월 6일, 저자와의 인터뷰.
87 Charlie Leduff, "Dot-Com Fever Followed by Bout of Dot-Com Chill; What a Long, Strange Trip: Pseudo.Com to Dot.Nowhere," *New York Times*, October 27, 2000, www.nytimes.com/2000/10/27/nyregion/dot-com-fever-followed-bout-dot-com-chill-what-long-strange-trip-pseudocom.html?_r=0
88 Indergaard, *Silicon Alley*, 150.
89 Ibid., 154.
90 레비, 2016년 8월 6일, 저자와의 인터뷰.
91 보, 2016년 8월 29일, 저자와의 인터뷰.
92 레비, 2016년 8월 6일, 저자와의 인터뷰.
93 Ibid.
94 Indergaard, *Silicon Alley*, 160.
95 Ibid., 159.
96 레비, 2016년 8월 6일, 저자와의 인터뷰.
97 보, 2016년 7월 26일, 저자와의 인터뷰.
98 "Hit & Run 05.31.01."

12장 WOMEN.COM

1 라인, 2017년 2월 8일, 저자와의 인터뷰.
2 Women's WIRE, *Women's Information Resource & Exchange brochure* (c. 1993).
3 Mike Langberg, "Women Aim to Build an On-line World That Excludes Boors, Cybermashers," *San Jose Mercury News*, October 1, 1993.
4 엘런 팩, 2017년 3월 3일, 저자와의 인터뷰.
5 Connie Koenenn, "Chatting the High-Tech Way, on the Women's Wire," *Los Angeles Times*, February 24, 1994.

6 Miriam Weisang Misrach, "Only Connect," *Elle*, February 1994.
7 Leslie Regan Shade, "Gender and the Commodification of Community," in *Community in the Digital Age: Philosophy and Practice*, eds. Andrew Feenberg and Darin Barney (Lanham, MD: Rowman & Littlefield Publishers, 2004), 145.
8 팩, 2017년 3월 3일, 저자와의 인터뷰.
9 피어스, 2017년 2월 16일, 저자와의 인터뷰.
10 낸시 라인, 2017년 2월 8일, 저자와의 인터뷰.
11 라인, 2017년 2월 21일, 저자와의 인터뷰.
12 라인, 2017년 2월 8일, 저자와의 인터뷰.
13 라인, 2017년 2월 21일, 저자와의 인터뷰.
14 Max Read, "Does Even Mark Zuckerberg Know What Facebook Is?" *New York*, October 1, 2017, http://nymag.com/selectall/2017/10/does-even-mark-zuckerberg-know-what-facebook-is.html
15 Myra M. Hart and Sarah Thorp, "Women.com," *HBS 9-800-216* (Boston: Harvard Business School Publishing, 2000), 4.
16 팩, 2017년 3월 3일, 저자와의 인터뷰.
17 마를린 맥대니얼, 2017년 3월 9일, 저자와의 인터뷰.
18 Hart and Thorp, "Women.com," 5.
19 팩, 2017년 3월 3일, 저자와의 인터뷰.
20 맥대니얼, 2017년 3월 9일, 저자와의 인터뷰.
21 Ibid.
22 Ibid.
23 "Women's Wire Retools Its Goals," *Examiner Staff Report*, August 31, 1995, SFGate.com, www.sfgate.com/business/article/Women-s-Wire-retools-its-goals-3132265.php
24 맥대니얼, 2017년 3월 9일, 저자와의 인터뷰.
25 David Plotnikoff, "Women's Wire Gives Up Ghost on Halloween," *Salt Lake Tribune*, October 30, 1995.
26 Ibid.
27 Janet Rae Dupree, "Women's Wire: Bosnia to Barbie," *York Daily Record*, August 12, 1996.
28 라인, 2017년 2월 21일, 저자와의 인터뷰.
29 지나 그루보, 2017년 3월 24일, 저자와의 인터뷰.
30 Ibid.
31 Anne Rickert and Anya Sacharow, "It's a Woman's World Wide Web," Media Metrix and Jupiter Communications, August 2000.
32 맥대니얼, 2017년 3월 9일, 저자와의 인터뷰.

33 Hart and Thorp, "Women.com," 4.
34 Janet Rae-Dupree, "Women's Wire Blends Humor, Off-Beat Info Online," *San Jose Mercury News*, August 5, 1996.
35 Shade, "Gender and the Commodification of Community," 145.
36 팩, 2017년 3월 3일, 저자와의 인터뷰.
37 Hart and Thorp, "Women.com," 4.
38 지나 그루보, 2017년 3월 24일, 저자와의 인터뷰.
39 Shade, "Gender and the Commodification of Community," 145.
40 Janelle Brown, "What Happened to the Women's Web?" Salon.com, August 25, 2000, www.salon.com/2000/08/25/womens_web
41 맥대니얼, 2017년 3월 9일, 저자와의 인터뷰.
42 Erik Larson, "Free Money: The Internet IPO That Made Two Women Rich, and a Lot of People Furious," *New Yorker*, October 11, 1999.
43 맥대니얼, 2017년 3월 9일, 저자와의 인터뷰.
44 그루보, 2017년 3월 24일, 저자와의 인터뷰.
45 로리 크레치머, 2017년 3월 21일, 저자와의 인터뷰.
46 Janelle Brown, "What Happened to the Women's Web?"
47 Shade, "Gender and the Commodification of Community," 157.
48 Francine Prose, "A Wasteland of One's Own," *New York Times*, February 13, 2000.
49 http://web.archive.org/web/20001206145600/http://www.fuckedcompany.com:80
50 Larson, "Free Money."
51 Ibid.
52 맥대니얼, 2017년 3월 9일, 저자와의 인터뷰.
53 Myra M. Hart, "Women.com (B)," *HBS 9-802-109* (Boston: Harvard Business School Publishing, 2001), 1.
54 Larson, "Free Money."
55 맥대니얼, 2017년 3월 9일, 저자와의 인터뷰.
56 Jennifer Rewick, "iVillage.com to Buy Rival Women.com for $30 Million," *Wall Street Journal*, February 6, 2001.

13장 걸 게이머

1 Jane Margolis and Allan Fisher, *Unlocking the Clubhouse: Women in Computing* (Cambridge, MA: MIT Press, 2002), 4.
2 Sherry Turkle, *Life on the Screen: Identity in the Age of the Internet* (New York: Touchstone, 1995), 62.

3 브렌다 로럴, 2016년 8월 9일, 저자와의 인터뷰.
4 Ibid.
5 Brenda Laurel, *Utopian Entrepreneur* (Cambridge, MA: MIT Press, 2001), 99.
6 로럴, 2016년 8월 9일, 저자와의 인터뷰.
7 "An Interview with Brenda Laurel (Purple Moon)," in *From Barbie to Mortal Kombat: Gender and Computer Games*, ed. Justine Cassell and Henry Jenkins (Cambridge, MA: MIT Press, 1998), 119.
8 로럴, 2016년 8월 9일, 저자와의 인터뷰.
9 Brenda Laurel, *Computers as Theatre*, 2nd ed. (Boston: Addison-Wesley, 2014), 60.
10 로럴, 2016년 8월 9일, 저자와의 인터뷰.
11 Akira Nakamoto, "Video Game Use and the Development of Socio-Cognitive Abilities in Children: Three Surveys of Elementary School Students," *Journal of Applied Social Psychology* 24 (1994): 21-22.
12 Justine Cassell and Henry Jenkins, "Chess for Girls? Feminism and Computer Games," in *From Barbie to Mortal Kombat*, 13.
13 "An Interview with Brenda Laurel (Purple Moon)," 122.
14 Turkle, *Life on the Screen*, 56.
15 Cassell and Jenkins, "Chess for Girls?," 11.
16 Sheri Graner Ray, *Gender Inclusive Game Design: Expanding the Market* (Hingham, MA: Charles River Media, 2004), 6.
17 "An Interview with Brenda Laurel (Purple Moon)," 122.
18 Ibid.
19 케이시 게일런, 2016년 11월 1일, 저자에게 보낸 이메일.
20 Laurel, *Computers as Theatre*, 172.
21 로럴, 2016년 8월 9일, 저자와의 인터뷰.
22 Henry Jenkins, "'Complete Freedom of Movement': Video Games as Gendered Play Spaces," in *From Barbie to Mortal Kombat*, 285.
23 Misa, "Gender Codes," 13.
24 "Voices from the Combat Zone: Game Grrlz Talk Back," complied by Henry Jenkins, in From *Barbie to Mortal Kombat*, 330.
25 Rebecca Eisenberg, "Girl Games: Adventures in Lip Gloss," *Gamasutra*, February 12, 1998, www.gamasutra.com/view/feature/131660/girl_ games_adventures_in_lip_gloss.php
26 로럴, 2016년 8월 9일, 저자와의 인터뷰.
27 Ibid.
28 Amy Harmon, "With the Best Research and Intentions, a Game Maker Fails," *New York Times*, March 22, 1999, www.nytimes.com/1999/03/22/business/technology-

with-the-best-research-and-intentions-a-game-maker-fails.html
29 로럴, 2016년 8월 9일, 저자와의 인터뷰.
30 Laurel, *Utopian Entrepreneur*, 4-5.

책을 마치며 사이버 페미니스트

1 Plant, *Zeros + Ones*, 59.
2 버지니아 배럿, 2014년 12월 1일, 저자에게 보낸 이메일.
3 프란체스카 다 리미니, 2014년 12월 2일, 저자에게 보낸 이메일.
4 Scarlet Pollock and Jo Sutton, "Women Click: Feminism and the Internet," in *Cyberfeminism: Connectivity, Critique, Creativity*, eds. Susan Hawthorne and Renate Klein (North Melbourne, AUS: Spinifex Press, 1999), 38.
5 Old Boys' Network, "Old Boys' Network FAQ," 2000, http://web.archive.org/web/20000424093036/http://www.obn.org:80/faq.htm
6 Cornelia Solfrank, "The Truth About Cyberfeminism," 1998, www.obn.org/reading_room/writings/html/truth.html
7 Old Boys' Network, "100 Anti-Theses," 1997, www.obn.org/cfundef/100antitheses.html
8 Renate Klein, "The Politics of CyberFeminism: If I'm a Cyborg Rather Than a Goddess Will Patriarchy Go Away?" in *Cyberfeminism*, 10.
9 Katherine Cross, "Ethics for Cyborgs: On Real Harassment in an 'Unreal' Place," *Loading... The Journal of the Canadian Game Studies Association* 8 (2014): 4-21.
10 버지니아 배럿, 2014년 12월 6일, 저자에게 보낸 이메일.

저자 인터뷰+

당신은 수많은 여성 선구자들을 문헌에서 접하거나 직접 만났습니다. 그들에게 공통점이 있다면 무엇이라고 생각하십니까?

저는 그들이 가진 공통점보다는 그들이 어떤 점에서 서로 *달랐는지*에 더 관심이 있습니다. 물론 이 책에 등장하는 모든 선구자는 그들이 위대한 업적을 성취하는 데 한몫한 열정, 재능, 행운, 그리고 동료 집단의 응원과 지지를 공유했습니다. 하지만 저는 성공이 얼마나 다양한 형태를 취할 수 있는지를 보여주는 게 중요하다고 생각합니다. 개척자가 된다는 것은 그저 '맨 처음으로' 코드

+ 이 인터뷰는 한국어판에 단독 수록된 것으로, 한국여성과총 출판위원회가 직접 맡아서 진행하였다.

의 첫 줄을 쓰는 사람이 된다는 뜻이 아닙니다. 이 책에서 독자들은 혁명적인 비디오게임 디자이너, 지역 사회의 취약 계층을 위해 안정된 자원을 구축하고자 애쓴 활동가 집단, 소규모 온라인 커뮤니티 설립자, 펑크록 멀티미디어 아티스트 등을 만나게 될 겁니다. 그들은 모두 한 분야의 개척자로서 중요한 기여를 했습니다. 기술은 새로운 것을 창조하는 예술이며, 이 분야에서 정해진 성공의 공식은 없습니다. 여러분은 자기 말고는 아무도 할 수 없는 일을 찾아야 합니다.

이 책에는 여성들이 이룩한 훌륭한 성취도 등장하지만, 그들이 겪은 어려움도 나타나 있습니다. 그 어려움 가운데 가장 극복하기 어려웠던 것은 무엇이라고 생각하시나요?

이 여성들 대다수가 경험한 가장 큰 어려움은 궁극적으로 무관심이었습니다. 자기 분야에서 크게 이바지하고도 무시되거나 묵살당하거나 큰 대가를 치른 뒤에야 마지못해 인정을 받았습니다. 동시대 남성들처럼 스타 대접을 받거나, 신화화되지도 명성을 얻지도 유명해지지도 못했습니다.

이는 부분적으로 우리의 문화적 가치 때문입니다. 기술 산업은 유독 카리스마가 있는 사람들을 떠받듭니다. 우리가 가장 흔히 듣는 찬양 일색의 이야기는, 대형 기업을 일으키고 수백만 명의 유저를 끌어모으지만 결국엔 팔아버리거나 신규 상장하거나 현금화하면서 원래의 상품을 해체하고 유저들이 더 많이 창업하게 내버려 두는 남성들의 기업가 정신에 관한 이야기입니다. 우리가 생각하는 기술 분야의 '성공'은 제품 서비스를 받는 사람들의 건강과 완전히 상반됩니다.

훨씬 덜 그럴싸해 보이는 일—소규모 온라인 커뮤니티를 운영하거나 공공의 이익을 위한 디지털 서비스를 관리하는—을 하는 사람들은 세상에 잘 알려지지 않습니다. 사람들을 위해 책임을 지고, 우리가 만든 플랫폼을 장기적으로 관리·유지하는 일은 가치의 척도에서 금전적 성공의 뒤로 밀려나 있습니다. 만약 기술 문화에서 인간적 가치가 더 중요시된다면 더 많은 여성을 기술 분야에서 보게 될 것이라 장담합니다. 반대로 기술 분야에 더 많은 여성이 있다면 더 많은 인간적 가치들이 발전하는 것을 보게 될 겁니다.

아직도 많은 사람들은 프로그래머가 남성의 일이라고 생각합니다. 프로그래머나 공학자를 지망하는 젊은 여성들에게 해주고 싶은 말이 있다면?

기술 분야에 있는 여성들과 기술을 사용하는 여성들 모두 컴퓨팅이 절대적으로 우리의 영역임을 알아야 합니다. 적재적소에 배치되어 수학 업무를 처리한 여성 집단은 수 세기 동안 그 자체로 구현된 기술 시스템이었고, 독립된 학문 분야이자 예술 형태로서의 프로그래밍은 모두 여성에 의해 발명되었습니다. 그러나 임금 차별, 제1세대 여성 프로그래머들이 직장에서 밀려남과 동시에 사라진 멘토십, 직장 내 육아 공간을 설치하는 것에 대한 비협력적 태도, 프로그래머로 일하기 위해 필요한 자격 요건—전문 자격증과 학력—의 변화 등 초기 컴퓨팅 산업이 발달하면서 수많은 요인이 공모하여 여성들로 하여금 권리를 포기하게 했습니다. 네이선 엔스멩거와 재닛 아바테이 같은 여러 기술사학자들은 기술 분야의 전문화가 은연중에 남성화를 이끌었다고 주장합니다. 여성의 분야로 시작했더라도 결국엔 남성화되고 말았다는 것입니다. 바로 이 현상 때문에, 컴퓨팅은 본질적으로 남성의 분야라는 생각을 수십 년간 공고히 해온 남성 지배적인 선례가 생겨난 것으로 보입니다. 그러나 그렇지 않습니다. 오늘날에도 여전히 기술을 지배하는 '남성 클럽'이 있다면 그건 엄청난 시대착오입니다. 이제는 바로잡아야 합니다.

우리는 일반적으로 기술의 역사를 발명품이 '진보'하는 과정으로 생각합니다. 그러나 이 책은 기술을 이용하는 사용자(유저)들도 기술의 역사에 포함해야 한다고 주장합니다. 우리가 사용자에 관심을 가져야 하는 이유는 무엇인가요?

소프트웨어는 인간이 다른 인간의 작업을 좀 더 용이한 것으로 만드는 메커니즘입니다. 이 일을 효과적으로 하기 위해서는 과제, 과제를 다루는 사람들의 정신 모델, 그리고 그들이 작업하는 상황을 잘 알아야 합니다. 프로그래머는 인간사의 복잡한 현실을 코드로 번역해야 하며 여기에는 사회성 기술이 반드시 필요합니다. 여기서 사회성 기술이란 남들과 잘 지내는 대인관계 능력을 말하는 건 아닙니다. 그보다는 기술의 대상을 더 큰 사회적 맥락 안에서 뒤엉킨 존재로 보고 '유저'가 사람임을 이해할 수 있어야 한다는 뜻입니다. 유저의 인간성을 온전히 인정할 때만이 공감 속에서 소프트웨어를 만드는 능력을 갖게 되고, 이로써 마침내 모두를 지원하고 격려하고 연결하는 소프트웨어를 만들 수 있을 겁니다.

인터넷은 범죄의 온상이 될 수도, 여성들의 연대의 장이 될 수도 있습니다. 이 책 또한 에필로그에서 이러한 양면성을 언급하고 있습니다. 인터넷의 부정적인 활용을 막으려면 어떤 장치나 제도가 필요하다고 생각하시나요?

제1세대 인터넷 사용자들의 유토피아적 이상주의는 인터넷이 본질적으로 커뮤니티 기술이라는 오해가 널리 퍼지는 데 영향을 미쳤습니다. 강력한 소셜 미디어 플랫폼은 이 가정과 결합해 소비 엔진으로서의 진정한 본모습을 보지 못하게 하고 있지만, 실제로는 광고주에게 커뮤니티를 판매하며 커뮤니티와 상업을 뒤섞고 있습니다. 그러나 소셜 네트워크는 커뮤니티가 아닙니다. 가상이든 아니든 진정한 커뮤니티에서 사람들은 그들 자신의 환경과 관계를 맺습니다. 그들은 커뮤니티에 기여합니다. 그들은 일이 어떻게 진행되는지, 규칙이 무엇인지 결정하기 위해 끊임없이 협상합니다. 어떤 집단이건 시간이 흐르면서 발달한 언어와 특정한 사회적 관습을 통해 형성된 공적 생활, 즉 집단 정체성의 감각이 있습니다. 초기 가상 공동체는 모두 자치와 관련된 문제로 씨름했습니다. 이는 장소만들기[+]라는 더 큰 개념의 일부입니다. 이것이야말로 커뮤니티를 현실로 만드는 요인입니다. 조직화된 담론을 이루려면 규모에 대한 우리의 감각을 크게 바꿔야 한다고 믿습니다. 수십억에 달하는 온라인 사용자 커뮤니티를 감시하고 보호한다는 생각 자체가 비현실적입니다. 이를 가능하게 하기 위해 페이스북이나 트위터 같은 기업은 계약직 노동자들에게 조정을 위탁해야 했고, 노동자들은 지금 네트워크 전체에 대한 트라우마를 안고 있습니다. 저는 수 세기 동안 지역 공동체가 그래왔던 것처럼 도구와 자원을 구축해 공동의 이익을 꾀하기 위해 사용자들이 함께 주도하는 소규모의 관심 특화적 커뮤니티에 훨씬 큰 관심이 있습니다.

[+] placemaking. 공유하는 가치를 실현하기 위해 공적인 영역을 형성하는 협력적 과정.

찾아보기

ㄱ

가상현실 239, 271, 393~394
간디, 마하트마Mahatma Gandhi 276, 278
개인용 컴퓨터 13, 171, 194, 225~226, 272, 306, 384, 388~390, 394
걸이어girl-year 28, 52
검색엔진 194, 266
계전기relay 53, 64, 68, 72, 78
고른, 솔Saul Gorn 125
고성능 정보처리법High Performance Computing Act 236
고어, 앨Al Gore 236, 253
골드스틴, 아델Adele Goldstine 88, 94
골드스틴, 허먼Herman Goldstine 78, 82, 88~89, 93~94
구글 201, 266, 372
그레이트풀 데드Grateful Dead 179, 230~231, 310
그루보, 지나Gina Garrubbo 369, 371, 373, 375, 420
그리어, 데이비드 앨런David Alan Grier 50
글레이저, 에이브럼Avram Glazer 337
글렌, 존John Glenn 51
기계어 120~124, 142
끝없는 게임Choose-Your-Own-Adventure 284, 399

ㄴ

남북전쟁 49~50, 148
냅, 수Sue Knapp 132
네루, 자와할랄Jawaharlal Nehru 276
네트워크 작업 그룹Network Working Group 204
네트워크 정보센터Network Information Center(닉NIC) 195~199, 201~208, 210~211, 213, 288
넬슨, 테드Ted Nelson 267
넷스케이프Netscape 297, 331, 363, 372
노트카드NoteCards 268, 284~285, 287, 291, 295
누산기accumulator 79~80, 82
뉴스트럽, 크리스Chris Neustrup 170~171

ㄷ

다 리미니, 프란체스카Francesca da Rimini 410, 412
다윈, 찰스Charles Darwin 37
닷컴버블 325, 327, 336~337, 354~355, 378, 416
더 팜The Farm 229, 231
〈던전 앤 드래곤*Dungeons & Dragons*〉 155~156
덩컨, 테리사Theresa Duncan 402
데드헤드Deadhead 230~231, 242, 310
데이빗슨, 데버라Deborah Davidson 132
데이크스트라, 에츠허르Edsger W. Dijkstra 129
도메인 197, 208~210
동굴연구재단Cave Research Foundation 147, 150, 154, 157~158
둠즈데이 디스크Domesday Discs 270~272, 274
『둠즈데이 북*Domesday Book*』 269~270, 274
드모르간, 오거스터스Augustus De Morgan 36
디킨스, 찰스Charles Dickens 37

ㄹ
라디오섁Radio Shack 389
라우터 151~152, 163, 191~192, 199, 211
라우팅 알고리즘 216
라이트, 제니퍼Jennifer Light 92~93
라인, 낸시Nancy Rhine 229~230, 356~363, 365~368, 419
라인골드, 하워드Howard Rheingold 258
~의 『가상 공동체*Virtual Community*』 258
람다무LambdaMOO 248
랭글리 연구센터Langley Research Center 51
러닝 컴퍼니The Learning Company 402, 406
러다이트 30
러드, 네드Ned Ludd 30
러브레이스, 에이다Ada Lovelace 7, 32~39, 42~48, 50, 80, 133, 142, 410
~의 주해 42~43, 45, 47~48
레딧 258, 415
레밍턴 랜드Remington Rand 110~115, 118~119, 121, 123, 125, 127, 132
레비, 스티븐Steven Levy 160
레비, 제이미Jaime Levy 312~322, 324~327, 329~330, 332~335, 338~353, 418~419
레오폴드 레코드 가게 177, 225
레이놀즈, 조이스Joyce Reynolds 204
레이본, 제럴딘Geraldine Laybourne 374
레이쉬, 찰스Charles Raisch 167
레이저피시Razorfish 323, 332, 343~344, 346~347
레종, 셰리Sherry Reson 166, 168, 180~182, 184~188, 419
레프코위츠, 조안Joan Lefkowitz 184~185, 187, 419
로럴, 브렌다Brenda Laurel 386~396, 398, 400, 404~408, 420
~의 〈매니악 맨션*Maniac Mansion*〉 391
~의 『유토피아적 기업가*Utopian Entrepreneur*』 406
로켓 게임Rockett games 392, 398~402, 405~407
리드, 루Lou Reed 334
리바이스Levi's 371~373
리버비츠, 애니Annie Liebowitz 173
리소스 원Resource One 168, 170~174, 176~178, 181~183, 187~188, 190~191, 225, 228, 373, 418
~일반 정보검색 시스템Resource One Generalized Information Retrieval System(ROGIRS) 172
리스트서브Listserv 248
리어리, 티머시Timothy Leary 391
리처드슨, 앤Richardson Ann 134
릭터먼, 루스Ruth Lichterman 75~76, 81, 89~90
립킨, 에프렘Efrem Lipkin 172, 177~178

ㅁ
마골리스, 제인Jane Margolis 385
마셜, 캐시Cathy Marshall 281~289, 291~294, 299, 420
마운트배튼, 루이Mountbatten, Lord Louis 273~276
마이크로소프트 12, 330, 339, 366, 388, 393
마이크로코즘Microcosm 268, 275~279, 284, 290, 292~295, 297~301
~링크베이스linkbase 276, 278, 292~293, 295, 297, 299, 301
~웹 뷰어 293, 297~298, 300
마이크로프로세서 141, 388~389

마크 IMark I 40, 62~65, 67~70, 72~74, 87, 107, 140
마크 IIMark II 65, 73, 99, 140
마텔Mattel 397, 402, 404~406
망 중립성 416
매머드 동굴Mammoth Cave 145~150, 152~155, 158~161
매스매틱MATH-MATIC 125
매킨토시 13, 285, 315, 318~319, 324, 341
맥널티, 캐슬린 "케이"Kathleen "Kay" McNulty 75, 79~81, 91, 102
맥대니얼, 마를린Marleen McDaniel 364~369, 371, 374~376, 380~382, 420
맨해튼 프로젝트 27, 70
멀로이, 주디Judy Malloy 283, 420
멀티미디어 270, 272~273, 275~276, 297, 332, 340, 354, 413, 448
멀티 유저 던전Multi-User Dungeons(멀티 유저 도메인Multi-User Domains, MUDs) 247~248, 370
멀티코즘Multicosm, Ltd. 300
메나브레아, 루이지 페데리코Luigi F. Menabrea 42~43, 45
메이시, 크리스Chris Macie 168, 170~171, 182~183, 419
메인프레임 14, 130, 135, 151, 168~169, 171, 187, 191, 307, 409, 411~413
메타데이터 276, 301
모나핸, 윌리엄William Monahan 239
모뎀 11~12, 178, 225, 227, 234~235, 253, 261, 324, 357, 367
모빌Mobil 241~242
모자이크Mosaic 297, 322, 363
모저, 노라Nora Moser 132
모클리, 존John Mauchly 77~81, 83~84, 89, 91, 93~94, 100~106, 109~110, 113, 140
모파상, 기 드Guy de Maupassant 347
~의 『벨아미*Bel Ami*』 347
몽고메리 워드*Montgomery Ward* 388~389
무어 공과대학Moore School of Electrical Engineering 72, 75~77, 79~80, 88~89, 93, 100, 102
미국 국립과학재단NSF 225, 230
~네트워크(NSFNET) 266
미국 라디오 회사Radio Corporation of America(RCA) 126
미국 방위고등연구계획국Defense Advanced Research Projects Agency(DARPA) 191, 225
미국 항공우주국NASA 51, 136
미국 해군 예비장교 학교United States Naval Reserve Midshipmen's School 58, 61, 63
미디어 메트릭스Media Metrix 375, 381
미분해석기 76, 78
〈미스트*Myst*〉 285, 396
〈미즈 팩맨*Ms. Pac-Man*〉 391, 404
미첼, 마리아Maria Mitchell 28, 50
미텔마크, 하워드Howard Mittelmark 256, 259, 419
밀러, 조Joe Miller 387~388
밀혼, 주드Jude Milhon 178~179

ㅂ

바벨탑 124
바비 게임 397~398, 402, 404, 406~407
바이런, 앤 이자벨라(애나벨라)Annabella Byron 33~34, 36
바이런, 조지 고든George Gordon Byron 30~34, 39, 118
바이어컴Viacom 322, 334

발자크, 오노레 드Honoré de Balzac 347
~의 『잃어버린 환상*Lost Illusions*』 347
배럿, 버지니아Virginia Barratt 410~411, 416
배비지, 찰스Charles Babbage 27, 31~32, 34, 37~40, 42~48, 61, 63, 80, 95
배커스, 존John Backus 116
밴 미터, 조너선Jonathan Van Meter 326~327
밴험, 레이너Reyner Banham 223~224
버그 68, 90, 119, 136, 192
버너스리, 팀Tim Berners-Lee 290~291, 293, 298, 300
버로스, 윌리엄William Burroughs 179
~의 『네이키드 런치*Naked Lunch*』 179
버클스, 메리 앤Mary Ann Buckles 161
버터워스, 니컬러스Nicholas Butterworth 334
번스, 레드Red Burns 314~315
범용 컴퓨터(계산기) 40, 43, 73, 80, 104
베르누이 수 44~45
보, 마리사Marisa Bowe 237, 246, 257, 306~312, 319, 326~330, 332~333, 335~337, 347, 350, 352, 419
보, 존John Bowe 328
보르헤스, 호르헤 루이스Jorge Luis Borges 267
~의 「갈림길의 정원」 267
볼더 커뮤니티 네트워크Boulder Community Network 226
볼튼, 찰리Charlie Bolton 183
부시, 조지George Bush 337
브라우저 206, 234, 280, 284, 291, 297, 299, 315, 322, 331, 363, 372
브랜드, 스튜어트Stewart Brand 176, 186, 228~230, 239
브로그래머 418
브루커, 로저Roger Brucker 154
브룩스, 프레더릭Frederick Brooks 136
브릴리언트, 래리Larry Brilliant 228, 239
블랜치, 거트루드Gertrude Blanch 51
블레츨리 파크Bletchley Park 27
블로크, 리처드Richard Bloch 64, 66~67, 69~70
블룸, 베티Bloom Betty 161
비너스 매트릭스VNS Matrix 410~411, 413, 418
비밀 통로 게임*Secret Paths* games 400~401, 407~408
비숍, 스티븐Stephen Bishop 146~147, 149, 160
비키VIKI 268, 287, 295
빅 스카이 텔레그래프Big Sky Telegraph 226
빌러스, 프랜시스Frances Bilas 75, 85

ㅅ

〈사이버 랙*Cyber Rag*〉 315, 317~318, 321, 326, 339
사이버비전CyberVision 388~389
사이버슬래커CyberSlacker(파티) 323~324, 334, 412
〈사이버슬래커*CyberSlacker*〉(만화) 342~346
사이버펑크 321, 326, 339, 346, 412
사이버 페미니즘 411~414, 416
사표firing table 75~76, 80
사회복지 서비스 명부Social Services Referral Directory 184, 186~188, 191, 373
샤프, 엘리엇Elliot Sharp 324
서머빌, 메리Mary Somerville 36, 46
서브루틴 71, 110, 118, 122~123, 151
서턴, 조Jo Sutton 413
세가Sega 402
세멧, 진 E.Jean E. Sammet 127, 130, 132
『세상에서 가장 긴 동굴*The Longest Cave*』 154

셔먼, 알리자Aliza Sherman 227, 242~243, 247, 419
셔키, 클레이Clay Shirky 312
셰퍼드, 앨런Alan Shepard 51
소셜 네트워크 237, 240, 242, 251, 257, 399, 417, 451
소셜 미디어 170, 244, 257, 259, 261, 264, 350, 359, 363, 417, 451
소프트웨어 15, 29, 43, 63, 80, 95, 101~102, 114, 118, 121, 128, 130, 133, 136, 139~140, 142, 155, 164, 172, 225, 228, 252, 263~264, 281~282, 284~285, 287, 300, 305, 307~308, 326, 331, 357, 388, 390, 395, 403, 421, 450~451
~공학 138~140, 163, 176, 394
~위기 136~137, 139~140
숀, 마야Mya Shone 168, 182, 184, 186, 419
수학 조견표 32, 40, 51
순서도 107
쉬슬러, 도로시Dorothy Shisler 78
슈도Pseudo 323, 346
스나이더(홀버튼), 엘리자베스 "베티"Elizabeth "Betty" Snyder(Holberton) 75, 81, 83, 87~91, 93~94, 97~98, 102, 104~109, 111~113, 123, 127, 132, 171, 188, 218
스미스소니언 협회 112, 114
스위치보드 170~172, 175~177, 184~185
스타스, 조지핀Josephine Starrs 409
스탈, 메리Mary Stahl 199, 206, 208~209, 211, 419
스톤, 앨러쿠르 로잰Allucquére Rosanne Stone 248
스티븐슨, 애들레이Adlai Stevenson 109
스파이서, 제인Jane Speiser 174
시맨틱 웹Semantic Web 301
시분할time-sharing 171, 177, 203
시삽sysop 226~227
시어스Sears 389
신장 트리spanning-tree 220~222
실리콘밸리Silicon Valley 101, 283, 340~341, 356, 358, 364~365, 406
실리콘앨리Silicon Alley 16, 254, 312, 314, 318, 323, 325, 332~336, 338, 340~345, 348, 350, 378, 380
실베이니아 일렉트릭 프로덕츠Sylvania Electric Products 127, 132
심볼릭스Symbolics 279~280
심슨(Simpson), O. J. 260
썩닷컴Suck.com 336, 351
썬 마이크로시스템즈Sun Microsystems 279~280, 365

ㅇ

아리스토텔레스 391
아메리칸 걸 게임American Girl games 402, 406
아메리칸 레이저 게임스American Laser Games 402
아메리칸 토탈리제이터American Totalisator 109
아바테이, 재닛Janet Abbate 139, 305, 450
아시모프, 아이작Isaac Asimov 296
아이돌, 빌리Billy Idol 321~322, 326
아이빌리지iVillage 371, 374~377, 379~383
아이젠버그, 레베카Rebecca Eisenberg 405
아이젠하워, 드와이트Dwight Eisenhower 109
아이콘(Icon) CMT 326~327, 336
아인슈타인, 알베르트Albert Einstein 70
아쿠아넷Aquanet 268, 287, 295
아타리Atari 389~391, 404

아파넷ARPANET 8, 151~152, 157, 169, 191~192, 195~197, 199, 201~202, 204~208, 211~214, 224~225, 227, 230, 266, 384
~디렉터리Directory 197, 206~207
~리소스 안내서Resource Handbook 195~197, 206
~호스트 테이블Host Table 197, 199, 208~209
안아주고픈 암양Embraceable Ewe 246~247, 249~250
「알고라임*Algorhyme*」 221~222
애덤스, 더글러스Douglas Adams 296
~의 『은하수를 여행하는 히치하이커를 위한 안내서*Hitchhiker's Guide to the Galaxy*』 296, 302
애플 279~280, 285~286, 291, 315, 388, 391
액티비전Activision 391
앤더슨, 로리Laurie Anderson 334
앨런, 매들린 곤잘러스Madeline Gonzales Allen 226
앨런, 폴Allen Paul 393, 405
얀켈로비치, 니콜Nicole Yankelovich 279~280, 420
〈어드벤처*Colosssal Cave Adventure*〉 155~162, 164
어셈블러 215
어셈블리어 160, 389
얼리 트루 빌리버early true believers 325, 340, 344, 348, 363
에니악ENIAC 72~75, 78~96, 99~101, 105~106, 120, 140~141, 387
~6총사 75, 80, 82~84, 86~87, 93~94, 98, 100, 218
에디슨, 토머스Thomas Edison 68
에반스, 낸시Nancy Evans 380
에이킨, 하워드Howard Aiken 61~69, 72, 95, 99, 104, 114, 203
에커트, J. 프레스퍼J. Presper Eckert 77~80, 84, 87, 91, 93~94, 100~103, 105, 109~110, 140
에코ECHO 233~247, 249~265, 306, 310~312, 324, 326, 351~353, 355~356, 362
~비치BITCH 245~246
~콘퍼런스conference 237, 258
~호스트 255, 258~260, 311, 352
에코이드Echoid 239~240, 244~247, 249~251, 254, 256~258, 260, 262
엔스멩거, 네이선Nathan Ensmenger 138, 450
엥겔바트, 더글러스Douglas Engelbart 194~195, 200, 267, 365
오르샤트, 에스펜Espen Aarseth 161
오퍼레이터 53, 87, 93, 95~96, 106, 141
오픈 소스 소프트웨어 운동 131
옥시전 미디어Oxygen Media 374
〈올 뉴 젠*All New Gen*〉 413
올드보이 네트워크Old Boy's Network 413
왓슨, 리처드Richard Watson 154
왓슨, 토머스 주니어Thomas Jr. Watson 110
왓슨, 패티 조Patty Jo Watson 160
요시 소데오카Yoshi Sodeoka 335
우즈, 돈Don Woods 158
우회 기법workaround 70
〈워드*Word*〉 326~351, 353, 355, 371, 420
워드닷컴Word.com 330~331, 372
워커, 재닛Janet Walker 280
월드 와이드 웹World Wide Web 15, 226, 264, 266~267, 275, 285, 291~297, 322, 350, 366~367, 370~371, 385
~링크 292, 294
~사이트 12, 227, 234, 240, 247, 262~263,

294, 318, 322, 324, 330, 334~335, 337, 339, 342, 347, 350, 355, 371, 374, 378, 381~383, 399~400, 406, 413
~페이지 15, 265, 267, 276, 291, 294, 297~298
월컷, 제임스James Walcott 239
웨스코프, 마를린Marlyn Wescoff 75, 81, 89~90
웨스트하이머, 엘런Ellen Westheimer 199
웰, 더The Well 228~234, 239, 242, 258, 265, 309~310, 356, 362
웰링턴, 아서 웰즐리Arthur Wellesley Wellington 37
웹 사이언스 연구소Web Science Institute 296
위민닷컴Women.com 355, 370~377, 379~383
위민스 와이어Women's WIRE 357~370, 372~373
위트WIT 245~247, 249~250, 356
윌리엄 1세(정복왕)William the Conqueror 269
유니박UNIVAC 104~114, 117~119, 121~123, 132
유닉스Unix 15, 234~235, 263
유한차분법 39, 56, 60, 62
의사 코드pseudo-code 124~125
이더넷Ethernet 219~220, 222
이메일 12, 142, 182, 201, 207, 211, 220, 224, 237, 251, 293, 308~309, 361, 367, 415
익스플로러 297
인간 컴퓨터 25~28, 40, 48~53, 75~77, 79, 93, 95, 119, 141~142, 200, 384, 410
인공지능 214, 301, 391
인스타그램 240, 258
인터랙티브 매체 162, 270~272, 315, 318, 321~322, 330~331, 340, 342, 351, 393, 402
인터랙티브 텔레커뮤니케이션 프로그램Interactive Telecommunications Program(ITP) 232, 314
인터미디어Intermedia 268, 279~280, 295
인터벌 리서치Interval Research 393~394, 396, 400, 405
인텔 215
일괄 처리batch processing 67
일렉트로닉 할리우드Electronic Hollywood(회사) 338, 340, 344, 346~347, 349
〈일렉트로닉 할리우드*Electronic Hollywood*〉(잡지) 316~318, 321

ㅈ

자곤 파일Jargon File 129
자기 테이프 109~112, 141, 191
자동 프로그래밍automatic programming 118~119, 124, 131~133, 206
자카르, 조제프 마리Joseph-Marie Jacquard 29~31
~직기 30~31, 44, 63
자파타Zapata Corporation 337, 350
재노위츠, 메리Mary Janowitz 182, 184, 186~187
전기기계식 컴퓨터 8, 40, 73
전자 컴퓨터 8, 73, 78, 95, 109
전화 교환원(교환수) 50, 79, 212
정렬 병합 생성기Sort-Merge Generator 108, 123, 132
정보 과학 199
~자 8, 201
정보 초고속도로(초고속 정보통신망) 236~237, 253, 262
제닝스, 베티 진Betty Jean Jennings 75~76, 80, 82, 84~92, 94, 96~97, 102~104, 107, 111,

113
제록스Xerox 109, 279, 281
~파크PARC 281, 283~285, 287~288, 364~365
조이스, 제임스James Joyce 267
~의 『율리시스*Ulysses*』 267
~의 『피네간의 경야*Finnegan's Wake*』 267
존슨, 캐서린Katherine Johnson 51
증강연구센터Augmentation Research Center 193~194, 203
진공관 73~74, 77, 83, 86~87

ㅊ

차분기관Difference Engine 32, 37~40, 42, 80, 133
채플린, 조Joe Chapline 78
천공 테이프 68
천공카드 30~31, 87, 110, 112, 134, 141, 182, 191, 215
~제표기 53, 83, 91, 111~112
촉각 컴퓨팅 214
치트키 161, 165
칙클릭ChickClick 374

ㅋ

카요, 로베르Robert Caillau 290~291
카펜터, 캔디스Candice Carpenter 374~375, 379~380
카프, 페기Peggy Karp 199
캐넌, 애니 점프Annie Jump Cannon 49
캐틀린, 캐런Karen Catlin 279, 420
커뮤니케이션즈 애넥스Communications Annex 60
커뮤니티 메모리Community Memory 177~181, 191, 224~226, 228, 308, 373, 420
커티스, 파벨Pavel Curtis 248, 420
컨트롤 데이터 코퍼레이션Control Data Corporation 306
컴파일러 119~127, 132, 272
컴퓨서브CompuServe 265, 363, 366~367
컴퓨터 걸 134, 141, 364
컴퓨터 과학 45, 51, 123, 129, 158, 163, 175~176, 192, 216, 268, 271~272, 280, 286, 384
~자 15, 30, 96, 116, 121, 125, 129, 139, 192, 194, 207, 210, 268, 283, 285~286, 290, 354, 391
컴퓨터 크로스드레싱 248~249
케네디, 존 F. 주니어John F. Jr. Kennedy 239
케이, 앨런Alan Kay 391
코다실CODASYL 126, 128, 130
코더 71, 73, 86, 354, 411
코딩 구문coding syntax 70
코볼COBOL 127~132
코스, 아델 밀드러드Adele Mildred Koss 132
콜린스, 플로이드Floyd Collins 153
쿠란트, 리하르트Richard Courant 56, 60, 62
크라우더, 윌Will Crowther 150~164, 192
크라우더(윌콕스), 퍼트리샤Patricia Crowther (Wilcox) 148~154, 157~158, 160~164, 192, 419
크레치머, 로리Laurie Kretchmar 369, 376, 420
크로스, 캐서린Katherine Cross 415~416
크롱카이트, 월터Walter Cronkite 109
클라인, 레나테Renate Klein 415
클라크, 나오미Naomi Clark 336~337, 420
클릭티비즘 359
클린턴, 빌Bill Clinton 236, 359

클린턴, 힐러리Hillary Clinton 242, 358
키드, 앨리슨Alison Kidd 288
킬로걸 29, 50, 127, 141
킬머, 조이스Joyce Kilmer 220

ㅌ

탈무드Talmud 267
태넌바움, 롭Rob Tannenbaum 237
터미널 12, 263
터클, 셰리Sherry Turkle 385, 396
~의 『스크린 위의 삶*Life on the Screen*』 396
텔넷telnet 263
텔레타이프Teletype 151, 153, 175~177, 184, 186
텔레프레전스 리서치Telepresence Research 393
텔루라이드 인포존Telluride InfoZone 226
트랜스아메리카TransAmerica Leasing Corporation 171, 173
트위터 258, 260, 262, 309, 415, 452
티어니, 거트루드Gertrude Tierney 132

ㅍ

파워스, 리처드Richard Powers 155
파이도넷FidoNet 227
파이버 옵틱Phiber Optik 235, 324
파인러, 엘리자베스 "제이크"Elizabeth "Jake" Finler 193~214, 224, 267, 288, 365, 418~419
판즈워스, 필로Philo Farnsworth 77
패러데이, 마이클Michael Faraday 37
패킷 192, 219~221, 352
팩, 엘런Ellen Pack 356~360, 364~366, 368~369, 372, 374, 380~381, 419
퍼플 문Purple Moon 392~393, 396, 398~400, 402~408
퍽드컴퍼니닷컴FuckedCompany.com 378~379
펄, 에이미Amy Pearl 280
펄먼, 래디아Radia Perlman 213~222, 419
페미니즘 360, 377, 412~414
페이스북 240, 244, 257~258, 262, 363~364, 452
펠센스타인, 리Lee Felsenstein 174, 177~180, 182, 419
포트란FORTRAN 126, 155, 163
폰 노이만, 존John von Neumann 69~70
폴록, 스칼릿Scarlet Pollock 413
폴카트, 이본느Yvonne Volkart 414
프레드, 웹메이트Fred the Webmate 330, 337~338
프로그래머 16, 53, 61, 65, 71, 74, 86~87, 93, 95~96, 102, 104, 106~107, 109, 112~114, 116~124, 127~133, 135~141, 148, 150, 152, 154, 163, 171, 176, 188, 199~200, 214~215, 217, 231, 235, 237, 342, 364, 387, 449~450
프로그래밍 언어 86, 120, 124~125, 128, 135, 188, 272
프로디지Prodigy 265, 363
프로스, 프랜신Francine Prose 378
프로젝트 원Project One 167~170, 172, 174~175, 181~182, 185~187, 207
프로토콜 8, 14, 192, 197, 205, 213, 218~220, 222, 263, 411
프리넷FreeNets 226
플라토PLATO 307~309, 311
플랜트, 새디Sadie Plant 29, 46, 142, 410~411
~의 『제로 플러스 원*Zeroes+Ones*』 410
플레밍, 윌리어미나Williamina Fleming 48~49
플레전트 컴퍼니Pleasant Company 406
플로매틱FLOW-MATIC 125~126

플로피디스크 12, 315, 318~319, 321, 326, 340, 351, 353, 357
플린트 리지Flint Ridge 147~148, 150
피어스, 나오미Naomi Pearce 230, 361, 419
피어스, 줄리앤Julianne Pierce 409~410
피츠닐, 리처드Richard FitzNeal 269
피커링, 에드워드 찰스Edward Charles Pickering 48~49
~의 하렘 49, 52
피코스팬PicoSpan 229, 234
피플스 컴퓨터People's Computer 172, 207

ㅎ

하드웨어 51~52, 63, 74, 80, 83, 95, 116, 119~120, 125, 128~129, 131~133, 136, 151, 169, 173~174, 177, 197, 210~211, 215, 226, 305
하렌스타인, 켄Ken Harrenstein 199
하르트 잉글리시, 패멀라Pamela Hardt-English 168~169, 171~174, 176, 180~183, 419
하이퍼미디어 273, 280, 285
하이퍼카드HyperCard 285~286, 291, 293, 315, 318
하이퍼텍스트 8, 264, 266~268, 270, 273, 275, 279~281, 284~300, 302, 305~306, 315, 318, 322, 350, 353~354, 363, 384, 399
해리스, 조시Josh Harris 323~324, 345
해석기관Analytical Engine 32, 40~46, 48, 80, 133
해커 16, 129~130, 172, 176, 178, 186, 188, 199, 205, 207, 235, 315, 324, 342
『해커 백과사전*Hacker's Dictionary*』 129
핵폭탄 70, 101
핸슨, 피트Pete Hanson 148
허니웰Honeywell 132, 151, 163~164, 169
허스트 커뮤니케이션즈Hearst Communications 376, 381
허 인터랙티브Her Interactive 402
호스, 메리Mary Hawes 125, 127
호스트 14, 169, 195~197, 201, 205~206, 208~209, 213~214, 265, 307, 376
호퍼, 그레이스Grace Hopper 54~76, 83, 86, 95, 98~99, 102~109, 113~128, 130~135, 139, 142, 163, 171, 176, 188, 203, 206, 418
~의 「컴퓨터를 가르치다*The Education of a Computer*」 121
호퍼, 빈센트Vincent Hopper 54~56, 58, 98
호프스태터, 더글러스Douglas Hofstadter 121
혼, 스테이시Horn Stacy 231~237, 239~247, 249~264, 310~311, 352, 362, 417, 419
~의 『사이버빌*Cyberville*』 232, 260~261
〈홀 어스 리뷰*Whole Earth Review*〉 228, 315
〈홀 어스 카탈로그*Whole Earth Catalog*〉 175~176, 186, 228
홀, 웬디Wendy Hall 268~273, 275~279, 286~287, 290~294, 296~301, 419
후이즈WHOIS 207~208
휴렛팩커드Hewlett-Packard 288

A~Z

A-0 121, 123
A-1 124
A-2 124, 132
AIMACO 126
AOL 265, 363, 366, 374~375
AT&T 225~226, 373
BBN(Bolt, Beranek and Newman) 151~153, 157, 159, 192, 199, 217
BBS(bulletin board systems) 225~229, 232~234, 248, 258, 263, 309, 318, 328, 356~357, 366, 370
C-10 106~107
CD-ROM 285, 321~322, 392, 396~397, 413, 420
CERN(유럽 입자물리 연구소) 290~291
DEC(Digital Equipment Corporation) 217~219
EMCC(Eckert-Mauchly Computer Corporation) 100~107, 109~114, 127, 132
HTML(Hypertext Markup Language) 12, 266, 322, 340
IBM 62, 64~65, 81, 83, 110, 116, 118, 126, 132, 134, 136, 140~141, 279, 322, 342
IMP(Interface Message Processor) 151
MITRE 199
NeXT 291
NLS 194, 200, 267
OS/360 운영체제 136
PDQ 위원회 127, 132
RFCs 204~205, 209, 224
SDS-940 168~169, 172~173, 180~181, 184, 190~191
Y2K 128, 323, 338

숫자

〈21세기 사이버 페미니스트 선언문*A Cyberfeminist Manifesto for the 21st Century*〉 409, 413
404 오류 294~295
9·11 테러 261, 348, 354

옮긴이 **조은영**

서울대학교 생물학과를 졸업하고, 서울대학교 천연물과학대학원과 미국 조지아 대학교 식물학과에서 석사학위를 받았다. 어려운 과학책은 쉽게, 쉬운 과학책은 재미있게 번역하고자 노력하는 과학도서 전문 번역가이다. 옮긴 책으로 『신경가소성』 『10퍼센트 인간』 『랜들 먼로의 친절한 과학 그림책』 『침입종 인간』 『나무에서 숲을 보다』 『오해의 동물원』 『문명 건설 가이드』 『세상에 나쁜 곤충은 없다』 『벤 바레스』 『나무의 세계』 『이토록 멋진 곤충』 『언더랜드』 등이 있다.

세상을 연결한 여성들

초판 발행 2020년 12월 28일

지은이 클래어 L. 에반스
기획 한국여성과학기술단체총연합회 출판위원회
옮긴이 조은영
펴낸이 김정순
편집 조장현 허영수 장준오
디자인 김진영
마케팅 양혜림 이지혜

펴낸곳 (주)북하우스 퍼블리셔스
출판등록 1997년 9월 23일 제406-2003-055호
주소 04043 서울시 마포구 양화로 12길 16-9(서교동 북앤빌딩)

전자우편 henamu@hotmail.com
홈페이지 www.bookhouse.co.kr
전화번호 02-3144-3123
팩스 02-3144-3121

ISBN 979-11-6405-079-6 03400

본 출간 사업은 과학기술진흥기금 및 복권기금의 지원을 받아 진행되었습니다.

해나무는 (주)북하우스 퍼블리셔스의 과학·인문 브랜드입니다.